U0501471

变体飞行器与结构

Morphing Aerospace Vehicles and Structures

[美] John Valasek 编著

刘华伟 刘 凌 冯国强 何 利 译

冷智辉 谢文俊 张 亮 审

国防工业出版社

National Defense Industry Press

著作权合同登记　图字：军 –2012 –099 号

图书在版编目（CIP）数据

变体飞行器与结构/（美）约翰·瓦拉塞克（John Valasek）编著；
刘华伟等译. — 北京：国防工业出版社，2017. 1
（国防科技著作精品译丛）
书名原文：Morphing Aerospace Vehicles and Structures
ISBN 978–7–118–10968–9

Ⅰ. ①变… Ⅱ. ①约… ②刘… Ⅲ. ①飞行器—研究 Ⅳ. ①V47

中国版本图书馆 CIP 数据核字（2017）第 012717 号

Translation from the English Language edition:
Morphing Aerospace Vehicles and Structures
By John Valasek
Copyright © 2012 John Wiley & Sons, Ltd.
All rights Reserved. Authorised translation from the English language edition published by John
Viley & Sons Limited. Responsibility for the accuracy of the translation rests solely with National
Defense Industry Press and is not the responsibility of John Wiley & Sons Limited. No part of this
book may be reproduced in any form without the written permission of the original copyright
holder, John Wiley & Sons Limited.
本书简体中文版有 John Wiley & Sons, Ltd. 授权国防工业出版社独家出版发行。
版权所有，侵权必究。

変体飞行器与结构
[美] John Valasek　　编著
刘华伟　刘　凌　冯国强　何　利　　译

出版发行　国防工业出版社
地址邮编　北京市海淀区紫竹院南路 23 号　　100048
经　　售　新华书店
印　　刷　北京嘉恒彩色印刷有限责任公司
开　　本　710×1000　1/16
印　　张　20½
字　　数　330 千字
版 印 次　2017 年 1 月第 1 版第 1 次印刷
印　　数　1—2000 册
定　　价　106.00 元

(本书如有印装错误，我社负责调换)

国防书店: (010) 88540777　发行邮购: (010) 88540776
发行传真: (010) 88540755　发行业务: (010) 88540717

译者序

近年来，随着空气动力学和飞行控制技术的不断进步，从仿生学中发展起来的变体飞行器因其显著的灵活性和过机动优势得到了人们的重视。尤其是在材料技术和智能控制技术的支撑下，可变体的飞行器在航空航天领域显露出了巨大的应用前景，成为该领域研究中的一个热点。

本书作者 John Valasek 是美国得克萨斯农工大学教授，曾经在美国国防部高级研究计划局担任过项目经理，主要研究方向为空气动力学、飞行控制工程，具有丰富的教学和科研经验，尤其在飞行器设计和控制方面有着深厚的学术造诣。

本书主要内容为变体飞行器的空气动力、结构与控制问题，是飞行器技术中包含的相关学科和应用的综合。与国内其他介绍变体飞行器的书籍相比，本书分别阐述了变体飞行器的变体原理、控制与动力学、结构与材料等实现变体的核心问题。针对性、专业性和实用性更强，对于变体飞行器的研究设计具有更强的指导作用，对相关专业的研究生、高年级本科生、高校教师、科研人员和工程技术人员都具有很好的参考价值。

本书分为 3 个部分，共计 12 章，由刘华伟负责组织翻译和审校工作。参加翻译的人员有刘凌、冯国强、何利、张吉广、赵晓林、孟天麒、叶广强等。另外，参与整理排版和辅助工作的人员有张鹏等。中航工业江西洪都航空工业集团冷智辉高工，空军工程大学谢文俊教授、张亮副教授对全部译稿进行了认真校对并最终定稿。

由于译者水平有限，译文中难免存在不当之处，敬请广大读者批评指正。

译者
2016 年于西安

前言

　　变体系统是可重构系统, 不仅包括几何形状变化, 还包括色彩、辉光和电磁变化。变体飞机上伸缩自如的起落架、襟翼和前缘缝翼以及可变后掠角机翼这些今天看起来很普通的东西, 七八十年前却是不可想象的。如果那个时代的人看到商用喷气式飞机着陆时打开阻力板和副翼, 机翼自动变形, 怎能不啧啧称奇呢? 当然, 这些飞机所担负的是常规任务, 而本书论述的是面向未来的变体系统, 那时飞机将担负具有挑战性的任务, 采用今天的方法不能完成这些任务。

　　"Morphology" (形态) 这个术语我第一次看到是在 Holt Ashley 教授编著的《飞行器工程分析》这本书的定稿中, 该书第一章的标题就是"飞行器的形态"。Holt 是 20 世纪 60 年代末我在斯坦福大学的指导教师, 他是著名的学者、研究员、工程师和英语语言大师。我曾经提议他用别的词, 例如 "形状" (Shape) 来替换 "形态" 这个词, 但他回答说 "形态这个词太棒了, 描述得非常准确!" 就这样, 这个词沿用至今。

　　在担任美国国防部高级研究计划局 (Defense Advanced Research Project Agency, DARPA) 的项目经理的 4 年期间, 我的工作之一就是发展全新的、具有军事用途的变体飞行器。DARPA 项目非常成功, 我们发现: ① 变体本身, 相较于其带来的好处, 花费不高; ② 当飞行器担负的任务与飞行器设计相冲突时, 即需要在大机翼大发动机和小机翼小发动机, 燃油需求小的飞行器之间进行取舍时, 变体概念就发挥了重要作用, 有时除了变体其他方法都行不通。

　　要想担负未来的飞行任务, 飞行器形状和特性都要发生改变, 而这需要新的技术，从发动机、机翼机构、智能材料到先进的分析技术等各个方面的技术支持。本书仅为开展这些工作提供了一些有价值的信息。该书首先介绍的是生物界对变体的启示。俄罗斯工程师 Genrich Altshuller 说过"自然界里有很多隐藏的专利"。第 8 章是关于飞行器的栖息运动，提出了集成变体技术的使用方法。第 9 章介绍智能材料和变体设备的控制，为如何解决系统集成面临的问题提供了视角。

Oliver Wendell Holmes 曾经写到"人的大脑一旦注入了新想法就再也回不到原来的维度了"，该书为扩展思维提供了一个机会。我鼓励你们读这本书，从中获取一些有用的观点，希望对变体飞机的发展有所贡献。

Terry A. Weisshaar
美国普渡大学
西拉法叶校区荣誉教授

丛书序

　　航空航天是一个范围广、涉及面宽的领域, 覆盖多种学科和专业, 其中除了工程还有很多其他支撑产业, 借助它们, 航空航天工业制造出激动人心的技术先进的飞行器。而不同空天领域的专家需要把他们丰富的知识经验传授给业内的其他人, 包括刚入行的大学毕业生。

　　"航空航天系列丛书" 旨在成为一套实用的专题性丛书, 适用于工程专业人员、操作人员、用户和相关职业者, 如航空航天工业内的商业和法律高管。专题涉及范围很广, 涵盖了飞机的设计与开发、制造、使用和保障以及研究和技术方面的基础项目研发, 目的是为航空航天工作者提供一些有用的信息。

　　目前, 世界范围内掀起了发展变体飞行器的热潮, 意在使飞行器能够根据不断变化的飞行环境调整外形和结构/气动/控制特性, 达到提高飞行性能, 适应任务变化需求的目的。在这股热潮中涌现出很多概念, 有一些还在一系列的原型机上进行了展示。

　　《变体飞行器与结构》是该丛书的第一本。该书对变体飞行器的现状进行了概述, 指出了这项技术未来可能的发展方向。由于很多变体概念灵感来源于昆虫、鸟类和蝙蝠, 该书首先介绍了这 3 类动物的仿生几何变化, 其次介绍了与变体飞行器的飞行控制和力学相关的问题, 最后介绍了智能材料的应用和变体的分层控制。我们很高兴这本书能入选 "威利航空航天系列丛书"。

Peter Belobaba、Jonathan Cooper、Roy Langton 和 Allan Seabridge

致谢

本书能够面世要感谢很多人和组织, 他们为本书的出版做出了很多卓有成效的工作。我的妻子 Stephanie 多年前就鼓励我写一本书, 正是因为她即便在忙于毕业课题时也给予我的始终如一的支持和鼓励, 才有了这本书的问世。我的研究生和本科生们也为这本书付出了辛勤的劳动, 他们给我带来了快乐和灵感。我从他们身上学到了很多东西, 并且将继续受益。我要感谢我在得克萨斯 A&M 大学各系的同事们, 他们给我的研究提供了很多宝贵的意见和建议。特别感谢布朗大学的莎朗·M. 史沃兹博士对本书第 2 章提出的具体修改意见。

这本书起笔于我的 "教师发展假期", 在这期间和之后的时间里, 得克萨斯 A&M 大学航空航天工程系的领导们: Helen L. Reed 博士、Walter E. Haisler 博士和 Dimitris C. Lagoudas 博士不仅给予我鼓励, 还给我提供了大量的便利条件, 从而使这本书得以顺利完成。

赞助商们给这本书的所有撰写者都提供了资金支持, 其中两位赞助商更是给予了全程特殊支持。美国空军科学研究办公室根据 FA-9550-08-1-0038 合同派出了技术指导 Scott Wells 博士、William M. Mceneaney 博士和 Fariba Fahroo 博士。美国国家航空航天局得克萨斯航空飞行器智能生物纳米材料与结构研究所给予了早期的帮助, 其技术主管为 Tom Gates 博士。对此一并表示感谢。

位于奇切斯特的约翰·威力和桑斯有限公司的工作人员对这本书帮助也很大, 和他们共事是件令人愉悦的事。组稿编辑 David Palmer 和 Debbie Cox 是这本书的原始构想者, 他们和我进行沟通, 耐心地鼓励我完成书稿，并且在我完稿后把它推荐给了出版商。"工程技术" 的项目编辑 Nicky Skinner 是个热心宽厚的人，我很高兴认识她并与她共事，她的突然离世令人伤心。这本书寄托了我和所有认识她的人对她的哀思。

最后，我要谢谢所有参与此书撰写和给出专家意见的人，我为能有你们这样的同事和合作伙伴而引以为荣，你们是我的朋友!

John Valasek

美国得克萨斯大学站

2011 年 7 月

目录

第一部分　仿生学

第 3 章　微型航空器的仿生学变形 ……………… 43

第二部分　控制与动力

第 4 章　智能变体无人机的形状与飞行控制 ……… 61

第三部分　智能材料与结构

第 1 章

概述

John Valasek

美国得克萨斯农工大学

鸟类可以飞翔,但机器绝不可能飞起来。

—— John Le Conte,著名自然科学家,"飞行器面临的难题",大众科学月刊, 1888 (11):69.

1.1　简介

随着智能材料、传感器和驱动器及与之相关的硬件和微电子技术的发展,研究变体飞行器成为热潮。这些技术的发展使很多学科实现了重大突破,如果这些突破能充分应用于飞机,将会极大提高飞机的安全性、可负担性和环境适应性。几个世纪以来航空先驱们为了这些技术的发展和应用做出了自己的贡献。本章旨在通过突出先驱们的研究成果,指出仿生学与航空工程之间的历史联系来简要描述变体飞行器技术的发展历程。第二个目的是勾画出过去 100 多年来变体飞行器领域发展螺旋递进的整个过程。鸟类给了那些寻找飞行空气动力学和控制问题解决方案的航空先驱们灵感。但是,让飞机具备像鸟类一样具有平滑和连续形状变化能力超出了当时的技术水平,所以基于传统的铰链和转轴变形的变几何概念使用了很多年。随着仿生学新研究成果和空气动力学、控制、结构、材料技术的发展,研究的焦点重新回到了实现最初梦想中那些平滑连续变形的飞行器的一系列手段和技术上。本章的主要内容仅限于来自公开的文献上报道的概念和飞行器。

1.2　早期: 仿生学

Otto Lilienthal, 19 世纪普鲁士飞行家, 终生痴迷于像鸟类一样飞翔, 这种信念使他成为一个专业的飞行器设计师。1891 年他通过设计、制作和试飞一系列滑翔机出现在航空舞台上。在 1891 年到 1896 年他共设计制作完成了 16 种不同类型的滑翔机、进行了接近 2000 次滑翔飞行, 图 1.1 为其滑翔飞行的复现场景。这些滑翔机就像 "伸开双翼高飞的大鸟"。最吸引他的鸟类是鹳, 鸟类在很大程度上影响了他, 可以通过他写的众多航空著作中的两本书: 1897 的《我们的飞行教师》和 1889 年的《鸟类飞行 —— 飞行驾驶技术的基础》来证明 (Lilienthal, 1889)。对鸟类翅膀的扭转和弯度分布的观察, 影响了他对空气压力表和翼型数据的研究。

图 1.1　19 世纪 80 年代左右出现的反映出受鸟类影响的 Lilienthal 滑翔机 (经 Otto-Lilienthal 博物馆档案室同意复制)

有趣的是, Lilienthal 也曾试过有动力飞行, 但他只研究了具有扑翼形式翼尖的机翼。从他坚持使用扑翼形式翼尖而非常规推进器, 也可以看出鸟类对他的影响之大 (Crouch, 1989)。早期的几位航空先驱认识到了利用变体技术对飞行控制的有效影响。1898 年, 耶鲁大学的物理学教授 Edson Fessenden Gallaudet 把翅膀变体的概念应用到了风筝上, 尽管并未成功, 但这只风筝结构的基本概念在后来的飞机设计上得到了展示 (Crouch, 1989)。Orville Wright 和 Wilbur Wright 准确地断定机翼变体能够实现横向控制。Wilbur 曾于 1900 年对 Octave Chanute 说: "通过对秃鹰飞行状态的观察我发现, 当遇到强风发生部分倾覆时, 秃鹰会扭转翼尖, 重新恢复横向平衡。如果右翼尖的后缘向上扭曲, 而左翼尖向下, 鸟类俨然就是一架风车, 立刻就会转向, 这时它从头到尾形成一条中轴。" (Wright, 1900) 这个发现最终成就了 1902 年莱特滑翔机的问世, 该滑翔机即利用了机翼变体进行横向控制 (图 1.2): 操纵变体的金属丝与驾驶员的安全带相连, 驾驶员改变体位, 完成机翼变体。莱特兄弟将这个航空器当作风筝和滑翔机来飞, 在作为滑翔机飞行时才第一次意识到方向控制的重要性, 为此发明了方向舵。由于意识到实现协调控制能够极大地提高飞机控制和效能, 1902 年莱特兄弟将机翼变体和垂直尾翼变体之间进行了互连。航空界后来出现的副翼 – 方向舵联动 (AIR) 就是这一理念的运用。随着纵向控制、横向控制、方向控制以及控制协调性这些问题的相继解决, 1902 年莱特滑翔机成为世界上第一架成功试飞的飞机 (Crouch, 1989)。这些进步也为一年以后 (1903 年) 莱特有动力飞行器的问世奠定了基础。

图 1.2　1902 年, 通过变体实现横向与定向控制的莱特滑翔机 (经美国空军历史研究部同意复制)

Etrich Taube (德语为鸽子) 系列飞机可能是仿生学在飞机设计上的最佳呈现。事实上, 除了没有襟翼, Taube 基本上就是生物的复制, 即直接模仿生物系统, 如图 1.3 所示。由于采用了复合材料结构, Etrich Lugt-Limousine/VII 恐怕是那个时代独一无二的飞机。它的机头到机翼后方使用铝片, 其他地方均为木头。机身机构为木环和槽形截面纵构件, 舱口是赛璐珞和金属细纱网。Taube 系列的第一个设计是由 Igo Etrich, 于 1909 年在奥地利完成的, 该系列飞机的翼型轮廓的灵感最初不是来源于鸟类的羽翼, 而是来源于借助单翼膜从树上旋转下落的大

果柏 (翅子瓜属) 的种子。这个方案最终并未付诸实际, 不过这一系列后来的机翼设计明显可见鸟类的影响 (图 1.4)。与莱特系列飞机一样, Taube 系列利用金属线和外柱控制机翼和水平尾翼的变体, 但其垂直尾翼采用的是铰链设计。现代飞机设计最显著的特征就是拥有大小比例相同的垂直尾翼, 而 Taube 设计由于完全仿照鸟类, 因此垂直尾翼表面布满了极小的背鳍和腹鳍, 这也成为这一设计最突出的特征。

图 1.3　1912 年的 Etrich Luft-Limousine/VII 4 座客机

图 1.4　1917 年 1 月 1 日纽约时代周刊头版刊登的 Rumpler Taube

　　莱特系列和 Taube 系列证明变体控制在具有轻薄灵活机翼的飞机上是能够发挥作用的，但随着现代常规铰链控制的发明，如副翼和方向舵，普遍用于后来出现的刚性结构和金属材质的飞机上。因此，对于变体飞机来说，材料和结构一开始就是核心问题。第一次世界大战爆发后的几年里，性能优越的飞机其表面均使用传统铰链，而不是进行变体。20 世纪 30 年代，出现了金属材质、结构坚固的飞机，这种飞机利用铰链、枢轴和横杆改变飞机几何布局，完成变体。

1.3　中期：可变布局

　　在两次世界大战期间的法国，Ivan Makhonine 提出了研发具有伸缩式机翼飞机的构想，目的是降低诱导阻力或升致阻力，提高飞机的巡航性能。实现这个目标，必须减小翼载荷，即降低机重与翼展的比例。如图 1.5 所示，这个机械装置外形如同一把雕刻刀，不同之处是机翼经备用手动系统控制气动装置实现自动收缩。固定起落架的 MAK-10 于

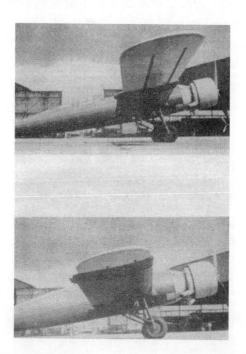

图 1.5　1933 年具有伸缩式机翼的 Makhonine MAK-10 飞机：翼尖顶部伸展，底部收缩

1931 年首飞, 1933 年改进为伸缩起落架的 MAK-101。MAK-101 在接下来的几年来完成了多次飞行, 直到第二次世界大战末期在美国空军的一次空袭中被炸毁在机库中。战后, Makhonine 继续研究伸缩式机翼, 并使这一概念在此系列的最后一架飞机 MAK-123 上得到了最佳发挥。MAK-123 首飞于 1947 年, 为 4 座客机, 飞行性能良好, 据报道操纵品质出色, 但在一次迫降中受损, 此后再未飞行。

Vickers Wellington 中型轰炸机上的网格球顶状结构设计概念的提出者 —— 英国飞机设计师 Barnes Neville Walls 爵士也研究了新型可变几何构型。尽管没能发明可变翼概念, 但他一直致力于将其所谓的 "翼控制重航空器" 付诸成型, 以实现超声速飞行。他的两个主要目标: 一是利用可变机翼应对飞行过程中的重心变化; 二是在翼体上方形成层流。20 世纪 40 年代他参与设计的 "野鹅" 就是具有细长层流体和几何可变翼的超声速军用概念机。几架缩比 "野鹅" 模型机于 20 世纪 40 年代末 50 年代初试飞成功。他还曾计划制造一架全尺寸有人驾驶的 "野鹅" 飞机, 但在 1952 年取消。"燕子" 设计于 20 世纪 50 年代, 是 "野鹅"的衍生品, 航程更远。曾经生产和试飞过多架小尺寸模型机 (图 1.6), 且结果令人欣喜, 因此计划生产全尺寸模型机, 但受 50 年代英国国防基金计划的大气候所限最终胎死腹中。不管怎样, 作为军事概念飞机,"燕

图 1.6　Barnes Neville Walls 爵士和机翼呈低掠角的 "燕子" 模型机

子" 影响巨大 (图 1.7), 激发了很多设计灵感, 其很多设计特征在后来出现的美国飞机如通用动力公司生产的 F-111 "土豚" 上得到了体现。在同时期的美国, NASA 赞助的可变几何结构研究是试验性的跨声速飞机设计, 为 Bell X-5 开辟了道路 (图 1.8)。X-5 是首架试飞的全尺寸飞机, 飞行中可变后掠翼, 后掠角可设定为 20°、45° 和 60°, 能实现亚声速和跨声速飞行。当机翼完全展开, 飞机起飞与降落时的低速性能得到提高; 当机翼后掠, 飞机高速性能提升, 阻力下降。这项研究结果直接影响了通用动力公司 F-111 "土豚" 和格鲁曼公司 F-14 "雄猫" 截击机的设计, 这两型飞机后来都投入了批量生产。此外, 可变机翼概念还运用到了商业航空运输机上, 很多概念性设计中深入考虑了这一理念, 包括 60

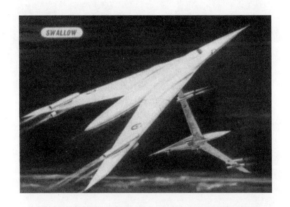

图 1.7　"燕子" (Barnes Wallis) 飞行器演示图

图 1.8　Bell X-5 演示变后掠翼 (经 NASA 同意复制)

年代的波音 2707 超声速运输机 (图 1.9)。尽管波音 2707 到全尺寸模型
阶段后没有进一步发展, 但 10 年后洛克希德国际公司出产出了 B-1A
可变机翼超声速轰炸机。NASA 后来对具有可变机翼和与早期航空
先驱们采用的传统机翼变形相似形状变化的飞机开展了一项研
究。AFTIF-111 的任务自适应机翼 (图 1.10) 由于同时具有可变弯度和
可变掠角, 可将突发飞行状况带来的气动效率损失降到最低。与装有铰
链襟翼的非连续表面和传统飞机惯有的外露装置不同, MAW 的可变弧
度表面最大特点是具备平滑过渡的上表面与完全封闭的下表面, 在飞
行过程中可根据需要调整机翼弯度。这项飞行研究项目获得极大成功,
为实现全变体飞机迈出了至关重要的一步。

图 1.9　超声速运输机的变后掠翼概念演示图

图 1.10　NASA 的 AFTIF-111 任务适形翼 (经 NASA 同意复制)

随着可变机翼这种方法的验证成功, 这一时期仿生已不再受到重
视。1989 年, 约翰·哈里斯就曾说过: "模仿鸟类飞行是个糟糕的办法,
对它们过度、下意识的盲目关注已经妨碍了飞机业的发展。飞机不是
鸟, 这个道理历经时日才为飞机设计师所了解 (Harris, 1989)。" 但是, 不
管怎样, 对变体飞机的看法不久后发生了戏剧性的变化。

1.4 后期: 回归仿生学

近期以来, 对鸟类飞行机制的新发现和对仿生的重新认识使很多研究者重新将鸟类作为变体飞机的模仿对象。2000 年左右, 两项对变体飞机发展影响深远的科研项目几乎同时展开。NASA 的变体飞机项目始于 1994 年, 止于 2004 年, 是个庞大且高度协同的项目, 适用范围广, 目的是为研制高效、多任务适用飞机和航天飞机做好准备。在该项目中, 单词 "morphing" 被定义为 "有效的、多任务适用的", 包含 "宏观的、微观的、结构性及 (或) 流体的方法"。此外, 该项目还涉及多领域的技术, 包括生物技术、纳米技术、生物材料、适应性结构、微尺度流动控制、生物模拟概念、优化技术以及控制技术等。这项研究关键时期参与人员多达 80~100 人。技术焦点集中体现在图 1.11 所示的 NASA 的变体无人驾驶飞行器概念机上。绝大多数早期变体概念在该型飞机上都有所反映, 包括仿生、变弯度、形状变化、变几何、结构、材料、控制和气动。最重要的是, 它力图以一种完全集成的方式来分配推进力。目前, 这架概念机仍然是变体研究十分有用的概念和模型。

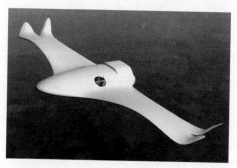

图 1.11   NASA 的变体无人驾驶飞行概念机 (经 NASA 同意复制)

DARPA 变体飞机结构 (MAS) 项目于 2002 年开始, 2007 年结束。国防技术指导方针指出:

"在飞行过程中, 通过调整飞行器状态适应外部作战环境和多样化任务的需求, 变体能够使飞行器具有新颖的系统性能。在这个试验目的下, 变体飞机可发挥多种作用, 可改变外部形状来适应飞行中的任务环境变化。"

针对 DTO 要求, DARPA 变体飞行器项目将其目的定义为设计、制造出有效组合集成蒙皮、驱动器和机械装置、结构以及飞行控制的飞行器, 具备通过改变机翼形状执行预期多样化飞行任务的能力。作为概念机, DARPA/MAS 项目提出了 "猎杀者" 的无人机概念, 同时具有如通用原子公司的 "捕食者" 或者诺斯罗普·格鲁曼公司的 "全球鹰" 的侦察机特点和通用动力公司的 F-16 快速攻击机特点。研究表明, "猎杀者" 通过机翼变体完全能够执行多样化的任务, 如: ① 响应能力 – 对不可预知的危机作出紧急反应的能力; ② 灵活性 – 根据需要改变系统作用的能力; ③ 持久性 – 长时间控制大面积作战区域的能力。DARPA/MAS 项目获得了很多有价值的结果, 在小型展示机的飞行试验领域达到了顶峰。

1.5　结论

本章讲述了变体飞行器的研究和发展历史, 着重介绍了一些关键概念以及仿生和航空工程之间的内在联系。通过对其发展历史的梳理可以发现曾经认为过时的一些观点现在看起来却很先进。本书后面的章节将分三部分介绍变体飞行器的现状: 第一部分是仿生; 第二部分是控制和动力; 第三部分是智能材料与结构。结尾部分将讨论变体飞行器当前与未来面临的挑战以及发展趋势。

参考文献

[1] Anonymous (2006) *Defense Technology Objectives*, DTO71, DDR&E. Washington, DC: U. S. Department of Defense.

[2] Crouch, TD (1989) *A Dream of Wings*, Americans and the Airplane, 1875–1905. Washington, DC: Smithsonian Institution Press.

[3] Harris, JS (1989) An airplane is not a bird. *American Heritage of Invention and Technology*, Fall: 18–22.

[4] Lilienthal, O (1889) *Der Vogelflug als Grundlage der Fliegekunst*. Berlin: R. Gärtners Verlagsbuchhandlung.

[5] Wlezien, RW, Horner, GC, McGowan, AR, Padula, A, Scott, MA, Silcox, RJ and Simpson, JO (1998) The aircraft morphing program. In *AIAA/ASME/ASCE/AHS/ASC* Structures, Structural Dynamics & Materials Conference, number AIAA-98-1927, Long Beach, CA, 20–23 April 1998, pp. 176–187.

[6] Wright, W (1900) Wilbur Wright to Octave Chanute. *Papers*, 13 May.

第一部分　仿生学

第 2 章

昆虫、鸟类和蝙蝠的翅膀变形:构造和功能

Graham K. Taylor[1], Anna C. Carruthers[1],
Tatjana Y. Hubel[2] and Simon M. Walker[1]

[1] 英国牛津大学动物学系
[2] 英国皇家兽医学院

2.1　概述

　　世界上绝大多数生物如昆虫、鸟类和蝙蝠的翅膀都能够变形,可不断调整形态、弯度或者扭转度。事实上,可能有人会说变体翅膀在普通大小的飞行动物身上是普遍的,而飞机工程师所青睐的刚性翅膀只为大型动物所特有。需要注意的是,世界上最大的飞行动物是已灭绝的恐龙 (翼龙),其膜翼目前估计翼展可达 10 m (Witton and naish, 2008),与一架轻型飞机相当。由此可见当前所关注的自然界各种不同长度的变体翅膀对飞机工程师来说是有启发的。鸟类曾经成就了莱特飞行器的变弯度机翼设计,现在自然界又为飞机工程师设计新一代的变体机翼提供了丰富的灵感源泉。

　　在本章中,我们广义上把机翼变形看作是飞行过程中功能性的形状改变。飞行动物的翅膀形状变化涉及操纵控制和振翅循环。我们将对现存的 3 种飞行动物,即昆虫、鸟类和蝙蝠的翅膀形状变化进行介绍。虽然其他很多动物也能进行控制性滑翔,但这 3 种动物的飞行表现最

为典型。由于对翼龙的飞行还存在很多争议, 我们在这里不做过多讨论。通读全篇仍然可以发现我们对上述 3 种动物的了解也十分有限, 这也侧面反映了翅膀变形这个问题的复杂性, 当然一个重要原因是摄影测量技术直到这几年才被广泛应用于测量昆虫、鸟类和蝙蝠翅膀表面的多点位置。实际上, 就在我撰写这篇文章的时候, 现有技术也只能完成对昆虫翅膀变形的详细三维表面重构。

鉴于对动物翅膀变形的结构和力学基础了解较多, 本章我们将先从解剖学的角度较为详细地分别介绍昆虫、鸟类和蝙蝠的翅膀功能, 这是一次有意义的尝试。这 3 类动物的翅膀结构复杂程度以及控制方式各有不同, 例如, 昆虫的翅膀属于被动柔韧结构, 由根部的肌肉控制, 通过不同的杠杆原理或胸腔的大规模变形获力; 而鸟类翅膀的升力面布满了大量无动力的弹性羽毛, 这些羽毛依附在能够完成一系列不同动作的肌化骨架上; 蝙蝠的翅膀则由弹性的肌化皮膜构成, 皮膜分布在一块由胸腔内的肌肉驱动的骨骼上。尽管鸟类和蝙蝠的前肢结构十分相似, 均从某种远古爬行类生物的隐性形态进化而来, 但它们代表了 3 种不同的翅膀变形方式。

利用现有材料可以立即制造出类昆虫的变体机翼, 但类蝙蝠翅膀的机翼所需要的主动材料目前尚未发明。因此, 虽然较之昆虫和鸟类, 蝙蝠的翅膀与我们对变体机翼的绝大多数设计理念最为接近, 昆虫的翅膀原则上不过是智能结构, 但在设计微型飞行器的变体机翼时, 断不可忽略昆虫。鸟类则是代表昆虫和蝙蝠这两个极端的折中, 它也许可以作为典型无人机大小航空器的仿生对象。无论如何, 我们对飞行动物的翅膀变形了解得确实有限, 只能够大体描述仿生变体机翼的样子。但如果能激发了大家研究变体机翼的兴趣, 那我们撰写该文的目的也就达到了。

2.2 昆虫

昆虫是地球上种类最多的动物, 已知种类超过 100 万, 另有 500 万种未知 (Dudley, 2000)。能够飞行是昆虫成为独立物种最重要的因素。除了蜂鸟, 昆虫相对蝙蝠和鸟类最大的区别就是可以低速机动。其形状和大小范围在与之相应的飞行类脊椎动物中是独一无二的。例如, 昆虫的翼展有四个尺寸级, 最小的是寄生性的黄蜂 (0.0002 m 翼展), 最大的是阿拉特斯蛾 (翼展可达 0.3 m), 蜻蜓某些已灭绝的亲缘其翼展甚至可达 0.7 m。由此可见, 理论上来说, 在微型无人作战飞行器上使用类昆虫翅膀的机翼是完全可行的。

虽然许多大型昆虫, 如蝗虫 (直翅目)、蜻蜓 (蜻蜓目) 和蝴蝶 (鳞翅目) 都可以滑翔, 但所有能飞的昆虫 (飞虫) 主要还是扑翼飞行。一对微型翅膀既要足够轻, 可以拍得动, 又要有一定硬度足以对抗气动弹性变形是不可能的, 所以昆虫的翅膀进化成了高度可变形的结构。我们利用高速摄影技术和胶卷也曾多次捕捉到过这种变形, 这些技术为进一步研究昆虫翅膀的运作方式提供了条件。但直到近些年现代高速数字摄像机出现后, 才得以对昆虫自由飞翔状态下的翅膀变形进行详细的定量测量。对昆虫飞行时翅膀变形的功能意义和气动意义我们了解的还只是皮毛。

2.2.1 节将简要介绍昆虫翅膀的结构和机理, 以帮助大家更好地理解昆虫翅膀变形的技术性细节。较之鸟类和蝙蝠, 我们对昆虫翅膀变形的运动学特性和功能了解较多, 因此介绍昆虫翅膀的篇幅也会更长一些。

2.2.1 翅膀的结构和机理

1. 翅膀骨架和薄膜

昆虫的翅膀极其复杂, 形状和结构各异, 但都属于被动结构, 由称之为翅脉的加厚东西所支撑的薄膜区组成 (Wootton 1981, 1992)。有翼昆虫一般都有两对翅膀, 但对很多昆虫来说, 其中的一对担负着某种功能而非产生气动力; 如甲壳虫 (鞘翅目)、地蜈蚣 (革翅目)、蟑螂 (蜚蠊目) 和一些臭虫 (半翅目) 的前翅已经硬化, 用来在昆虫休息时保护的后翅; 苍蝇的后翅已经退化成了平衡器, 相当于确保飞行稳定性和进行飞行控制的小型陀螺传感器。但是, 对那些首要功能仍然是产生气动力的翅膀来说, 减少翅脉数量, 相应增大翅膜面积是其进化趋势。

翅脉是充盈液体的中空结构, 神经穿过其中, 支配着翅膀上的大量机械感觉器和化学感觉器。翅膀上的翅脉在不同点上其直径和截面也有很大的不同, 通过这种结构应对不同外力。比如沙漠蝗虫后翅上的翅脉有些呈卷曲状, 可提供其纵向灵活性, 有些则呈 V 形, 可减小背腹的弯曲度, 还有一些壁管较厚, 截面较高, 可减小扭转 (Wootton et al., 2000)。翅脉和翅膜都是由膜质形成的。膜质是一种复杂、合成、分层结构的超材料, 由高度透明的角质纳米纤维构成, 角质纳米纤维包含在蛋白质、多元酚、水和少量油脂构成的基体里 (Vincent and Vegst, 2004)。角质本身就是一种多聚糖, 与纤维素类似, 但包含更多的氢键结, 能够提供更好的硬度和化学上的稳定性。膜质含有大量不同的蛋白质, 其中有种具有特殊弹性称为节肢弹性蛋白的最为重要。这些蛋白质以不同比例混合, 再加入其他物质 (如金属离子、碳酸钙), 使昆虫的膜质具有广泛的材料特性, 适应其不同的角色。

　　图 2.1 和图 2.2 上的翅膀来自于两种形态相异, 但有联系的昆虫: 沙漠蝗虫和食蚜蝇。这两种昆虫翅膀上的主要屈曲线由白色虚线标注。蝗虫的前翅较硬, 三块主要翼段相配合使翅身具有很高的正曲率, 后翼正好相反, 为展开结构, 仅有两部分: 前翼段相对较硬, 后翼段呈扇形, 由很多径向翅脉支撑 (图 2.1)。和蝗虫前翼一样, 食蚜蝇的翅膀也有两条主要屈曲线 (图 2.2), 但它结构更为柔韧, 在振翅的某些阶段能大幅扭转。此外, 它的翅根处还有一大块类似襟翼的结构, 称为皮瓣, 这个我们在后面会进一步介绍。食蚜蝇的翅膀前缘也有一块称作翅痣的增厚的色素区, 这个特征很多昆虫也有, 如蜻蜓、蜜蜂和黄蜂, 以及草蜻蛉; 它的作用就是将翅膀质量的弦心提前, 减小扭转颤振。

图 2.1　沙漠蝗虫的前、后翅膀的形态。后翅膀上的黑点是用于跟踪的人工标记。前翅膀是一个相对刚性的结构, 由两条屈曲线 (白色虚线) 分成的 3 块平面构成。平面间成一定角度, 形成正的弯度段。后翅膀是可展开的结构, 有相对刚性的前缘, 通过一条曲线 (白色虚线) 与位于线后的扇状区域区分开。扇状区域可以径向折叠于体内 (复制自 Walker et al., 2009b)

　　蝗虫和食蚜蝇的翅膀前缘分布有较厚、起支撑作用的翅脉, 这些翅脉相互交联, 提高了翅膀的硬度。其翅膀后缘末端的翅膜较薄, 且没有翅脉。昆虫的翅膀在飞行过程中进行变形至关重要, 这就像船帆上的桅杆, 有坚固的前缘和灵活的后缘, 使之可根据攻角进行调整。但昆虫的

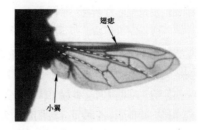

图 2.2 食蚜蝇 (长尾管蚜蝇) 的翅膀形态。与图 2.1 中所示的蝗虫的前翅膀相比它的翅脉要少得多,翅膀上有两条主要的屈曲线 (白色虚线)。翅瓣是翅根附近类似襟翼的结构,它可以在翅膀的其余部分展开合适的角度。翅痣是翅膀前缘附件是加厚的、深色区域,它是一些昆虫用于通过改变翅膀质量分布来减少扭转震颤的 (复制自 Walker et al., 2009b)

这种翅膀结构易受损,不同于鸟类的羽毛和蝙蝠的翅膜,昆虫的翅膀一旦受损常常都是永久性的,因此,其翅膜和翅脉必须能够抵抗外力的冲击,这也就是为什么昆虫的翅膀遭遇外物时会变形。有些昆虫的翅膀,如有些双翅目的翅尖,有明显的变形折叠线,有些昆虫,如蝗虫,其翅膜的细胞结构可以防止翅膜撕裂,这要得益于于它有大量的横向翅脉。

2. 昆虫的飞行肌肉

与鸟类和蝙蝠的翅膀不同,昆虫的翅膀属于无动力结构,本身没有肌肉,其翅膀形状变化都从翅根开始,靠胸腔内的肌肉驱动。对大多数昆虫来说,每只翅膀靠 5 块或 5 组肌肉控制,但令人吃惊的是,其中绝大多数昆虫又只有一组肌肉与翅膀直接相连,而且除了蜻蜓,大多数昆虫只在精确控制振翅时才会用到这组飞行肌肉。飞行能力更强的昆虫通过不与翅基直接相连的肌肉完成飞行中的翅膀往返运动,所以这种往返运动是靠胸腔的周期性变形实现的。这可以看作是一个弹性机身,振翅是横支点上的一级杠杆;整个系统异常复杂,因为这个结构上几乎没有固定的点,任何肌肉的活动都依赖于胸腔运动。

胸腔的周期性变形是由背纵肌和背腹肌的交替收缩驱动的。背纵肌从前向后压缩胸腔,使胸腔背面向上弯曲,翅膀反转向下;背腹肌从上向下压缩胸腔,翅膀反转向上。利用间接飞行肌肉给往返运动提供动力不仅增大了肌肉的接触点,而且由于可同时控制所有翅膀,也降低了神经的复杂性。相对直接肌肉控制的方式,这个特点反过来又加快了收缩速度,提高了振翅频率 (达到 100 Hz)。很多更高级的昆虫,它们的间接飞行肌肉进化得更好, 例如苍蝇, 拥有异步飞行肌肉。这些肌肉排列精确, 通过一个神经脉冲就能完成多次收缩。这种情况下, 胸腔变成了共振结构, 以特定频率振动。由于肌肉收缩次数不受神经脉冲发射率的限制, 异步肌肉能够极大地提高振翅频率 (提高到 1000 Hz) (Wootton, 1992)。

　　由于昆虫翅膀结构复杂, 目前我们对昆虫翅膀变形的肌肉运动原理了解的还很有限。虽然可以推断出各种飞行肌肉的功能, 但鉴于实际效果受这些肌肉和其他肌肉以及胸腔变形之间的相互关系的影响, 因此即便我们对昆虫翅膀的解剖学原理进行更深入的研究, 也不会有更多有意义的收获。所以在下面的篇幅里, 我们将着重介绍昆虫翅膀变形的动力学原理和功能, 而不是它的驱动系统。

2.2.2　全翅膀变形

1. 可变外形

　　昆虫翅膀上的膜质膜很柔软, 但延展性不强, 这使昆虫翅膀只能完成弯曲、扭转、折叠等全翅变形动作。此外, 有些昆虫, 例如蝴蝶和飞蛾, 它们的两对翅膀在飞行中可以稍许折叠, 这样通过调节重叠度就可以控制有效翅面积和翅形态, 这点与传统可变翼飞机类似。在扑翼飞行到滑行飞行的过渡中, 这个特点发挥了重要作用; 例如, 深红色的美凤蝶即红斑大凤蝶滑翔时会将前后翅分开, 形成间隙, 这可能是为了增大翅膀的有效面积, 并允许空气通过间隙 (Betts and Wootton, 1998)。那些休息时将后翼辐射交叠于前翼之下的昆虫通常在飞行时会将翅膀折叠起来。这种飞行中翅膀部分重叠的现象可能也从一个方面证明了进化机会论, 即进化有时是巧妙地利用某种原始功能累积特征, 而并不是进化出一个适应飞行的特性。

　　鸟类和蝙蝠翅膀上举时一般会收起翅膀, 以减小有效面积, 将上举过程中的负载降到最低。蝗虫的方式与此效果相同, 它将后翼径向地折叠进身体: 后翼的后部像把东方的手扇, 蝗虫翅膀上举过程, 翅膀后掠, 这个部位就会折叠进躯干里。其结果就是这个扇子最里边的部分折叠进躯干, 最外面的部分收缩成褶皱状, 最终投影面积与下挥时相比减小30% (Walker et al., 2009a)。当蝗虫休息时, 这种构造原理使后翼能够完全折叠, 隐藏在前翅下。蝗虫后翼扇的另一个功能我们将在后面继续介绍, 需要指出的是, 我们对蝗虫后翼扇径向折叠的了解远胜于对自然界其他物种翅膀变形的了解。由于将详细的机械和运动测量 (Walker et al.,

2009a, b; Wootton et al., 2000; Young et al., 2009)、有限元模型 (Herbert et al., 2000)、流场数值模拟计算 (Young et al., 2009) 以及试验流体测量 (Bomphrey et al., 2006; Young et al., 2009) 引入对这个系统的研究,使我们对昆虫飞行中翅膀变形的机械原理和功能的认识上了一个台阶。

与蝗虫不同,甲壳虫 (鞘翅目)、地蜈蚣 (革翅目)、蟑螂 (蜚蠊目) 的翅膀采用横向折叠的方式。这 3 种昆虫的后翅长度是已硬化前翅的好几倍,要达到完全隐藏的效果,折叠方式就很复杂 (Haas et al., 2000; Haas and Wootton, 1996)。由于微型飞行器的积载系数是采用变体机翼的重要动机,因此昆虫这种膜翅不用时可以隐藏起来的特质就具有很大的启发性。需要注意的是,这种折叠机制使昆虫处于扑翼飞行状态时,翅膀不会因为遇到空气动力载荷而出现折损危险,同时每种不同的折叠机制都只有一种自由度,迫使 4 块毗连翅段只能沿着会合于一点的 4 条折沿铰链向旋转 (Haas and Wootton, 1996)。图 2.3 为示意图。有些情况下,翅膀会主动或受气动力和惯性力影响张开 (Haas and Wootton, 1996),但作为固有的双稳态机制的一部分,翅膜上的节肢弹性蛋白存储的弹性势能会防止飞行中翅膀打开 (Haas et al., 2000)。

2. 可变弯度

传统翼型采用一定弯度其关键的好处是提高了飞机的气动性能,但对昆虫来说,翅膀的弯度却有另一个重要作用,即确保了结构稳定性:翅膀有正弯度时,可抵抗向上的力;也可抵抗向下的力,但能力稍弱一点。蝗虫翅膀下挥时,翅膀的正弯度会变大 (图 2.4),以抵抗惯性和气动力,防止翅膀受损;上行时,翅膀是顺桨状态并受到负载荷,弯度仍然存在,但作用不大。在下挥初期,后翅的正弯度主要取决于与后翅扇相关前翼段的迎角,这与前翅 3 块翼段的作用一致 (图 2.1)。在下挥后期,后翅的外曲率受后翅扇面上的 "伞状效应" 影响而变大。

伞状效应出现是因为当翅膀后缘由于后翼前掠受到张力时,其弯度会在后翅扇上的径脉中产生压缩力 (Wootton, 1995; wootton et al., 2000, 2003),导致径脉出现欧拉屈曲 (Wootton, 1995),这是昆虫下行中段和末段中后翅弯度的主要来源。在下行初期,伞状效应未出现时,后翅扇也会轻度弯曲,特别是那些较短的内层径脉会进行预先弯曲 (Wootton et al., 2000; Young et al., 2009) 通过对蝗虫翅膀动态运动的三维数值流场仿真,发现前、后翅上存在弯度可将产生升力所需的动力节省 12%,这是因为翅膀的大弯度有助于保持附加气流。这也许是蝗虫区别于很多

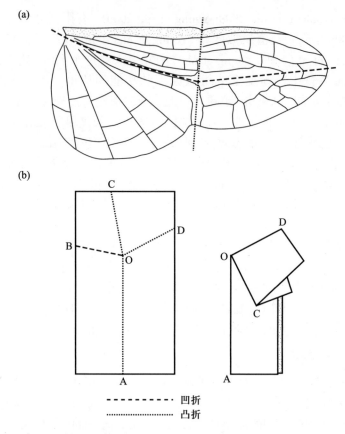

---------- 凹折
.... 凸折

图 2.3　蟑螂 (蜚蠊目) 翅膀的草图 (a), 显示了 4 条汇聚的折线 (虚线)。这是一个简化的草图, 实际的脉序图形要复杂得多, 并有很多小的翅脉以及相关折叠机制的原理图 (b), (于 Haas and Wootton, 1996 年后重绘)

其他昆虫的一个飞行特征。

　　区别于蝗虫翅膀的攻角只能在一定范围内变化, 食蚜蝇一般在半个冲程结束时翻转翅膀, 这样上行和下行时均能产生有效升力 (图 2.5)。食蚜蝇的翅膀十分柔韧, 因而可自动产生弯度。其旋转轴位于质心和气动压力中心的前方, 受惯性力和气动力作用的影响, 翅膀会发生扭转, 自动形成弯度。这种弯度与蝗虫的一样, 来自于其径向翅脉结构 (Ennos, 1988a), 其大小由两条主要径向翅脉曲率决定 (图 2.2)。食蚜蝇会根据翅膀上行或下行生成相应方向的弯度 (图 2.5; Walker et al., 2010), 这就提高了它的结构稳定性能和气动性能 (Du and Sun, 2008, 2010; Vanella et al., 2009)。

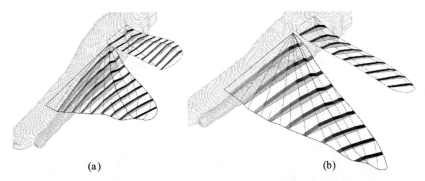

图 2.4 沙漠蝗虫的翅膀弯度。(a) 下行前段; (b) 上行后段。代表每部分曲度的弦向分条根据局部迎角以阴影反映 (Walker et al. 之后重绘 (2009a))

图 2.5 食蚜蝇的翅膀弯度。(a) 下行中段; (b) 上行中段。代表每部分曲度的弦向分条根据局部迎角以阴影反映 (Walker et al. 之后重绘 (2010))

食蚜蝇和蝗虫的后翅可以自主形成弯度，这得益于它们自身特有的径向翅脉结构 (Ennos, 1988a; Wootton et al., 2000)。而有些昆虫，如蜻蜓 (蜻蜓目)，它的翅膀弯度的生成方式与上述两种动物完全不同，依赖于有棱角的、复杂立体邻近翅基处的翅脉群 (Wootton et al., 1998)。当一个向上的力作用于翅膀外侧的背部时，翅膀后缘向下，整只翅膀拱起，倾角增大 (图 2.6)。这个机制使蜻蜓处于下行飞行状态，承受正负载时，后缘保持向下，这样翅膀的曲度和攻角自动提高。有趣的是，虽然相同的机制通常要分别历经数次进化，但它们却有相似的结构，都是由现代蜻蜓某些已灭绝的亲缘身上的不同翅脉组构成 (Wootton et al., 1998)。

3. 可变扭转

和其他所有绕着固定点旋转的翅膀一样，昆虫的翅膀从翅根到翅尖也呈现出线性增长的速度梯度。前飞状态下，这会导致局部迎流角度的近似线性变化，这就是为什么装备固定桨叶的飞机螺旋桨需要扭转，以确保给定空速下各个截面保持最佳攻角。蝗虫的后翅很像一个可变桨

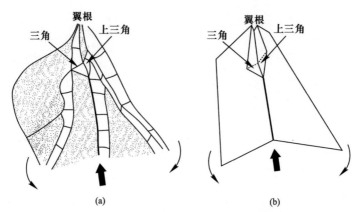

图 2.6 蜻蜓翅膀的基本三角 — (a) 上三角的合成; (b) 翅膀弯曲以及弯度生成相关
机理的原理图。

通过一个基本合成体外部的向上力, 使得翅膀的前、后缘向下弯曲, 因而产生正弯度 (Wootton
et al. 之后重绘 (1998))

距螺旋桨, 唯一的区别就是真正的可变桨距螺旋桨的叶片通常靠电力
或液压驱动, 而蝗虫的后翅由前面提到过的伞状效应产生同样的效果
(Walker et al., 2009a)。伞状效应的强弱取决于后翅扇的区域弦长与后
翅扇前方翅片的区域弦长之比 (图 2.1)。当给定一个适当的相对弦分布,
伞状效应会自动建立线性扭转分布, 正好可以抵消拍击翅根时翅膀不
发生扭转可能带来的攻角线性增大现象, 以保持整个翅膀维持一定的
攻角 (图 2.7; Walker et al., 2009a)。

图 2.7 沙漠蝗虫翅膀的 (a) 迎角; (b) 空气动力学攻角。展向上迎角和攻角的变化通
过翅膀上阴影的强度来显示, 越黑的阴影对应较小的角度。可以通过 (a) 中后翅的阴
影的稳定渐变看出来。在下行过程中, 后翅采用一个近似线性的扭转分布, 可以通过
(b) 中后翅不变的阴影看出来这种扭转沿后翅形成了一个近似常数的空气动力攻角
(Walker et al. 之后重绘 (2009a))

这种自动扭转翅膀机制会给蝗虫带来什么样的功能性影响呢? 通
过比较蝗虫前后翅呈平板状时的迎流和处于测定的沿展向扭转分布时

产生的迎流, 就可以找到答案 (Young et al., 2009)。很明显, 平板模式下, 适时调整展向旋转可增加 53% 升力/动力比。和自动生成曲度一样 (如上述), 调整翅膀扭转之所以能节省能量是因为扭转翅膀虽然降低了气动系数, 但有助于保持附着气流, 从而提高飞行效率 (Young et al., 2009)。任何径向翅脉硬度的变化和弦分布或翅膀运动学的变化都会引起攻角分布的改变, 因此, 蝗虫后翅上近恒定攻角的存在正好说明其结构、形态和运动参量实现了精准的进化性优化。我们相信翅膀变形是一个动态的机制, 它不断调整翅膀, 以期使其气动性能达到最优。

食蚜蝇的翅膀在上行和下行过程中的展向扭转也很明显, 但有扭波通过翅膀时, 它的展向扭转在回程时最为突出 (图 2.8)。假设翅膀的扭转是由肌肉扭转翅根驱动的, 翅膀上行和下行转换时, 攻角的变化应该是从翅根向翅尖逐渐延伸。但实际上, 情况正好相反。扭波是从翅尖到翅根出现, 这是因为翅膀的旋转轴靠近前缘, 位于质心之前 (Ennos, 1988b), 也就是说回程时后缘的速度要滞后于前缘。随着翅膀弦长的增大, 后缘从翅尖到翅根的延迟更为明显, 同时扭波从翅尖到翅根通过整个翅膀 (Ennos, 1988b)。转换时, 翅膀过度旋转会造成反冲效应: 攻角在回程后会有一定的减小 (Walker et al., 2010) (Bos et al., 2008), 使用二维数值流体仿真证明这种反冲可将扑翼飞行中的升阻比提高 15%, 这是因为下行初期反冲效应降低了有效攻角, 使翅膀上的前缘涡流生成较小的阻力, 而升力未变。

4. 辅助面的扭转

一直以来, 我们都以为昆虫本身没有辅助控制设备, 比如飞机上的襟翼和板条。事实上, 高级蝇类的翅膀上有个突出的皮瓣, 称为翅瓣。食蚜蝇的翅瓣占翅膀表面积的 10%。在生物力学文献中, 有关翅瓣的记录少之又少, 仅从解剖学的角度有一点介绍 (可见 Weis-Fogh, 1973)。一般情况下, 在飞行过程中, 翅瓣在翅膀上呈扁平状, 不过 (Walker et al., 2009b, 2010) 发现食蚜蝇振翅时, 翅瓣有时会上翻, 与翅背几乎成 90° 的夹角 (图 2.8)。由于翅瓣的翻转与躯体的加速度和翅膀的动态变化, 特别是翅膀振幅密切相关, 这样看来, 翅瓣很可能在飞行控制方面发挥着重要作用 (Walker et al., 2011)。对食蚜蝇所做的数值流体仿真揭示, 这种昆虫在悬停时, 翅瓣附近的局部气动负载最小 (Du and Sun, 2010), 虽然不排除在向前快速飞行时翅瓣具有气动功用, 但至少说明在悬停状态下, 当翅根处的流速更大时, 翅瓣发挥不了类似于飞机襟翼具有的气动功能。

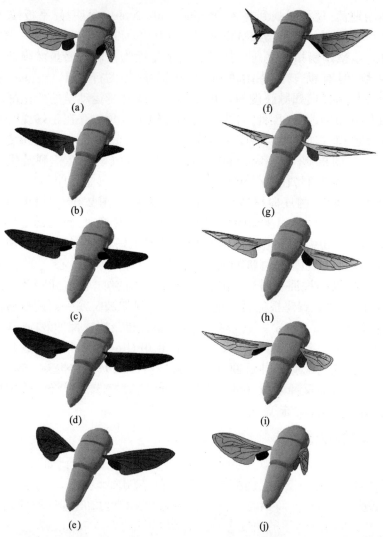

图 2.8 食蚜蝇拍击翅膀时, 迎角变化的 10 个阶段, 迎角的展向变化以翅膀的阴影密度表示, 颜色越深代表迎角越低。翅膀扭转贯穿击翅全过程, 以回程结束时扭波从翅尖到翅根通过翅膀最为明显 (f), 请注意上行时翅瓣的偏转 (Walker et al., 之后重绘 (2010))

2.3 鸟类

鸟类是世界上种类最多的脊椎动物, 现存 10000 多种。成年鸟类的体重涵盖 4 个尺寸级, 最轻的是蜂鸟, 只有 0.002 kg, 最重的是灰颈鹭鸨,超过 16 kg。在众多庞然大物中, 信天翁和安第斯秃鹰的翼展超过 3 m。而一些已灭绝的物种, 像阿根廷巨鹰据估计翼展是这个尺寸的 2 倍, 这或许也妨碍了它连续扑翼飞行 (Chatterjee et al., 2007)。

几个世纪前, 鸟类的飞行就吸引了科学家的注意, 莱特兄弟受此启发, 发明了翅膀变体控制系统, 并借助这个系统在 Kitty Hawk 实现了人类历史上的第一次有人、可控的动力飞行。看到鸟类在自然界中自由飞翔, 或许有人认为翅膀变体是件容易的事, 但事实并非如此。尽管我们对鸟类翅膀在其飞行过程中如何变形有了一定的认识, 但认识程度远不如对昆虫翅膀的了解。而且, 与昆虫不同, 鸟类不是只有 2 个变形的翅膀, 而是 3 个, 其中水平尾翼的形状变化与翅膀的变形密切相关。下节中, 我们将简要介绍鸟类翅膀和尾翼的结构和机制, 希望能够帮助大家更好地理解鸟类在飞行中为什么变形和怎样变形这些问题。

2.3.1 翅膀的结构和机理

1. 翅膀的骨骼

除了缺少两根足趾, 有些手部骨骼在进化中进行融合外 (图 2.9), 鸟类翅膀的骨骼与人类上肢的基本一致, 它的桡骨和尺骨 (如前臂骨) 通过肱骨 (如上臂骨) 连接到肩带。腕关节成了翅膀前缘的一部分, 靠肌腱与肩相连。而肌腱支撑着一块构成腕羽弧形前缘的三角形羽化膜。拇趾退化严重, 但仍具有一定的活动自由度, 支撑着一组称为翅瓣的羽

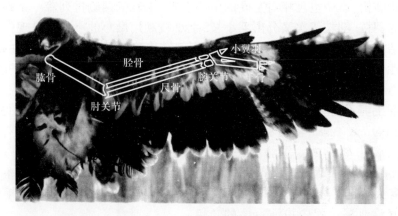

图 2.9　鸟类翅骨的相对排列示意图。骨骼的几何形状仅是示意的, 不能作为真实的情况 (Videler 之后绘制 (2005))

毛。剩下的两个足趾退化也很严重, 与手骨部分融合到了一起, 极大地限制了大飞羽的活动自由度。总的来说, 鸟类的每只翅膀有 10 块独立的骨骼 (Videler, 2005), 接近蝙蝠的 1/2, 所以维数复杂度也相对较低。当然, 维数复杂度较低还有另外一个因素, 那就是鸟类翅膀的骨骼分布紧密, 连接组织柔软。如由于桡骨和尺骨属于平行滑动式结构 (Videler, 2005), 翼手会随着翅膀臂部的延展或弯曲而自动延展或弯曲, 而且, 这种分布方式在翅膀张开时会限制腕关节活动的自由度。

2. 飞羽

鸟类翅膀的升力面由皮肤内的毛囊长出的羽毛构成, 在飞行中, 这些羽毛通过韧带与翼骨相连。这种方式意味着飞羽在臂部伸开的同时会自动张开, 如果摆弄刚死掉的鸟类尸体就可以看到这种现象。飞羽是大型羽毛, 鸟类扑翼飞行所需的大部分升力和推力由它来提供。初级飞羽与手骨相连, 共同构成大飞羽。大飞羽是腕关节的翅外侧部分。次级飞羽位于肘关节和腕关节之间, 与尺骨相连, 形成腕羽的外侧。大量的三级飞羽与肱骨相连, 使具有细长翅膀的物种保持了翼身融合的功能。小翼羽依附在拇指的残存部位, 不用时折叠起来置于翅膀前缘的上表面。覆羽则占据了翅外的其余部分, 覆盖了翅膀和鸟体前段的整个上表面和大部分下表面。覆羽弹性很好, 但有点粗糙, 这使得它们在与翼面平齐时也能够生成一定的涡流。覆羽张开时可遮住整个鸟体, 对于实现鸟类特有的翼身融合效果发挥了重要作用。

羽毛本身重量轻, 为自支撑结构, 由特别的角蛋白构成。呈复杂的层状结构, 有中空且相对坚硬的中心羽轴, 羽轴的两侧排列着一系列平行的羽枝, 羽枝依次又分出羽小枝, 羽小枝利用微小的小钩羽呈现的倒刺结构编织连接成飞羽。正是这些倒刺结构确保了飞羽扁平羽片的整体性。一般来说, 飞羽的内羽片比外羽片宽得多, 这样每片羽毛的气动压力中心都位于它的轴后, 保证了羽毛的稳定性, 防止其绕轴旋转。不同羽毛其孔隙率不同, 覆羽与初级飞羽和次级飞羽相差不大 (Müller and Patone, 1998), 但覆羽内羽片的透射率明显低于外羽片, 这可能有利于飞行中邻近的、重叠在一起的羽毛贴合得更为紧密 (Müller and Patone, 1998)。因此, 不管飞羽的孔隙率如何, 正常飞行条件下, 都不可能有大量空气透过叠加排列的羽毛。相反的, 孔隙率或许在挤压羽毛防止气流泄漏过程中扮演重要的角色。

每只翅膀的升力面都有大量单独的羽毛, 但鸟类翅膀的整体结构严格限制了这些羽毛和骨骼之间可能存在的相对运动。翅膀上的主要飞羽在腕关节和翅尖处与翼骨相连 (Stettenheim, 1972), 同样地, 翅膀后缘上的皮肤也是在腕关节和翅尖处与翼骨结合 (Stettenheim, 1972), 这有助于前缘的覆羽保持在上表面或下表面上它们的预期位置。

3. 翅膀的肌肉组织

鸟类的翅膀共有 45 块肌肉 (Videler, 2005), 其中很多又分属不同部位, 或在骨骼上有不止一处的附着点。尽管听起来很复杂, 但上行或下行时, 鸟类的振翅每半拍基本上由一块肌肉控制。这两块肌肉的有效部位位于肩关节的正下方。胸肌利用与肱骨下侧相连的肌腱向下拉动翅膀, 而喙上肌则通过穿过类似滑轮的装置直到肱骨顶端的肌腱向下拉动翅膀。除了这两块肌肉外, 很多体积较小的肌肉也参与了翅膀的旋转, 特别是上行和下行转换时。鸟类的肌肉活动实际情况极其复杂, 目前为止我们掌握的还不多, 但已知其翅膀上的肌肉数量是骨骼数量的 4 倍多, 这说明尽管每块肌肉都有一块拮抗肌, 但有些肌肉一定是冗余的。而且, 重力、气动力以及弹力原则上都能发挥拮抗肌的作用, 肌肉本身并不一定要以成对拮抗肌或肌肉组的形式存在, 这种情况会进一步扩大可能存在的冗余。

4. 尾羽和肌肉组织

鸟类的尾巴上有 24 根尾羽, 呈放射状排列, 在躯体后形成一扇状结构, 大体上有 3 个自由度, 即展开角、仰角和扭转角。本质来说, 它的形状就像一个可变后掠的三角翼, 当然关于二者气动功能是否一致还存在一定的争议。不同鸟类的尾羽形态各不相同, 这取决于是用来展示的还是用来飞行的。俯看可见中心一对羽毛呈凸圆形, 大体对称, 而外部尾羽通常呈扁平状, 甚至呈凹形, 极其不对称。覆羽覆盖在尾巴与躯体的连接处, 这使得尾部与躯体衔接流畅。尾巴姿态的稳定和控制靠 6 对肌肉实现。目前我们对这 6 对肌肉在不同飞行动作中的放电模式已经有了一些了解 (Gatesy and Dial, 1993), 但对尾巴功能的生物力学原理知道的仍然很有限。

2.3.2 全翅膀变形

1. 可变外形

鸟类的翅膀和尾巴最突出的一个特点就是能在零点几秒内改变外

形。翅面积可变是因为当鸟类收缩或展开翅膀和尾巴时, 翅膀和尾巴上相邻飞羽的重叠度会自动发生变化, 这在鸟类飞行时发挥了积极作用。因为在天空翱翔时, 鸟类通过不断改变翅膀和尾巴面积调节滑翔的速度和角度。试验发现, 在倾斜风洞中, 一只滑翔的栗翅鹰, 它的翅面积会随着空速的增大而减小两倍, 以使前进速度和下降速度与风洞中的流体状态相适应 (Tucker and Heine, 1990)。此外, 在低速飞行时, 翅膀会与尾巴配合地展开, 这大概是为了保持俯仰的平衡, 同时减小翅膀的负载 (Tucker, 1992)。

鸟类通过收缩翅膀实现翼展和面积的变化, 当翅膀高度收缩时, 它们自动呈现出来的是独特的 M 形, 如图 2.10 所示。它显示了一只草原雕栖息运动时的最后的几个状态 (Carruthers et al., 2007)。从图上可以看出, 这种鸟栖息时翅形会发生一系列的变化, 首先就是翅膀展开, 轻轻滑行, 当快要到达栖息点时翅膀收缩成 M 形, 翅面积急剧减小, 压力中心前移, 形成一个快速上仰的动作。这之后, 翅膀再一次完全打开, 但保持较高攻角, 进入深失速状态, 产生气动制动所需的高阻力 (Carruthers et al., 2007)。整个过程完成很快, 只有 0.2 s, 这大概是迄今为止我们所掌握到的动物如何利用翅膀变形控制极度不稳定飞行状态的实例。

2. 可变弯度

目前, 我们对飞行中鸟类翅膀的弯度几乎一无所知, 在博物馆标本身上所做的测量又极不可靠 (Withers, 1981)。但随着立体摄影测量技术的出现, 利用这一技术, 我们对一只在小型风洞中扑翼飞行的麻雀的上翼面进行了形状重建 (Bilo, 1971, 1972), 又在风洞中对一只滑行中的普通燕八哥的完整翅外形成功进行了测量 (Carruthers et al., 2010)。近些年, 多站摄影测量术被用于重构草原雕栖息运动时的上、下翅面, 发现次级飞羽构成的翅后部较薄, 飞行中会收缩, 在正向气动负载下形成反射弯面。弯面大小在飞行中可能会有较大变化, 但具体数值目前还未掌握。

3. 可变扭转和展向弯曲

世界上的第一架飞机 —— 莱特 "飞行者" 的翘曲机翼设计其灵感来源于鸟类翅膀的扭转。事实上, 鸟类翅膀的扭转方式比这个要复杂得多, 它与可变后掠紧密相关。例如, 在高速滑翔时, 鸟类通常采用向后掠与扭转相结合的方式 (较低的攻角), 这点很重要, 因为向后掠与扭转的结合使横滚稳定的鸟体可以保持平衡 (Thomas and Taylor, 2001)。但是,

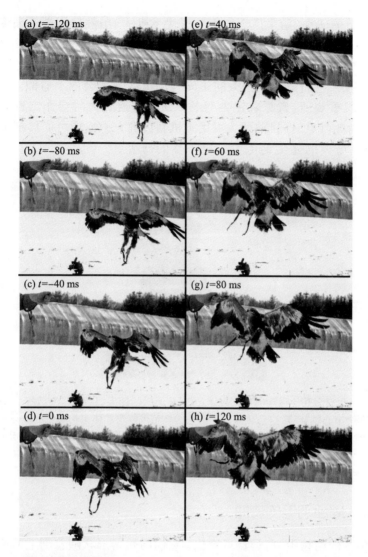

图 2.10 草原雕栖息时翅膀的一连串变化。当快要到达栖息点时，草原雕的翅膀收缩
成 M 形，翅面积急剧减小，压力中心前移，形成一个快速上仰的动作。每个方框左上
方的时间表示这个动作是在 0.2 s 内完成的 (Carruthers et al., 2007 年后重绘)

　实际情况比这个复杂，很多鸟类的大飞羽的翅尖羽毛是离散的，单个羽
毛的气动攻角与总体平均翼弦的攻角完全不同 (图 2.11)。

　　翅尖羽毛的展向弯曲对于提高鸟类的飞行效率十分重要。据说 20
世纪 70 年代早期，NASA 就是受到鸟类上弯的翅尖羽毛的启发开展了翼尖小翼的研究, 后来广泛应用在现代飞机上 (虽然使用端板来降低诱导阻力的理念最早是由 Frederick W. Lanchester 提出的)。总的来说, 飞鸟的翅尖羽毛有两点与飞机的翼尖小翼不同: 首先, 它们结构上是有缝隙的; 其次, 它们只有在强大的正向气动负载下才会向上弯曲。而第二种情况很重要, 这意味着翅尖羽毛在翅膀遭遇外力时会作出自适应的响应。由此可见, 在目前两大民用飞机制造商大力发展可变翼梢小翼的背景下, 鸟类的翅尖羽毛值得进一步的研究。

图 2.11 和很多其他飞翔的鸟儿一样, 这只草原雕的翅尖羽毛也是离散的。每根羽毛都能围绕中心轴旋转, 这意味着单个羽毛的攻角可能与总体平均翼弦的攻角完全不同, 这样, 就更难解释飞行中翅膀扭转快速变化的现象了 (注意腕关节外侧, 翅膀前缘小翼羽的弯曲)

2.3.3　局部羽毛的弯曲

在飞行动物中, 鸟类特点突出。它们的翅膀形状随着羽毛的弯曲呈现出一系列的局部变化。其中最明显的就是小翼羽, 由于它明显匹配于某些气动函数, 且只在处于高攻角运动、离开前缘时才会发挥作用, 所以被看作相当于一个增升装置 (图 2.11)。关于小翼羽发挥了前缘缝翼或板条的作用 (Alvarez et al., 2001; Meseguer et al., 2005; Nachtigall and Kempf, 1971; Stinton, 2001) 还是发挥了涡流发生器或边条的作用 (Carruthers et al., 2007; Videler et al., 2005; Videler, 2004), 目前还存在争议。或许这两点不是非此即彼的关系, 而很可能是当翅膀展开达到大展弦比时, 小翼羽发挥了前者的功用, 而当翅膀弯曲形成一个小展弦比的

M 形翼时, 则发挥了后者的作用。

由于小翼羽的关节已经肌化, 小翼羽常被当作一个主动控制装置。不过, 在对刚死的鸟所做的风动试验中发现小翼羽 (翅瓣) 存在被动弯曲现象 (Brown, 1963; Graham, 1930; Nachtigall and Kempf, 1971), 而且在自由飞翔的草原雕身上也观察到过小翼羽的被动弯曲现象 (Carruthers et al., 2007)。小翼羽的弯曲首先是从羽尖的剥离运动开始, 由于羽毛只有基底部位发生了肌化, 所以这个动作属于被动的气动弹性响应。随后, 作为小翼羽被动剥离的应激反应, 肌肉牵引小翼羽前伸, 小翼羽以大攻角姿态自动展开。

小翼羽周边的羽毛或许在修正前缘气流方面发挥了气动作用。特别是构成腕羽前缘圆形表面的覆羽, 它以较大的攻角向前弯曲 (Azuma, 1992; Blick, 1976; Carruthers et al., 2007; Hertel, 1963)。这些羽毛在鸟类起飞、落地、扑翼飞行以及有些阵风响应时弯曲, 在图 2.10 (f)~(h) 所示的栖息运动时展开。弯曲从羽尖而非羽根开始, 这也说明羽毛弯曲是对前缘上逆流的被动响应。表面上看, 前缘覆羽的连续弯曲让人会想到很多传统飞机起飞降落时用到的前缘缝翼, 但实际上, 鸟类的前缘覆羽之间互不相连, 这个特征使覆羽既能部分也能全部展开。由于不清楚前缘覆羽以低攻角展开是不是要实现某个实用目的, 也就不能肯定它是否具有某些功用。不过, 一旦展开, 前缘覆羽就可以充当一个增升装置 (Carruthers et al., 2007) 或是一个稳流器 (Jones et al., 2008)。

前缘覆羽并非是飞行中遭遇逆流唯一打开的覆羽, 曾经观察到过构成腕羽上表面的覆羽在飞行中也会相继打开, 有人认为这些覆羽与飞机上的涡流发生器有明显的相似之处 (Blick, 1976)。但是, 对可移动的上表面覆羽所做的一系列试验测试、数值流体仿真以及飞行试验发现这些覆羽实际上阻挡了在翅膀后缘和翼剖面上的吸力峰值之间产生的逆流 (Schatz et al., 2004), 提高了大攻角时的升力, 延迟了气流的分离。鸟类的上覆羽作用大体相似, 具备根据局部气流状况进行局部展开的能力。

2.4 蝙蝠

世界上的蝙蝠有将近 1200 种, 其飞行形态和生态特性差异极大。成年蝙蝠的体重横跨 3 个数量级, 最轻的是大黄蜂蝙蝠, 只有 0.002 kg, 最重的是鬃毛利齿狐蝠, 达 1.2 kg。翼展最大的是果蝠, 有 1.8 m 长。蝙蝠是世界上唯一能够动力飞行的哺乳动物, 专业学名是翼手目, 突出特征是: 翅膀包含弹性肌化膜, 连接起特化伸长的前肢各趾、后肢和体壁 (图 2.12), 这样可以使它对翅膀变形实施高阶控制: 每只翅膀的活动自由度大于 20, 这还未考虑每个关节转动的复杂性, 或翼骨和翼膜有多大的弹性自由度, 而只计算它的关节数量。

　　不论翅膀有多复杂的高维性, 独立可控的自由度的数量很可能受翅膀各部位关联的限制。例如, 近来对犬蝠属所做的一项研究发现, 所测的 20 个关节角按照活动相似度可分为 3 组 (Riskin et al., 2008)。第一组里, 指趾成对伸展和收缩; 第二组里, 腕部成对纵摇, 肘部成对弯曲; 第三组里, 肩部和后肢成对活动。这 3 组关节是否代表了真正的功能性部件还不清楚, 但蝙蝠的每一次典型振翅的大部分运动过程都可以由这 3 类关节的运动组合来建模。因此, 为了得到有用信息, 我们对这种自然界变化最复杂的翅膀进行了简化。

　　下一节里, 我们将主要介绍蝙蝠翅膀的结构和机制, 以帮助大家了解蝙蝠翅膀变形的过程。尽管对蝙蝠翅膀变形的运动学细节知之甚少, 但在后面的篇幅里, 我们会对已知的内容作一介绍。

图 2.12　蝙蝠的翅膀是由一个弹性肌化膜组成, 并连接起特化伸长的前肢各趾、后肢和体壁。图为一只数量较少的狗面果蝠 (短鼻果蝠) (由 N. Hristov 和 T. Hubel 拍摄)

2.4.1 翅膀的结构和机理

1. 翅膀的骨骼

蝙蝠翅膀的骨骼和人类的上臂相似 (图 2.12)。肱骨 (上臂骨) 将强壮细长的桡骨、部分融合退化的尺骨 (前臂骨) 与肩带骨相连。拇指邻近腕骨, 蝙蝠种类不同, 拇指大小也不同, 但都比较短, 末端有爪, 余下的四指支撑着翅膜的外侧, 每指均有极长的掌骨 (手骨) 和两三块趾骨 (指骨)。第二指在四指中最短, 与第三指的最外缘共同构成翅前缘的外侧。

一个振翅周期里, 蝙蝠的翅膀要应对大量的负载变化。为了获得动力飞行所需的力, 像鸟类一样, 其翅膀上的骨骼必须进行改变。对一只前飞中的灰头狐蝠所做的应力测验发现, 其桡骨和尺骨上的应力可达 2×10^{-3}, 在下行中期, 接近更低的行程转换点时, 这两处的骨头弯曲最大 (Swartz et al., 1992)。和机械元件一样, 骨骼的强度和硬度取决于它的结构和物质特性。因此, 不同的骨骼部位它的形状和矿物质含量差异很大, 以适应不同负载情况。结构和物质特性上的变化对翼展的不同部位提出了不同的要求: 翅膀的内侧要能承受较大的扭转应力和剪切应力, 而外侧则是巨大的弯曲力。

与其他哺乳动物的骨骼主要承受弯曲负载不同的是, 蝙蝠的翅膀骨骼要应对大量的扭力, 它的上肢骨因此是圆形、薄壁的, 这有利于对抗相似的扭矩和弯矩。构成蝙蝠翅膀骨骼的骨材料密度相对较高, 这决定了它的翅膀骨骼具有一定的强度和硬度, 使那些细长、看起来纤巧的骨骼不仅强壮还有一定的重量 (Dumont, 2010)。相反, 蝙蝠的指骨扁平, 越朝骨尖部位矿物含量越少, 这不仅提高了它们灵活度, 还使它们可以应对大的弯曲力。指骨矿物含量少同时也减轻了翅膀外侧的重量: 由于最大速度和位移都出现在翼尖, 减轻重量可以减小惯性力, 节省能量, 提高机动性。

2. 翼膜

蝙蝠翅膀的升力面是一层纤薄、具有弹性且肌化了的角膜 (图2.12), 其中两部分最大: 一块是手翼膜, 从前肢的第二指延伸至三、四、五指; 另一块是臂翼膜, 从第五趾延伸至后肢和体壁。腕关节和肩关节之间的三角形皮膜构成了臂翼的前缘, 而手翼膜的前缘包含第二、第三指的扁平骨骼以及拇指附近的一小块三角形翼膜 (图 2.12)。另外, 很多蝙蝠的后肢之间也有一块皮膜, 这块尾膜是用于机动飞行控制的, 但主要功能还是协助猎食；食虫蝙蝠利用尾膜抱住猎物，尾膜这时发挥了捕猎工具的作用，代替了另作它用的前肢。实际上，由于具有强大的飞行能力和灵活的骨骼结构，蝙蝠在飞行中能够俯身，把昆虫直接放进嘴里并迅速完成进食。尾膜在这种需求下进化的极其强壮，是靠踝处延伸而来的软骨支撑的。

翼膜本身纤薄柔软，但又极其强韧。一旦受伤，是所有脊椎动物组织中恢复最快的一个。它由两片薄的外表皮和一层内真皮层组成。真皮层包含血管、肌肉和主要成分为胶原质和弹性纤维束的弹性纤维网。纤维和肌肉网使翼膜具有高度的各向异性：与翼骨平行方向具有最大的刚度和强度，与翅膀后缘平行方向具有的最大弹性 (Swartz et al., 1996)。翼膜中存在两种肌肉束：较大的来自于翅膀骨骼，延伸进入皮膜，紧紧地固定在骨骼上支撑翅膀；较小的从皮膜出来又回到皮膜，可能是调节局部皮膜硬度或绷紧皮膜的。肌肉和纤维的基底结构网与翅膀的力学性能直接相关，同时，就像骨骼的矿物含量沿翼展方向变化一样，为了应对不同的应力和张力，翅膀不同区域的皮膜组成也有所不同。此外，不同种类的蝙蝠皮膜也有一定差异：体积大、承载强的，强度也大 (Swartz et al., 1996)。

3. 飞行肌肉组织

蝙蝠的飞行肌肉组织很复杂：上行或下行过程中，蝙蝠要靠多块肌肉协同才能完成振翅，而鸟类通常只需一块。这个不同反映出蝙蝠的肩带骨比鸟类的活动更自由，可以使蝙蝠从翅根处控制拍翅动作。与其他哺乳动物相比，蝙蝠位于前翼最外侧的某些肌肉已经退化或消失。不过，蝙蝠控制翅膀变形靠的是控制关节的肌肉和翼膜内的肌肉纤维，普遍认为使它们可以很好地控制着翼膜的弯度和张紧程度。

2.4.2 全翅膀变形

1. 可变形态

蝙蝠的翅膀形态在机动飞行中变化很大，而且在每个振翅周期里循环更替，这归因于其复杂的骨骼肌肉系统和皮膜的气动弹性变形特征。目前，虽然只能对有限的几种蝙蝠的运动作出详细的分析，但也反映出不同种类之间的明显不同。有些蝙蝠，如食虫的巴西无尾蝙蝠 —— 游离尾蝠或洞属耳蝠，在整个振翅过程中几乎完全展开翅膀，上行和下行中的翼展区别不大, 仅是上行时腕部向后轻微弯曲, 整个振翅周期里翅膀形态几乎没有大的变化。大型果蝠的情况则完全相反, 如犬蝠属的犬蝠岩袋鼠, 它的翅膀在整个振翅周期里变形十分明显, 翼展在上行期间明显减小, 在下行接近结束时会向内卷曲, 有时翅膀卷曲过大, 翅尖甚至会相互碰触 (Hubel et al., 2010)。吸蜜的帕拉斯长舌蝙蝠在整个行程周期里翼展变化与鼩形长舌蝠相似。它在上行中段的翼展是下行中段的 60%~70%, 具体数据依飞行速度而定。这些翼展变化主要由翅内侧而非翅外侧的构形变化来决定。

2. 可变弯度

蝙蝠的翅膀在飞行中呈弧面外形 (图 2.13), 但弯度的具体数值以及弯度在振翅过程中如何变化目前还不清楚, 已知的是翼膜为高弹性表面, 能够对应用气动与惯性力作出快速反应。对人工翅膀所做的风洞试验中发现相对刚性翅膀, 具有弹性表面的翅膀最大升力系数更大, 升力曲线斜率更陡, 失速时攻角更大 (Song et al., 2008)。近来对不同大小的狐蝠所做的测试结果分析发现体型大小与翅膀的弯度之间没有关系, 但弯度减小, 飞行速度增加 (Riskin et al., 2010)。在到达上行中段时, 弯度大约为翼弦的 10%, 这些结果与对帕拉斯长舌蝙蝠所做的臂翼弯度测试结果一致, 即飞行速度提高, 平均弯度减小, 高速时接近翼弦的 10% (Wolf et al., 2010)。臂翼在上行中段时的弯度是其在下行中段、处于低速时的两倍左右, 最小速度时弯度值接近翼弦的 25%。蝙蝠翅膀这么高的弯度值可能与上行中手翼的上仰扭转相关, 上仰扭转可压低手翼膜的后部, 使其低于上肢骨与翅前缘之间的皮膜。

图 2.13 飞行中蝙蝠翅膀采用一个高弯度的剖面: 这张图片是在前向飞行中, 翅膀下行过程接近中点时拍摄的。注意手翼的大的正弯度 (N. Hristov 和 T. Hubel 拍摄的巴西犬吻蝠 (游离尾蝠))

3. 展向弯曲与扭转

目前，虽然我们确信蝙蝠在振翅过程中翅膀进行了大幅扭曲 (图 2.13)，但对它在一个振翅周期内如何进行弯曲和扭转了解的还很有限，只知道在蝙蝠低速飞行时，手翼会在上行之初的扭转过程中完全反转 (Lindhe Norberg and Winter, 2006; Riskin et al., 2008; Wolf et al., 2010)，这可视为提高推力的动作，但相关的扭转分布还没有量化数据。

2.5 结论

从上面的介绍可以看出，虽然对于昆虫、鸟类和蝙蝠的翅膀变形我们还有很多需要了解的，但已经可以得出几个一般性的结论。突出的一个就是我们所描述的 3 种建立变体机翼的方法没有一个与航天工程领域里盛行的变体机翼概念相近。当前的变体机翼概念倾向于使用具有形状记忆特性的材料，这不同于自然选择导致的可变形翅膀。相反，昆虫、鸟类和蝙蝠的翅膀具有变形能力是因为利用了弹力升力面，它可由活动的结构单元驱动、所依附的肌肉则大部分或完全位于翅膀以外。相较于使用了形状记忆合金的变体机翼设计，莱特 "飞行者" 飞机采用的线缆控制的纤维蒙皮机翼，以及某些军用飞机的可变后掠翼设计与上述动物的翅膀变形原理更为相似。我们无意于对变形机翼不同设计方法的优劣进行评判，只是认为这点很重要，值得重视。

另一个值得注意的是，上述 3 种飞行动物的进化趋势，它们翅膀的复杂度正在降低：昆虫翅膀上的结构性翅脉数量在减少；鸟类的翅膀骨骼在融合或消失；蝙蝠翅膀内的肌肉数量也在减少。由此可见，尽管动物的翅膀或许能以复杂的方式变形，但由于自由度被独立控制，它的总数可能没有那么高。从控制的角度来说这是有意义的。有一个密切相关的事实，即飞行动物的很多翅形变化都是对负载的被动的自动反应。对昆虫来说，翅膀之所以为智能结构是为了飞行中实现有用扭转和弯度分布；鸟类羽毛发挥的作用相当于高度分布、自动移动的襟翼；而蝙蝠翼膜的各向异性使它在翅膀受负载时可以采取适当的曲度。

还有一点就是真正仿生的变形机翼设计应该有复杂的外形，但相对简单的基本原理。这种机翼将由具有有限活动自由度的可活动结构单元从其根部控制。由于结构本身就是智能的，可能就不需要智能或主动材料。总的来说，这种机翼要能顺应负载而不是对抗负载。要制造出这种机翼绝非易事, 但有利的一点是生产它所需的材料和制造技术已经有了。由于问题的复杂性, 设计过程存在的困难, 该问题或许只能逐渐解决。

致谢

感谢莎伦·斯沃兹对该章所做的评论。

参考文献

[1] Alvarez, J., Meseguer, J. and Pérez, A. (2001). On the role of the alula in the steady flight of birds. *Ardeola* **48**, 161–173.

[2] Azuma, A. (1992). *The Biokinetics of Flying and Swimming*. New York: Springer-Verlag.

[3] Baker, P. S. and Cooter, R. J. (1979). The natural flight of the migratory locust, *Locusta migratoria* L. I. Wing movements. *J. Comp. Physiol. A* **131**, 79–89.

[4] Betts, C. R. and Wootton, R. J. (1988). Wing shape and flight behaviour in butterflies (Lepidoptera: Papilionidae and Hesperioidea): a preliminary analysis. *J. Exp. Biol.* **271**, 288.

[5] Bilo, D. (1971). Flugbiophysik von Kleinvögeln. I. Kinematik und Aerodynamik des Flügelschlages beim Haussperling (*Passer domesticus* L.). *Z. Vergl. Physiol.* **71**, 382–454.

[6] Bilo, D. (1972). Flugbiophysik von Kleinvögeln. II. Kinematik und Aerodynamik des Flügelaufschlages beim Haussperling (*Passer domesticus* L.). *Z. Vergl. Physiol.* **76**, 426–437.

[7] Blick, E. F. (1976). The aerodynamics of birds. *AIAA Stud. J.* **Summer 1976**, 4–9.

[8] Bomphrey, R. J., Taylor, G. K., Lawson, N. J. and Thomas, A. L. R. (2006). Digital particle image velocimetry measurements of the downwash distribution of a desert locust *Schistocerca gregaria*. *J. R. Soc. Interface* **3**, 311–317.

[9] Bos, F. M., Lentink, D., Van Oudheusden, B. W. and Bijl, H. (2008). Influence of wing kinematics on aerodynamic performance in hovering insect flight. *J. Fluid Mech.* **594**, 341–368.

[10] Brackenbury, J. (1991). Wing kinematics during natural leaping in the man-

tids *Mantis religiosa* and *Iris oratoria. J. Zool., Lond.* **223**, 341–356.

[11] Brackenbury, J. (1994a). Hymenopteran wing kinematics - a qualitative study. *J. Zool., Lond* **233**, 523–540.

[12] Brackenbury, J. (1994b). Wing folding and free-flight kinematics in Coleoptera (Insecta) - a comparative study. *J. Zool., Lond.* **232**, 253–283.

[13] Brill, C., Mayer-Kunz, D. P. and Nachtigall, W. (1989).Wing profile data of a free-gliding bird. *Naturwiss.* **76**, 39–40.

[14] Brown, R. H. J. (1963). The flight of birds. *Biol. Rev.* **38**, 460–489.

[15] Carruthers, A. C., Thomas, A. L. R. and Taylor, G. K. (2007). Automatic aeroelastic devices in the wings of a steppe eagle *Aquila nipalensis. J. Exp. Biol.* **210**, 4136–4139.

[16] Carruthers, A. C., Walker, S. M., Thomas, A. L. R. and Taylor, G. K. (2010). Aerodynamics of aerofoil sections measured on a free-flying bird. *Proc. IME G, J. Aero. Eng.* **224**, 855–864.

[17] Chatterjee, S., Templin, R. J. and Campbell, K. E. (2007). The aerodynamics of *Argentavis*, the world's largest flying bird from the Miocene of Argentina. *PNAS* **24**, 12398–12403.

[18] Du, G. and Sun, M. (2008). Effects of unsteady deformation of flapping wing on its aerodynamic forces. *Appl. Math. Mech.* **29**, 731–743.

[19] Du, G. and Sun, M. (2010). Effects of wing deformation on aerodynamic forces in hovering hoverflies. *J. Exp. Biol.* **213**, 2273–2283.

[20] Dumont, E. R. (2010). Bone density and the lightweight skeletons of birds. *Proc. R. Soc. Lond. B* **277**, 2193–2198.

[21] Ellington, C. P. (1984). The aerodynamics of hoverfling insect flight. IV. Aerodynamic mechanisms. *Phil. Trans. R. Soc. Lond. B* **305**, 79–&.

[22] Ennos, A. R. (1988a). The importance of torsion in the design of insect wings. *J. Exp. Biol.* **140**, 137–160.

[23] Ennos, A. R. (1988b). The inertial cause of wing rotation in Diptera. *J. Exp. Biol.* **140**, 161–169.

[24] Ennos, A. R. (1989). Inertial and aerodynamic torques on the wings of Diptera in flight. *J. Exp. Biol.* **142**, 87–95.

[25] Gatesy, S. M. and Dial, K. P. (1993). Tail muscle activity patterns in walking and flying pigeons *(Columba livia). J. Exp. Biol.* **176**, 47–77.

[26] Graham, R. R. (1930). Safety devices in the wings of birds. *Brit. Birds* **24**, 2–65.

[27] Haas, F., Gorb, S. and Wootton, R. J. (2000). Elastic joints in dermapteran hind wings: materials and wing folding. *Arth. Struct. Dev.* **29**, 137–146.

[28] Haas, F. and Wootton, R. J. (1996). Two basic mechanisms in insect wing folding. *Proc. R. Soc. Lond. B* **263**, 1651–1658.

[29] Herbert, R. C., Young, P. G., Smith, C. W., Wootton, R. J. and Evans, K. E. (2000). The hind wing of a desert locust (*Schistocerca gregaria* Forskål) III. A finite element analysis of a deployable structure. *J. Exp. Biol.* **203**, 3003–3012.

[30] Hertel, H. (1963). *Structure, form, movement.* Otto Krausskopf-Verlag: Mainz, Germany.

[31] Hubel, T. Y., Riskin, D. K., Swartz, S. M. and Breuer, K. S. (2010).Wake structure and wing kinematics: the flight of the lesser dog-faced fruit bat, *Cynopterus brachyotis. J. Exp. Biol.* **213**, 3427–3440.

[32] Jones, A. R., Bakhtian, N. M. and Babinsky, H. (2008). Low Reynolds number aerodynamics of leading-edge flaps. *J. Aircraft* **45**, 342–345.

[33] Lindhe Norberg, U. M. and Winter, Y. (2006). Wing beat kinematics of a nectar-feeding bat, *Glossophaga soricina*, flying at different flight speeds and Strouhal numbers. *J. Exp. Biol.* **209**, 3887–3897.

[34] Meseguer, J., Franchini, S., Perez-Grande, I. and Sanz, I. L. (2005). On the aerodynamics of leading-edge high-lift devices of avian wings. *Proc. Inst. Mech. Eng. G.* **219**, 63–68.

[35] M uller, W. and Patone, G. (1998). Air transmissivity of feathers. *J. Exp. Biol.* **201**, 2591–2599.

[36] Nachtigall, W. (1966). Die Kinematik der Schlagflügelbewegungen von Dipteren. Methodische und analytische Grundlagen zur Biophysik des Insektenflugs. *Z. Vergl. Physiol.* **52**, 155–211.

[37] Nachtigall, W. andKempf, B. (1971). Vergleichende untersuchungen zur flug-biologischen funktion des Daumenfittichs (Alula spuria) bei vögeln. *Z. Vergl. Physiol.* **71**, 326–341.

[38] Norberg, R. A. (1972). The pterostigma of insect wings as an inertial regulator of wing pitch. *J. Comp. Physiol.* **81**, 13–16.

[39] Norberg, U. M. (1969). An arrangement giving a stiff leading edge to the hand wing in bats. *J. Mamm.* **50**, 766–770.

[40] Riskin, D. K., Iriarte-Díaz, J., Middleton, K. M., Breuer, K. S. and Swartz, S. M. (2010). The effect of body size on the wing movements of pteropodid

bats, with insights into thrust and lift production. *J. Exp. Biol.* **213**, 4110–4122.

[41] Riskin, D. K., Willis, D. J., Iriarte-Díaz, J., Hedrick, T. L., Kostandov, M., Chen, J., Laidlaw, D. H., Breuer, K. S. and Swartz, S. M. (2008). Quantifying the complexity of bat wing kinematics. *J. Theor. Biol.* **254**, 604–615.

[42] Schatz, M., Knacke, T. and Thiele, F. (2004). Separation control by self-activated movable flaps. In: *42nd AIAA Aerospace Sciences Meeting & Exhibit*, AIAA-2004-1243. Reno, NV, USA.

[43] Song, A., Tian, X., Israeli, E., Galvao, R., Bishop, K., Swartz, S. and Breuer, K. (2008). Aeromechanics of membrane wings with implications for animal flight. *AIAA J.* **46**, 2096–2106.

[44] Stettenheim, P. (1972). The integument of birds. *Avian Biol.* **2**, 2–63.

[45] Stinton, D. (2001). *The design of the aeroplane*. Blackwell: Oxford, 2nd edn.

[46] Swartz, S. M., Bennett, M. B. and Carrier, D. R. (1992). Wing bone stresses in free flying bats and the evolution of skeletal design for flight. *Nature* **359**, 726–729.

[47] Swartz, S. M., Groves, M. S., Kim, H. D. and Walsh, W. R. (1996). Mechanical properties of bat wing membrane skin. *J. Zool. Lond.* **239**, 357–378.

[48] Thomas, A. L. R. and Taylor, G. K. (2001). Animal flight dynamics I. Stability in gliding flight. *J. Theor. Biol.* **212**, 399–424.

[49] Tucker, V. A. (1992). Pitching equilibrium, wing span and tail span in a gliding Harris'hawk, *Parabuteo unicinctus*. *J. Exp. Biol.* **165**, 13–42.

[50] Tucker, V. A. and Heine, C. (1990). Aerodynamics of gliding flight in a Harris'hawk, *Parabuteo unicinctus*. *J. Exp. Biol.* **149**, 486–492.

[51] Vanella, M., Fitzgerald, T., Preidikman, S., Balaras, E. and Balachandran, B. (2009). Influence of flexibility on the aerodynamic performance of a hovering wing. *J. Exp. Biol.* **212**, 95–105.

[52] Videler, J. J. (2005). *Avian flight*. Oxford University Press: Oxford.

[53] Videler, J. J., Stamhuis, E. J. and Povel, G. D. E. (2004). Leading-edge vortex lifts swifts. *Science* **306**, 1960–1962.

[54] Vincent, J. F. V. and Wegst, U. G. K. (2004). Design and mechanical properties of insect cuticle. *Arth. Struct. Dev.* **33**, 187–199.

[55] Walker, S. M., Thomas, A. L. R. and Taylor, G. K. (2009a). Deformable wing kinematics in the desert locust: how and why do camber, twist and

topography vary through the stroke? *J. R. Soc. Interface* **6**, 735–747.

[56] Walker, S. M., Thomas, A. L. R. and Taylor, G. K. (2009b). Photogrammetric reconstruction of high-resolution surface topographies and deformable wing kinematics of tethered locusts and free-flying hoverflies. *J. R. Soc. Interface* **6**, 351–366.

[57] Walker, S. M., Thomas, A. L. R. and Taylor, G. K. (2010). Deformable wing kinematics in free-flying hoverflies. *J. R. Soc. Interface* **7**, 131–142.

[58] Walker, S. M., Thomas, A. L. R. and Taylor, G. K. (2011). Operation of the alula as an indicator of gear change in hoverflies, *J. Roy. Soc. Interface*. Published online before print November 9, 2011. doi: 10.1098/rsif.2011.0617

[59] Weis-Fogh, T. (1973). Quick estimates of flight fitness in hoverfing animals, including novel mechanisms for lift production. *J. Exp. Biol.* **59**, 169–230.

[60] Withers, P. C. (1981). An aerodynamic analysis of bird wings as fixed aerofoils. *J. Exp. Biol.* **90**, 155–162.

[61] Witton, M. P. and Naish, D. (2008). A reappraisal of azhdarchid pterosaur functional morphology and paleoecology. *Plos One* **3**.

[62] Wolf, M., C., J. L., von Busse, R., Winter, Y. andHedenström, A. (2010). Kinematics of flight and the relationship to the vortex wake of a Pallas'long tongued bat *(Glossophaga soricina)*. *J. Exp. Biol.* **213**, 2142–2153.

[63] Wootton, R. J. (1981). Support and deformability in insect wings. *J. Zool., Lond.* **193**, 459–470.

[64] Wootton, R. J. (1992). Functional morphology of insect wings. *Ann. Rev. Entomol.* **37**, 113–140.

[65] Wootton, R. J. (1993). Leading edge section and asymmetric twisting in the wings of flying butterflies (Insecta, Papilionoidea). *J. Exp. Biol.* **180**, 117–119.

[66] Wootton, R. J. (1995). Geometry and mechanics of insect hindwing fans: a modeling approach. *Proc. R. Soc. Lond. B* **262**, 181–187.

[67] Wootton, R. J. (2009). Springy shells, pliant plates and minimal motors: Abstracting the insect thorax to drive a micro-air vehicle. In: *Flying insects and robots* (eds. Floreano, D., Zufferey, J.-C., Srinivasan, M. V. and Ellington, C. P.), pp. 207–217. Springer-Verlag: Berlin.

[68] Wootton, R. J., Evans, K. E., Herbert, R. and Smith, C. W. (2000). The hind wing of a desert locust *(Schistocerca gregaria Forskål)* I. Functional morhpology and mode of operation. *J. Exp. Biol.* **203**, 2945–2955.

[69] Wootton, R. J., Herbert, R. C., Young, P. G. and Evans, K. E. (2003). Approaches to the structural modelling of insect wings. *Phil. Trans. R. Soc. Lond. B* **358**, 1577–1587.

[70] Wootton, R. J., Kukalová-Peck, J., Newman, D. J. S. and Muzón, J. (1998). Smart engineering in the mid-Carboniferous: how well could Palaeozoic dragonflies fly? *Science* **282**, 753–761.

[71] Young, J., Walker, S. M., Bomphrey, R. J., Taylor, G. K. and Thomas, A. L. R. (2009). Details of insect wing design and deformation enhance aerodynamic function and flight efficiency. *Science* **325**, 1549–1552.

[72] Zarnack, W. (1972). Flugbiophysik der Wanderheuschrecke (*Locusta migratoria* L.) I. Die Bewegungen der Vorderflügel. *J. Comp. Physiol.* **78**, 394–398.

第 3 章

微型航空器的仿生学变形

Gergg Abate[1], Wei Shyy[2]

[1] 美国佛罗里达 Eglin 空军基地空军研究实验室

[2] 香港科技大学机械工程系

3.1 微型航空器

微型航空器 (MAV),是一种相对新颖的飞行器,在过去的 15 年中得益于微电子工业的日益进步以及常规航空科学的不断探索而成为可能。微型航空器是一种最大尺寸为厘米级的航空器。DARPA 的 McMichael 在 20 世纪 90 年代着手对微型航空器开展挑战,目标是制造和放飞一支最大尺寸不超过 15 cm 的微型航空器 (McMichael and Francis, 1997)。Shyy 等在 1999 年对固定翼及扑翼微型航空器空气动力学方面有关的议题进行了评论。航空环境公司的 "黑寡妇" 微型航空器 (Grasmeyer and Keennon, 2001) 作为刚性翼平台的典型,与佛罗里达大学的研究人员发明的柔性翼平台一起实现了挑战的目标 (Ifju et al., 2002),并且开启了在过去 10 年或者更长时间内对这种飞行器的探索活动。

微型航空器具有小外形尺寸 (10 cm 或者更小级别)、低飞行速度 (10 m/s 级别) 和低雷诺数 (1000~100000 级别) 的特征,在传统的航空航天文献中对这样的问题并没有进行很好的陈述。除了典型爱好者制造和放飞超小型飞行器的兴趣之外,实用主义者还需要发展用于增加态势感知 (尤其是城区环境)、远程识别能力、山区侦察、精确载荷投放以及营救救助的微型航空器。微型航空器能够为用户提供一个以往从未经历过的用于态势感知的"鸟瞰"视角。

　　对微型航空器的开发开始由关注空天飞行器的小型化转移到以往从未考虑到使用目的的尺寸越来越小的飞行器上。航空环境公司的 BATMAV (http://www.avinc.com/glossary/batmav) 或者 ARA 公司的"夜鹰" (Nighthawk) (http://www.ara.com/robotics/Nighthawk.html) 是被设计成满足严格军事采购要求的军用版的微型航空器; 当然同时也存在大量的民用型号。由于设计制造和放飞微型航空器的能力开始取得进展, 微型航空器也开始出现了新的应用。随着智能手机和其他个人电子设备大力推动的微电子工业持续进展, 微型航空器上包括图像、声音和化学传感器的有效载荷开始得到开发。在许多方面, 包括民间和军方的安全力量仅仅需要用一种方式将最新的灵巧电话送至遥远的位置, 对于这一用途, 微型航空器具有最合适的尺寸。在微电子、复合材料以及微电子机械设备 (MEM) 方面的其他进步, 为微型航空器开辟了更广阔的发展空间。

　　图 3.1～ 图 3.3 展示了近年来研制的几种微型航空器。微型航空器可以被看作无人航空器 (UAV) 的子类。近年来无人航空器借助传统航空航天技术的发展取得了长足进步。但是, 在大型无人航空器的开发中能够很好地得以理解和使用的科技和工程法则并不是随尺寸的减小成线性或者成比例地改变。例如, 一架尺寸为大型无人航空器一半大小的微型航空器在进行比例缩小的情况下, 其质量比全尺寸的无人航空器

图 3.1　一个现代微型航空器的例子 (由亚利桑那大学的 Sergey Shkarayev 教授提供)

图 3.2　一个现代微型航空器的例子 (由佛罗里达大学的 Peter Ifju 教授提供)

图 3.3　一个现代微型航空器的例子 (由航空环境公司提供)

小 88%, 惯性矩小 97%。微型航空器产生的气动载荷比稍大的无人航空器要小很多, 导致了微型航空器采用了重量很轻的设计, 这种设计易受到诸如阵风干扰的影响, 而大型无人航空器则影响不大。

微型航空器的巨大优势是其小的尺寸带来的结构载荷。因此, 在这个尺寸级别上进行变形是更为可行的, 但是挑战仍在于具有最小质量代价的作动面的设计。传统飞行器的变形包括襟翼或缝翼小范围内的展开, 以及机翼后掠角的调节。但是, 由于微型航空器与自然界的飞行动物具有同样的尺寸和飞行机制, 自然界展现出了更加多样的变形方式, 由被动结构构成的机翼可实现整体包括全机翼上反角、尺寸和翼展的变化。

3.2 微型航空器设计理念

可以设想一下: 一个尺寸同鸟 (如红雀或者鸽子) 相当的小航空器, 如果能够表现堪比鸟类的机动飞行动作, 并能提供图像或者其他传感数据并将其传输到遥远的地面站, 应急服务部门可用这样的航空器来获取在人员调查不便和危险的环境中的图像和其他信息, 如应对自然灾害。警察和其他维和部队可用这样的航空器来收集有关犯罪行动的情报信息。航空器的微小尺寸可使得它们能够更加贴近地面飞行, 以渗透到大型无人航空器无法到达的区域, 来收集有关隐秘行动的信息, 这就是微型航空器的设计理念。

微型航空器被设想为具备低于常规飞行器最低飞行高度的无人航空器系统, 能进行如图 3.4 所展示的那样 "低于屋顶" 的飞行。居住在城市中的人们, 都会吃惊于鸟类 (特别是鸽子) 能在复杂的城市环境中灵巧地上下翻飞。尽管在这个尺寸上设计制造了多种微型航空器并能飞行, 但达到像自然界飞行动物那样的机动飞行能力和敏捷性, 依然是难以实现的。

图 3.4   基于仿生学的微型航空器 "低于房顶" 的飞行

现在想象一架与大型昆虫 (如蝗虫或者蜻蜓) 尺寸和能力相仿的飞行器。该飞行器能够通过很多狭小区域, 尤其在像建筑物或者洞穴这样的室内应用, 如图 3.5 所示。这样的飞行器具备悬停和向前飞行的能力, 并且小到足以能够在非常密集的城区进行机动飞行。当谈及 "窃听" 的时候经常会听到这样的表述: 我多么希望变成一只墙上的苍蝇啊! 这正是 "纳米航空器" 或者 NAV 的概念。纳 米 航 空 器, 由 DARPA 在 2005 年 提 出 的 另 一 个 设 计 挑 战

图 3.5　扑翼 MAV 的概念图

(http://www.darpa.mil/dso/thrusts/materials/multfunmat/index.htm)，是计划将飞行器的设计空间推向更加微小化。简单来说，MAV 是"鸟类"尺寸级别的，而 NAV 是"昆虫"尺寸级别的。然而两者之间并不存在准确的分界线，这个不严格的定义在这里只是服务于它的用途。

　　至今，纳米航空器依然是一种探索性的尝试。还没有与前面提及的尺寸和比例相符的固定翼 NAV 的例子。Prox Dynamics 公司(http://www.proxdynamics.com/) 已经成功地开发出一些世界上最小的旋翼 NAV，如图 3.6 所示。对扑翼技术的大规模探索性尝试现在正在进行中，尤其集中在 MAV 和 NAV 上，这方面的一个例子如图 3.7 所示。而自然界已经证实了敏捷的扑翼飞行动物是相当精巧的，而同样级别的、人工飞行器仍然处于早期的探索和开发阶段。

图 3.6　旋翼纳米航空器概念图 (由 Prox Dynamics 有限公司提供)

图 3.7 扑翼纳米航空器概念图 (由航空环境公司提供)

3.3 MAV 的技术挑战

当然, MAV/NAV 概念的实现并不是简单的小型化。那些在较大的航空器上实现飞行的物理定理很好理解, 但在很小的 "微" 级别上是不成线性或者比例变化的。

尤其是雷诺数, 它是流体内部惯性力和黏性力的一个比例系数。在大的航空器级别上, 雷诺数在百万量级; 而在微/纳级别上, 雷诺数相当小, 在 1000~100000 量级。这意味着可取的翼型与机翼的设计经验和大尺寸的传统设计相去甚远。

非稳定空气动力学在 MAV/NAV 级别上具有更加重要的地位。对于传统的大尺寸航空器, 空气动力学主要是按照 "稳定的" 方式进行处理的。而在 MAV 和 NAV 级别上, 非稳空气动力学则是典型的, 对于自然界那些依靠扑动飞行来产生空气动力的飞禽来说尤其如此。

MAV 设计中重量的影响很大, 飞行器机身重量随尺寸呈三次方降低, 也就是说, 如果比例准确的话, 一架机身尺寸只有另外一架一半大小的飞行器, 它的重量是后者的 1/8。这样, 较小飞行器的机翼不需要产生和它缩比比例相应的升力, 可以更小一些。这意味着机翼结构设计也从根本上不同于大尺寸的航空器。复杂的硬壳式机翼结构不再是必需的或者理想的。总之, 就像在自然界里的那样, 轻薄机翼设计对于 MAV 级别来说是一个更好的外形。

这方面研究中, 还有一个重要的问题就是设计存在着大量的标度参数 (Shyy et al., 2008a; Shyy et al., 2010)。关注下面的几个有关的物理常量:

(1) 流体和流动特性参数: 流体的密度 ρ_f、黏度 μ、流体流动的参考速度 U_{ref}。

(2) 几何特性参数: 机翼几何结构的半翼展 R、平均弦长 c_m 和厚度 h_s。

(3) 结构特性参数: 机翼的结构密度 ρ_s、弹性模量 E 和泊松比 ν。

(4) 运动学特性参数: 机翼运动的扑动幅度 ϕ_a、角扑动频率 ω 和俯仰角 α。

最终气动力下与这些参数经由诸如 Pi 定理处理后的无量纲化的参数有关。在当前的情形下, 有 13 个变量和 3 个尺寸规格, 可以产生 10 个无量纲参数。对于以上 13 个变量, 把 ρ_f、U_{ref} 和 c_m 作为基本变量, 通过量纲分析处理可以获得 10 个无量纲参数, 如表 3.1 所列。

求得的重要结果是这些标度参数会随着诸如机翼外形尺寸和扑动频率等因素而按照不同的幂律变化, 意味着不可能保持动态系统不变。例如, 从设计到实验室试验再到风洞测试, 这一过程中, 改变机翼尺寸和扑动频率, 上述标度参数会呈现不同的数值, 甚至改变了对问题的界定, 这个问题对飞行器开发和性能测试具有重大的影响。

表 3.1　无量纲参数

雷诺数	$Re = \dfrac{\rho_f U_{ref} c_m}{\mu}$	流体中惯性力与黏性力之间的比值
展弦比	$AR = \dfrac{4R}{c_m}$	用弦长规格化的机翼翼展
相对厚度	$h_s^* = \dfrac{h_s}{c_m}$	用弦长规格化的机翼厚度
密度比	$\rho^* = \dfrac{\rho_s}{\rho_f}$	结构密度与流体密度之间的比值
泊松比	ν	轴向和横向张力之间的比值
有效刚度	$\Pi_1 \dfrac{E h_s^{*3}}{12(1-\nu)\rho_f U_{ref}^2}$	弹性弯曲力与空气动力之间的比值
折合频率	$k = \dfrac{\omega c_m}{2U_{ref}}$	扰动流动空间波长相比弦长的非稳定度
斯特劳哈尔数	$St = kAR\phi_a$	扑动速度与参考速度之间的比值
(有效) 攻角	α	引起机翼表面压力变化的流线曲率
动力系数	$C_F = \dfrac{F}{1/2\rho_f U_{ref}^2 (2c_m^2 AR)}$	用动压与机翼表面积规格化的空气动力

3.4　MAV 和 NAV 的飞行特性

MAV (和 NAV) 具有尺寸小、重量轻、惯性矩极低、飞行速度慢以及对阵风和湍流高度敏感的特征。为满足所期望的作用和使命, MAV 要能够为长时间观察提供的精确悬停和 (或) 着陆能力, 所有这些特征使得 MAV 和 NAV 的飞行力学设计和开发非常具有挑战性。

MAV/NAV 设计的唯一区别是突出敏捷性还是稳定性。如上所述的那样, MAV 需要具备执行攻击性的机动以避开障碍和阵风的能力, 不像常规飞机设计那样有一个可优化的、设计好的飞行条件; MAV 将面对宽广的速度范围和飞行领域, 它们很小的惯量和轻的重量使这成为可能, 所以 MAV 对敏捷的需要程度胜于稳定。这并不是说 MAV 需要不稳定的飞行特性, 而是为了执行积极的机动而降低了一定的稳定性。实现稳定性和敏捷性之间的平衡受到 MAV/NAV 尺寸与大尺寸飞行器之间的标度系数的影响。

因为 MAV 所期望的主动机动以及其极低的雷诺数, 使得 MAV 将趋向于运行在一个相对大型航空器更加不稳定的气动条件下; 大型航空器多数情况运行在稳定流中, 而 MAV 处于近恒定的非稳流场条件中。事实上, MAV 的飞行控制可被描述为 "非稳定空气动力学的控制"。针对这种飞行条件需要特别开发新型自主控制概念和策略。

3.5　MAV 的仿生变体概念

由于 MAV 独特的特性和飞行状态, 显然需要一种创新的飞行器/机体概念来给它们提供完成其预期使命所需要的能力。在飞行中改变飞机的外形或者布局的能力已经被证明是一种满足多种飞行条件的有效技术 (Niksch et al., 2008; Niksch et al., 2009)。

对于美军的 F-111 和 F-14 战斗机。设计人员找不到一种在低速和高速飞行条件下都能够表现良好的折中机翼方案。为了满足性能指标, 这些飞机的设计人员选择允许机翼在飞行过程中如图 3.8 所示的那样改变后掠角度。设计这种能力的飞机是一个巨大的挑战, 而且这些飞机各个机翼盒的设计和构建也是艰巨的尝试。变后掠翼机构的附加重量影响到飞机的总体设计, 但它所带来的性能补偿是可观的。

幸运的是, 由于 MAV 的尺寸小, 结构载荷极大地减少, 允许在这个

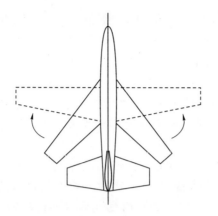

图 3.8　变掠翼的变体概念图

尺寸上实现更简便易行的变体概念。但并不是说变体不再具备挑战性,甚至可以说挑战更大,因为在这个尺寸上可用的变体方式更多,而在大尺寸的飞行器上却不可能应用。正是因为 MAV 的尺寸与自然昆虫的尺寸十分接近,研究并理解自然昆虫是如何实现变体以使工程系统能够促进概念的改变是很有意义的。

　　"变体"是指改变飞行器布局,进而导致改变飞行器性能。变体有很多种变体类型,其中很多方式是可以实现的。已提及的 F-14 和 F-111 战斗机将后掠机翼作为一种变体形式,在低速布局中,为提高性能,机翼几乎没有后掠。随着飞机速度增加,机翼逐渐后掠。在达到最高速度,并进入超声速状态,为了优化性能,机翼完全后掠。飞行中改变机翼后掠角的能力是保留给高性能军用飞机变体的一个极端的例子。但是,几乎所有的飞机都具有更加微妙的变体形式,例如襟翼配置和收放式起落架。在所有这些情况下,变体指的是"主动的",即飞行员或者飞行控制系统具有对形状改变的控制能力,并且会依据预定的准则对这种变化进行初始化。

　　"被动的"变体是飞机布局不经飞行员或者控制系统的控制驱动而发生改变。一个被动变体的例子是气动负载产生的机翼变形。如果观察停放在斜坡上的 B-52 轰炸机,你将会发现到它的翼尖几乎接触到地面。但是,在飞行中由于气动力加载到机翼上,使它们几乎是水平的,这就是一种被动变体形式。大多数情况下,这种由于气动力加载而导致的结构被动变形是一个先验知识,并在设计中一并考虑了。例如,被动变体可作为柔性机翼因分布式气动载荷的作用而发生的变形。另外一个被动变体的例子是昆虫翅膀在扑翼周期内的大幅变形。

基于仿生学的更先进的被动变体形式是设计自适应机翼的 MAV 重要途径, 为降低飞行干扰, 允许柔性或者弹性机翼在飞行中受到气动载荷时变形和弯曲。由阵风所导致的能量被储存到机翼的变形过程中, 气动载荷消失后再被释放出来。这种变体类型的灵感来源可以在自然界找到大量实例。例如扑翼, 高速摄影已经展示出机翼在一个扑动周期内所发生的重大变形。这个概念与早期试图通过以刚性平板研究扑翼空气动力学形成了对比。固定机翼被动变体的另外一个例子是鸟类。放置在大型鸟类上用以记录飞行中翅膀运动的照相机已经展示了这种变形, 动物学家相信这是由于翅膀所受气动力导致翅膀被动变体的结果。

变体的好处显而易见。如果结构在不同状态下变形或改变可以获得性能优化, 那么系统的整体性能将获得提高。航空器设计时常是对性能的折中。例如, 对于低速飞行器, 细长机翼会有小的诱导阻力; 但是, 这样的机翼却难以构造, 因为它需要强度更高的结构, 这无疑增加了系统重量, 因而整体的气动性能并不能得到优化。

对 MAV 来说, 有很多仿生变体的例子。在本节里讨论以下几种。

3.5.1 机翼平面形状

每只鸟类都有收拢翅膀的能力, 一个明显的好处是在不飞行的时候可以收起来; 否则, 鸟类在地面就难以行动。同时, 鸟类收拢翅膀的能力也给它提供了极佳的空气动力学优势。鸟类能够调节机翼平面形状的尺寸以提供最佳性能。例如, 大型禽类 (鹰、雕等) 能够用完全展开的翅膀进行滑翔, 它们仅仅在进行诸如攻击猎物的飞行机动中才扑动翅膀。众所周知, 雕在进入垂直俯冲时能够达到 300 英里/h[①] 的飞行速度。如果雕不能收起它的翅膀, 它将很难达到这样的速度。另外, 在规避机动时, 鸟类会收起一个翅膀来实现快速的滚转机动。

3.5.2 翼型

一些自然界中的飞行动物具有在飞行中改变翼型剖面的能力。几乎所有的鸟类、昆虫和蝙蝠拥有非常薄的翅膀, 翅膀里有半刚性的翼梁 (鸟类和蝙蝠的骨头) 和柔性的翅面 (如羽毛)。在自然界飞行生物活动的低雷诺数环境中, 光滑的翼型对于产生作用力来说并不是必需的。蜻

---

① 1 英里=1.6 km。

蜓是一个著名的例子, 它的翅膀由波纹状拱面所组成。此外, 对于所有的自然界生物, 器官的各部分都担负了多种功能, 但没有哪一部分对其中的任意一种功能都是最佳的。蝙蝠翅膀的表面结构大部分由一层很薄的弹性膜所构成的。在扑动期间翅膀受载而使这层膜变形。大多数鸟类在滑翔时也同样能够展开它们的羽毛来调节翼型形状。

3.5.3 尾翼调节

在自然界的飞行动物中, 鸟类利用尾部羽毛来帮助获得方向控制。飞行中抓拍的图像 (Taylor et al., 2007) 清晰地显示了鸟类在飞行和机动时尾部羽毛不断地展开和移动的情形。鸟类的尾部羽毛与带有尾翼 (没有垂直安定面) 的现代飞机非常近似。鸟类通过它们尾部大幅度运动而翅膀较小幅度运动来同时控制俯仰和偏航。

3.5.4 重心移动

飞行控制最初的方式之一是质心的移动。悬挂式滑翔机就是依靠这种调节方式来实现控制。虽然这不是一个很明显的变体概念, 自然界飞行物移动重心的能力确实增强了其敏捷性。当鸟类开始作栖息动作时, 它们典型的动作是放下下肢来获得一个大的俯仰速率, 翅膀也同时进行划动。

3.5.5 扑动调节

一种轻度的变体形式是自然界飞行动物的调节它扑动参数的能力。大多数昆虫在准备机动飞行时会对它们的翅膀启动非对称的扑动以产生转向力矩。有时改变扑动幅度也会提供足够的转向力矩。这样的非对称扑动可发生在高扑动频率 (对昆虫来说约 200 Hz) 的多个扑动周期内, 从而产生快速转向。

3.6 MAV/NAV 变体展望

人们很早就意识到, 航空器在飞行中的变体能力能够带来巨大的性能改善。但是, 对于大型飞机, 这样的能力常常带来的是高昂的费用。而对于微型航空器, 因重量小, 可变体性具有更大的实现前景。此外, 在这个尺寸级别上, 自然界很多飞行动物都可以提供设计灵感。

然而, 工程师在观察自然界以获取灵感时必须谨慎。自然界飞行物需要平衡多种多样的竞争需求, 包括飞行、求偶、生存、觅食等。空气动力学工程师看到鸟类或者蝙蝠做出的可能推断对于工程方面是合乎情理的, 但对于生物学方面却是不正确的。例如, 如果看到鸟类并观察到它们不具备垂尾, 工程师可能做出结论: 垂尾不是必需的, 或者鸟类是一种效率不高的飞行动物; 而事实可能是鸟类身上的垂尾在巢居时会起到妨碍作用, 因而它适应了不带垂尾的飞行; 这对于曾经对自然界飞行物进行形式训练的生物学家或动物学家来说是非常有价值的。因此, 只有工程师和动物学家携手才能够研究自然界飞行动物并得到正确结论, 也只有这样, 真正的仿生学才能在 MAV/NAV 尺寸级别上得以实现。

3.7 未来挑战

微型航空器仿生学变体上的主要挑战包括: 理解并量化生物系统的性能优势, 开发达到设计目的的材料和结构, 更好地理解在 MAV/NAV 级别上的基础物理学以及系统控制设计。

科学家和工程师要和生物学家以及动物学家紧密配合工作, 掌握自然界飞行的特征。例如, 人们已经知道自然系统中翅膀产生飞行所需的升力, 但不是所有的翅膀特征都是与飞行相关的, 只有通过跨学科的工作, 科学家和工程师才能够揭示自然飞行物中使预期的飞行性能成为可能的那些特征。这可能导致工程上的机翼具有和自然界飞行动物的翅膀不同的物理属性, 但也能提升的性能, 这是仿生学与严格生物模拟之间的不同。

开发优于 "自然界设计" 的工程系统依然是个挑战。鸟类翅膀、蝙蝠翼膜、昆虫翅膀等具有的有趣的材料特性, 使其能够展翅飞行。蝙蝠翅膀的偏离量取决于翼膜的骨骼结构和材料特性。工程师和科学家或许能够研究自然飞行物的翅膀, 但却不能将自然的物理特性与工程材料相匹配。针对与扑翼相关的空气动力学和飞行结构相互作用的复杂现象开展了很多研究 (Shyy et al., 2008b), 这些工作有助于对 MAV/NAV 关键机翼特征进行量化, 同时也为先进材料的深入研究工作提供有益的帮助。

人们已经进行了大量的研究来提升对同时产生升力和动力仿生学机制流体物理的理解, 在最小化动力消耗的同时, 使悬停和高飞行控制能力成为可能。详尽的试验结果、基于基本原理的计算建模和分析能力对于支持开展与流体相互作用、非稳态自由流 (阵风) 和非稳态空气动力学相关的课题探索是必需的。另外一些深入探索的课题还包括:

(1) 为了支持诸如起飞、变速前飞、阵风响应、盘旋、栖息、威胁规避、位置追踪和有效载荷变动等全面的飞行特性,多种翅膀运动学和肢体动作需要进行研究。考虑自然界飞行物在尺寸和扑动模式上的多样性,存在大量的可能和需求来进一步完善有关运动学和空气动力学之间相互作用的知识。

(2) 人们已经建立了这样的认识: 无论固定翼还是扑翼,局部柔性能够极大地影响到空气动力 (Shyy et al., 2008b; Shyy et al., 2010)。此外,正如前面所论及的,昆虫的翅膀特性是各向异性的,展向弯曲刚度大约比弦向弯曲刚度大 1~2 个数量级。当飞行器尺寸发生改变时,标度参数不可能全部保持不变,这是因为每个参数都有不同的尺度变化趋势。这意味着,考虑测量精度和测量仪器等因素,不能用试验测试方法进行不同尺寸或扑动频率的扑翼设计。在寻找最佳的或者鲁棒设计时,为了便于探究巨大的设计空间 (拥有数百个) 或者更多的设计变量,包括几何尺寸、材料特性、运动学、飞行条件,以及环境参数等,一个密切配合的计算和试验框架是必要的。

(3) 与扑翼空气动力学有关的扑翼飞行器的动力学和稳定性的内涵,依然没有得到足够的理解。特别是,通过柔性结构导致被动形状变形所引发的飞行器稳定性问题需要考虑处理。

(4) 扑翼的仿生学机理需要进行开发。这些机理包括诸如用于扑动和变体的关节和分布式作动器。最重要的是,这些机理应该能够减缓阵风作用。

(5) 基于视觉的传感器技术对飞行控制和飞行器气动弹性状态评估极为有益。例如,飞行器的刚体和变体状态能够通过光学仪器记录的频率变化特性而得以分离。

最后,实现自然飞行物所启迪的飞行器一个关键挑战是系统的多传感器特征 (Zbikowski, 2004)。自然界飞行系统拥有众多的传感器,为它提供有关动物状况的信息。MAV 的控制原理可能同样需要从自然界中得到启迪。多数现代控制方式是基于模型的方式,其中平台被描述为理想状态。而在现实中,非稳态的空气动力才是典型的,神经网络或者学习型控制原理可能会是较好的选择 (Lampton et al., 2009, 2010)。生物系统具有很多传感器,通过对多个输入的反馈计算来实现状态评估。在可预期的复杂环境中来精确控制 MAV, 需要先进的控制概念。

3.8 结论

微型航空器将主要依靠主动的或者被动的变体来进行飞行控制。比例限制妨碍了工程师按照与大型航空器同样的方式来实现 MAV 的工程化。自然飞行动物已经明确地表明, 变体对于在微小级别上敏捷飞行性能是必不可少的。来自自然的灵感将使我们洞察到如何设法应对复杂的飞行环境, 但是它最终需要科学家和工程师将这样的原理在人造系统上得以实现。这个领域内的工作已经开始了, 但要使 MAV 能够担负起公众所期望的真正使命, 还需要有更大的技术突破。

参考文献

[1] Grasmeyer JM and Keennon MT 2001 Development of the Black Widow Micro Air Vehicle, AIAA Paper 2001-0127. Paper presented at the 39th AIAA Aerospace Sciences Meeting, Reno, NV, January.

[2] Ifju, P., Jenkins, D., Ettinger, S., Lian, Y., Shyy, W., and Waszak, M. (2002). "Flexible Wing-Based Micro Air Vehicles," *AIAA 40th Aerospace Sciences Meeting & Exhibit*, Paper No. 2002-0705.

[3] Lampton A, Niksch A, and Valasek J 2009 Reinforcement learning of morphing airfoils with aerodynamic and structural effects. *Journal of Aerospace Computing, Information, and Communication*, 6(1): 30–50.

[4] Lampton A, Niksch A and Valasek J (2010) Reinforcement learning of a morphing airfoil-policy and discrete learning analysis. *Journal of Aerospace Computing, Information, and Communication*, 7(8): 241–260.

[5] McMichael J M and Francis M S 1997 *Micro Air Vehicles: Toward a New Dimension in Flight*. DARPA, USA.

[6] Niksch A, Valasek J, Strganac T, and Carlson L 2008 Morphing aircraft dynamical model: longitudinal shape changes, AIAA-2008-6567. In *Proceedings of the AIAA Atmospheric Flight Mechanics Conference*, Honolulu, HI, 19 August.

[7] Niksch A, Valasek J, Strganac T, and Carlson L 2009 Six degree-of-freedom dynamical model of a morphing aircraft, AIAA-2009-5849. In *Proceedings of*

the AIAA Guidance, Navigation, and Control Conference, Chicago, IL, 11 August.

[8] Shyy, W., Berg,M., and Ljungqvist, D. (1999). "Flapping and Flexible Wings for Biological and Micro Air Vehicles," *Progress in Aerospace Sciences*, Vol. 35, pp. 155–205.

[9] Shyy W, Aono H, Chimakurthi SK, Trizila P, Kang C-K, Cesnik CES, and Liu H 2010 Recent progress in flapping wing aerodynamics and aeroelasticity. *Progress in Aerospace Sciences*, 46: 284–327.

[10] Shyy W, Lian Y, Tang J, Liu H, Trizila P, Stanford B, Bernal LP, Cesnik CES, Friedmann P and Ifju P 2008a Computational aerodynamics of low Reynolds number plunging, pitching and flexible wings forMAV applications. *Acta Mechanica Sinica*, 24: 351–373.

[11] Shyy W, Lian Y, Tang J, Viieru D, and Liu H 2008b *Aerodynamics of Low Reynolds Number Flyers*. Cambridge University Press, New York.

[12] Taylor GK, Bacic M, Carruthers AC, Gillies J, Ozawa Y, and Thomas ALR 2007 Flight control mechanisms in birds of prey, AIAA Paper 2007-0039. Paper presented at the 45th AIAA Aerospace Sciences Meeting, Reno, NV, January.

[13] Zbikowski R 2004 Sensor-rich feedback control. *IEEE Instrumentation & Measurement Magazine*, 7(3): 19–26.

第二部分　控制与动力

第 4 章
智能变体无人机的形状与飞行控制

John Valasek[1], Kenton Kirkpatrick[1] and Amanda Lampton[2]

[1] 美国得克萨斯农工大学

[2] 系统技术公司

4.1　简介

　　虽然对于变体一词有多种定义及理解, 但是一般认为变体的概念包含小尺度与大尺度的形状变化或变形。有两种不同的变体有明确的定义: 任务适应性变体与控制适应性变体 (Bowman et al., 2002)。就飞行器而言, 任务适应性变体是大尺度的、相对较慢的, 在飞行中的形状改变, 以使得单一飞行器能够执行多个不同的任务剖面。相反地, 控制适应性变体往往是飞行中小范围或者组件级物理或虚拟的变体, 用于实现如噪声抑制、颤振抑制、减轻负荷等的多目标控制和主动分离控制。本章主要关注任务适应性变体的问题。

　　迄今为止关于形状改变或变体的监控方面研究并不充分。就智能系统而言, 实现实用的任务适应性变体必须具备 3 个功能, 即何时重构、如何重构、学习重构。

　　何时重构是由任务优先级驱动, 并获得形状优化的系统参数。在像飞机这样的可重构飞行器上, 每种形状都有在特定飞行条件下 (包括马赫数、高度、攻角、侧滑角等) 的性能参数值 (包括速度、范围、耐久性等)。一架飞机不能执行多任务, 可直接归因于形状问题, 至少当气动性能是首要考虑问题时如此。因为针对特定任务时, 总有相应理想的或最佳的飞行器形状, 如构造 (Bowman et al., 2002)。但是在实际中, 在整个飞行包线内这种优化准则无法知道, 而且实际操作中任务有可能改动甚至完全改变。如何重构是一个涉及传感、驱动以及控制的综合问题。这是些既重要又具有挑战性的问题, 因为大变形产生随时间变化的飞行器属性, 特别是时变力矩和惯性效应。因此, 控制器必须有足够的鲁棒性来应对这些可能的大范围变化。学习重构可能是 3 个功能中最具有难度的一个, 也是最被忽略的一个。即使最佳形状是已知的, 产生这种最佳形状的驱动方案也是很困难的, 或者完全无法实现。因此强化学习是一种候选方法。学习如何重构作为全寿命周期的学习非常重要; 这将使飞行器具有更强的生存能力、更好的操作安全性以及多任务能力。

针对变体飞行器的飞行控制律的设计已经出现了相对中等水平的研究活动 (Boothe et al., 2005; Abdulrahim and Lind, 2005)。考虑在翼可变上反角的情况下采用涡格法进行空气动力学的计算, 选定每个任务阶段的期望动力, 并且在每个阶段采用 H_∞ 模型跟踪控制器。本章提出了一种变体无人机的智能控制新途径和方法, 首先对自适应强化学习控制架构进行高级描述, 其次详细研究了学习模型、飞行器模型、智能驱动器和自适应控制器。最后给出完整的仿真结果与结论。

4.2 自适应强化学习控制架构的功能

自适应强化学习控制技术 (A-RLC) 是在 Valasek 在 2005 年发表的关于非分离组件和独立驱动的飞行器整体最佳变形的文章中首次提出的。如图 4.1 所示, A-RLC 由两个子系统组成: 强化学习 (RL) 子系统和结构自适应模型逆。在装置变体并执行航迹跟踪的操作阶段和最佳变体规划的学习阶段, 两个子系统都在紧密的相互作用。每个阶段系统工作过程如下:

如图 4.1 所示, RL 子系统在图 4.1 的顶部, 按逆时针方向运行。RL模块初始时从可容许的行动集中随机生成一个行动。并将该行动发送到装置中, 装置产生相应的变形。代价评估功能对与产生形状变化的系统状态、参数、用户定义的性能指标等相关代价进行评估, 并将评估结果发送到学习 Agent 中, 学习 Agent 根据式 (4.6) 修正行动值函数。在下一环节中, 学习 Agent 根据当前策略及其更新的行动值函数选择一个新的行动, 并不断重复循环。RL 子系统通过运用序列函数逼近, 来产生从先验的量化状态和行动到连续状态 —— 行动空间的学习进行提高。

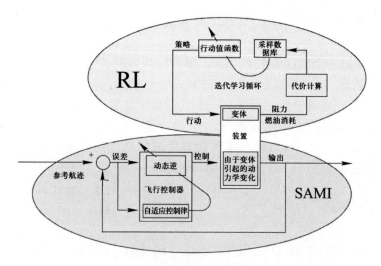

图 4.1 自适应 RL 控制架构

现在考虑位于图 4.1 底部的 SAMI 子系统, 由 RL Agent 产生行动造成的装置变形, 引起了装置的动力学发生变化。在计算命令的同时, SAMI 控制器跟踪一个参考轨迹, 该轨迹不会因飞行器变形引起的动力变化而改变。SAMI 是一项基于反馈线性化, 动态逆和结构化模型参考自适应控制的非线性技术。因系统参数建模不精确, 动态逆只能是近似的。自适应控制结构回绕动态逆来解决系统参数的非确定性问题 (Subbarao, 2001)。SAMI 被认为可以有效地应用于空间飞行器 (Subbarao et al., 2000)、星际飞行器 (Restrepo and Valasek, 2008) 和飞机的参考轨迹。SAMI 同时也扩展应用到处理驱动器故障 (Tandale and Vlasek, 2006; Marwaha and Valasek, 2011), 以及在驱动器出现饱和时自适应的校正 (Tandale and Valasek, 2004, 2007)。

下面详细介绍 RL 和 SAMI 子系统的各个组件以及它们在 A-RLC 架构下的相互作用过程, 首先介绍 RL 组件。

4.3 学习飞行器的形状变化

4.3.1 强化学习系统概述

强化学习系统是一种在 Agent 与其环境间的相互作用过程中学习, 来达到指定目标的方法 (Mitchell, 1997)。学习者与决策者被称为 Agent,

与之相互作用的在 Agent 之外的所有东西都被称为环境。在离散时间
序列, $t = 0, 1, 2, 3, \cdots$ 的每个时间步长中, Agent 与其环境间都发生相互
作用。在每一个时间步长 t, Agent 接收其环境的状态值, $s_t \in S$, S 是可
能状态的集, 在此基础上, Agent 选择一个行动, $a_t \in A(s_t)$, $A(s_t)$ 是在状
态 s_t 下可获得的一系列行动。一个时间步长之后, Agent 收到作为其行
动结果一部分的数值奖赏, $r_{t+1} = R$, 同时找到在新状态 s_{t+1} 中的
Agent。在每一步中, 由状态到选择每个可能动作的概率映射被标记为
π, 并把这种映射称为 Agent 策略。这样, $\pi_t(s, a)$ 给出了在时间 t, 对于
给定状态 $s_t = s$ 选取 $a_t = a$ 的概率。RL 方法给出了 Agent 如何根据经
验改变其策略, 具体而言, Agent 的目的是经过长期运行后, 所收到的奖
赏累积值最大。

几乎所有的 RL 算法都是基于估计值函数。对于一个策略 π, 有两
种类型的值函数。一种是状态 – 值方程 $V^\pi(s)$, 该函数估计 Agent 在状
态 s 下使用策略 π 的好坏程度。它被定义为从 s 开始并遵从策略 π 的
预期回报。对这个函数的一般表达式为 (Mitchell, 1997)

$$V^\pi(s_t) \equiv E\left[\sum_{k=0}^{\infty} \gamma^k r_{t+k}\right] \tag{4.1}$$

式中: γ 为折扣因子; r_{t+k} 为奖赏值序列。

另一个值函数是行动 – 值函数 $Q^\pi(s, a)$。这个函数估计 Agent 在状
态 s 下基于策略 π 执行动作 a 的好坏程度。它被定义为从 s 开始, 遵从
策略 π, 执行动作 a 的预期回报。行动 – 值函数通过式 (4.2) 与状态 –
值函数相联系, 即

$$Q^\pi(s, a) \equiv r(s, a) + \gamma V^*(\delta(s, a)) \tag{4.2}$$

式中: $\delta(s, a)$ 为在状态 s 执行动作 a 的产生的结果状态。

计算 $V^\pi(s)$ 或 $Q^\pi(s, a)$ 的过程称为策略评估。π 能够改进成一个更
优的 π', 对于一个给定状态, 从所有的可能动作中选择一个使函数
$V^\pi(s)$ 或 $Q^\pi(s, a)$ 获得最佳值的动作, 这个过程称为策略改进。$V^{\pi'}(s)$
或 $Q^{\pi'}(s, a)$ 通过计算将 π' 改进成更优的 π''。RL 的最终目标是找到最
佳策略 π^*, 该策略具有优化的状态 – 值函数, 记为 $V^*(s)$, 并且定义为
$V^*(s) = \max_\pi V^\pi(s)$, 或者具有最佳行动 – 值函数, 记为 $Q^*(s, a)$, 并定义
为 $Q^*(s) = \max_\pi Q^\pi(s, a)$。这个采用递归寻找最佳策略的方法称为策略

迭代。最终结果, Q^* 可以用 V^* 表示:

$$Q^*(s,a) \equiv E\left[r(s,a) + \gamma V^*(\delta(s,a))\right]$$
$$= E[r(s,a)] + E[\gamma V^*(\delta(s,a))] \tag{4.3}$$
$$= E[r(s,a)] + \gamma \sum_{s'} p(s'|s,a)V^*(s')$$

式中: $P(s'|s,a)$ 为在状态 s 下执行行动 a 产生下一个状态 s' 的概率。

为使这个方程更易操作, Q 可以重新写成递归的形式, 即

$$Q^*(s,a) = E[r(s,a)] + \gamma \sum_{s'} p(s'|s,a) \max_{a'} Q(s',a') \tag{4.4}$$

式 (4.4) 能够进一步被更改为训练规则, 当 $Q(s,a)$ 被使用时, 应用该规则对每个 $Q(s,a)$ 迭代更新, 并收敛到 $Q^*(s,a)$, 这个训练规则在式 (4.5) 中定义, 即

$$Q_a(s,a) \leftarrow (1-\alpha)Q_{n-1}(s,a) + \alpha\left[r + \gamma \max_{a'} Q_{n-1}(s',a')\right] \tag{4.5}$$

迭代策略主要有 3 种方法, 即动态规划法、蒙特卡罗法以及瞬时差分学习法。动态规划指对于假设环境为一个马尔可夫决策过程的完美模型, 使用一个算法集来计算优化策略, 其核心理念在于使用值函数来组织和构造优化策略的搜索算法。经典的动态规划算法 (Bellman, 1957; Bellman and Dreyfus, 1962; Bellman and Kalaba, 1965) 从理论角度看都是非常重要的, 但在 RL 中的实用性有限, 因为它们假设了一个完美模型并且运算量巨大。

蒙特卡罗方法使用一个迭代增量过程来估计函数。"蒙特卡罗" 方法常广泛地用于含有一个显著的随机分量的估计方法。在本书中, 蒙特卡罗法是基于样本的平均回报来解决 RL 问题的方法。为确保获得的回报是平均的, 这些回报值只在相应的场景任务中定义, 直到场景任务完成其评价值和策略才改变。与动态规划算法相比, 蒙特卡罗方法可以直接在与没有动态模型的环境交互中学习优化行为。它们可被用于仿真, 对于一个小的状态子集能够简单有效应用蒙特卡罗法。但是, 所有的 RL 的蒙特卡罗法都是近期才发展起来的, 它的收敛性并不清楚。

瞬时差分法可以达到和动态规划法相同的效果, 但具有更小的计算量, 且不用建立完善的环境模型。Sutton 的瞬时差分法是动态规划法的策略评价方法, 其目的是设法找到一个控制策略 π_0 (Sutton, 1988)。预

测问题变成学习期望的折扣奖赏值 $V^\pi(i)$, 对 S 中的每一个状态 i 使用策略 π_0。通过学习期望的折扣奖赏, 一个新的策略 π_1 可以用于替代 π_0, 这种算法可以在迭代优化过程中逐渐收敛到一些策略, 如 Howard 的算法 (William and Baird, 1993)。

Q-learning 是一种动态规划算法的逐次逼近形式, 这种技术形式是 Watkins 首先提出并发展的 (Watkins and Davan, 1989)。Q-learning 直接学习最优值函数, 而不是像瞬时差分法一样采用固定策略和确定的相应值函数。它自动把注意力放在需要的地方, 从而避免了对整个状态 – 行动空间的遍历。此外, 这是第一个可证明收敛的直接自适应优化控制算法。

RL 已被用于各种各样的物理控制任务, 包括真实的和模拟的。例如, 很多研究人员已经研究了通过 RL 控制一个大致类似于体操运动员在单杠上摆动的双连接、欠驱动机器人的随机系统 (De Jong and Spong, 1994; Boone 1997; Sutton, 1995)。在很多 RL 控制任务的应用中, 因状态空间太大而不能枚举值函数, 必须用一些函数逼近来凑表示值函数, 一般采用的方法包括神经网络、集群法、最近邻法、分层编码和小脑模型关节控制器。

4.3.2 变形学习 Agent 的实现

变体翼问题的 Agent 就是它的 RL Agent。它试图独立操纵从一些初始状态到最终目标状态, 这些状态是以机翼空气动力学特性为特征的。要达到这个目的, Agent 努力学习它与环境交互作用的最优策略, 即对于给定的空气动力学要求, 采用一系列动作改变机翼的厚度和弯度状态来达到最优的形状。环境是机翼产生的空气动力。这里假设 RL Agent 没有关于动作与机翼厚度、弯度之间的先验知识。但是, RL Agent 知道所有可以采用的动作, 也可获得精确的、实时的变体机翼形状信息以及当前气动特性和当前环境所提供的奖励值。

RL Agent 使用一步 Q-learning 方法, 该方法是一种常见的离策略瞬时差分控制算法。在它的最简单形式是对式 (4.5) 的修改版本, 即

$$Q_a(s,a) \leftarrow Q_a(s,a) + \alpha \left\{ r + \gamma \max_{a'} Q(s',a') - Q(s,a) \right\} \qquad (4.6)$$

Q-learning 算法如下所示 (Sutton and Barto, 1998)。

Q-learning:

1. 任意初始化 $Q(s,a)$

2. 重复 (对于每个场景)

—— 初始化 s

—— 重复 (对于场景的每一步)

* 使用 $Q(s,a)$ 导出的策略, 从 s 中选择 a (如贪婪策略)

* 执行动作 a, 观察 r, s'

* $Q_a(s,a) \leftarrow Q_a(s,a) + \alpha \left\{ r + \gamma \max_{a'} Q(s',a') - Q(s,a) \right\}$

* $s \leftarrow s'$

—— 直至 s 达到终止状态。

3. 返回 $Q(s,a)$

Agent 学习的贪婪策略, 定义如下:

$$\varepsilon\text{-贪婪策略}$$
$$\text{if } (\text{probability} > 1 - \varepsilon)$$
$$a = \arg\max_a Q(s,a) \tag{4.7}$$
$$\text{else}$$
$$a = \text{rand}(a_i)$$

随着学习的场景数量的增加, 学习的行动 – 值函数 $Q(s,a)$ 渐近收敛到最佳行动 – 值函数 $Q^*(s,a)$。该方法是一种离策略方法, 因为它评估目标策略 (贪婪策略) 遵从其他策略。用于更新 $Q(s,a)$ 的策略可以是一种随机策略, 每个行动被选择的概率都一样。另一个策略是 ε-贪婪策略, 其中 ε 是一个小值。最大 $Q(s,a)$ 的行动 a 被选择的概率是 $1 - \varepsilon$, 否则选择一个任意动作。

如果一个 RL 问题的状态和行动数量都很小, 则它的 $Q(s,a)$ 可以用一个表格来表示, 其中, 状态 – 行动对应的行动值放在表格当中。由于变体飞行器的 RL 问题的状态 (机翼的形状) 在连续域, 所以不可能枚举所有的状态 – 行动对的行动值。实际上, 状态 – 行动有无数个, 常用的解决方法是人为地把状态转化成离散集合, 从而减少 Agent 必须访问学习的状态 – 行动对的数量, 但减少状态 – 行动对的数量要能保证学习行动值函数的完整性。对于一个给定的问题必须通过试验来确定适宜的状态量化方法。在本章中, 采用几个逐步增大的量化方法来确定最大的允许步长。现在的问题是, 随着其他变形参数形式的状态变量加入到现有机翼的厚度和弯度状态中, 保持状态 – 行动对的数量可控性变得非常重要。

4.4 变体飞行器的数学模型

4.4.1 空气动力学模型

计算各种各样机翼构型的气动性特性时, 需要采用恒定强度的偶极子 —— 点源面元法 (Niksch, 2009)。选择这种方法而不选择其他 CFD 方法是因为作者已经成功地采用面元法预测变翼型气动特性, 其主要的假设是气流是不可压缩的且无黏性的。因此, 该模型只在攻角的线性范围内有效。这类模型的通用性在于方便处理变形自由度和飞行条件参数。模型中的变形自由度和飞行条件参数如下:

机翼厚度, t	最大弯度	最大弯度位置
翼根弦, C_r	翼梢弦, C_t	后掠角, Λ
上反角, Γ	翼展, b	机翼攻角, α

尽管具有通用性, 模型仍有一些限制。因为模型采用一种面元法确定气动性, 该方法对于网格大小、面元的位置以及面元的数量都非常敏感。网格采用弦向和展向板的余弦间距。通过使用余弦间距, 更多的面元可以放在机翼的前缘和后缘以及翼根和翼梢附近。由于大多数气动特性变化发生在机翼的前缘和后缘以及翼根和翼梢附近, 所以采用这种类型网格是很有必要的。随着面元数量的增加, 模型的计算时间也随之增加。因此, 需要寻求精度与计算时间之间的平衡。这种平衡可以通过设定一组面元数来解决, 这些面元数量增加对精度增加影响很小。例如, 如果面板数翻倍且精度提高 10%, 这种面板数的增加被视为是可接受的。然而, 如果面板数增加了 50% 而精度提高小于 1%, 这样的面板数的增加是没有必要的。

该模型在应用于不同类型的翼型是有局限性的。这里只考虑 NACA4-Digit 系列翼型, 因为这种类型的翼型有描述上表面与下表面几何形状的明确简单的方程, 这些方程定义了厚度和弯度变量, 便于测试并优化达到最佳的翼型。

4.4.2 本构方程

机翼建模采用恒定强度的偶极子 —— 点源面元法。为了获得机翼上的气动力等式, 采用了基本势流理论。基本势流理论 (Katz and

Plotkin, 2001) 的方程是拉普拉斯方程, 即

$$\nabla^2 \Phi = 0 \tag{4.8}$$

式中: ∇^2 为拉普拉斯算子, Φ 为速度势。

这个等式满足一般守恒方程中无黏性以及气流不可压缩的假设。采用格林定理, 式 (4.8) 的一个解的形式为点源 σ 和偶极子 μ 沿边界分布的和, 即

$$\Phi = -\frac{1}{4\pi} \int_{SB} \left[\sigma \left(\frac{1}{r} \right) - \mu \boldsymbol{n} \cdot \nabla \left(\frac{1}{r} \right) \right] \mathrm{d}s + \Phi_\infty \tag{4.9}$$

假设在机翼后缘对流的尾流是一组薄偶极子, 式 (4.9) 就可以改写为

$$\Phi = \frac{1}{4\pi} \int_{Body+Wake} \mu \boldsymbol{n} \cdot \nabla \left(\frac{1}{r} \right) \mathrm{d}s - \frac{1}{4\pi} \int_{Wake} \sigma \left(\frac{1}{r} \right) \mathrm{d}s + \Phi_\infty \tag{4.10}$$

式 (4.8) 的边界条件是无渗透条件, 该条件要求表面气流流速处处为零, 这个边界条件必须通过直接或间接的方式指定。直接法迫使法向速度分量为零, 称为纽曼方法。间接法是为势函数在边界上指定一个值, 通过这么做, 使法向流动为零的条件间接得到满足, 这种方法称为狄利克雷方法。变体机翼模型采用狄利克雷方法, 使边界条件法向流动为零。使用狄利克雷边界条件, 必须指定边界上所有点的势。假设一个点位于表面内, 其内势能 Φ_i 通过沿表面的奇异分布来定义。

$$\Phi_i = \frac{1}{4\pi} \int_{Body+Wake} \mu \frac{\partial}{\partial \boldsymbol{n}} \left(\frac{1}{r} \right) \mathrm{d}s - \frac{1}{4\pi} \int_{Body} \sigma \left(\frac{1}{r} \right) \mathrm{d}s + \Phi_\infty \tag{4.11}$$

当 $r \to 0$ 时, 这些积分值出现奇异值。为了求取这点附近的积分值, 必须应用无渗透边界条件。应用这个边界条件, 把 Φ_i 设定成常值, 如果采用直接法, 则 Φ_i 可能直接显示为常数。若 Φ_i 是常数, 则式 (4.11) 也就相当于一个固定值。Φ_i 的常值设为 Φ_∞。因而, 式 (4.11) 就可以简化成更简单的形式, 即

$$\frac{1}{4\pi} \int_{Body+Wake} \mu \frac{\partial}{\partial \boldsymbol{n}} \left(\frac{1}{r} \right) \mathrm{d}s - \frac{1}{4\pi} \int_{Body} \sigma \left(\frac{1}{r} \right) \mathrm{d}s = 0 \tag{4.12}$$

下一步, 这些积分等式简化为一组线性代数等式。把系统划分成 N 个表面面元和 N_w 个尾流面元。边界条件被指定在一个配置点上, 该点

位于狄利克雷边界条件面元内部, 并在面元的中心。对 N 面元上的 N 配置点, 重写式 (4.12)。下面所示的积分函数只取决于相应面元的几何形状, 从而可以计算:

$$
\begin{aligned}
&\sum_{k=1}^{N} \frac{1}{4\pi} \int_{\text{BodyPanel}} \mu \boldsymbol{n} \cdot \nabla \left(\frac{1}{r} \right) \mathrm{d}s \\
&+ \sum_{l=1}^{N} \frac{1}{4\pi} \int_{\text{WakePanel}} u \boldsymbol{n} \cdot \nabla \left(\frac{1}{r} \right) \mathrm{d}s - \sum_{k=1}^{N} \frac{1}{4\pi} \int_{\text{BodyPanel}} \sigma \left(\frac{1}{r} \right) \mathrm{d}s = 0
\end{aligned}
\tag{4.13}
$$

由于每个面元上的奇异元素 μ 和 σ 影响机体上的其他每个面元, 对于机体内每个配置点重写式 (4.13)。注意, 奇异元素之前的变量是对特定面元及它们各自的配置点分别积分计算的, 因而, 有

$$
\sum_{k=1}^{N} A_k \mu_k + \sum_{l=1}^{N} A_l \mu_l - \sum_{k=1}^{N} B_k \sigma_k = 0
\tag{4.14}
$$

式中: A 为偶极子影响系数; B 为点源影响系数。

为了从式 (4.14) 中消除尾流强度, 引入一种新的关系。库塔条件规定在翼剖面的后缘不存在环流, 通过采用库塔条件, 会发现尾流面元的偶极子强度相当于后缘面板的上表面与下表面的差值。利用该关系, 仅对后缘面元代入, 就可能消除式 (4.14) 中的尾流分布。由于点源强度是已知的, 式 (4.14) 就简化成一组包含有 N 个未知的偶极子强度的 N 个方程, 并可通过矩阵求逆解出, 即

$$
\begin{pmatrix} a_{11} & \cdots & a_{1N} \\ \vdots & & \vdots \\ a_{N1} & \cdots & a_{NN} \end{pmatrix} \begin{pmatrix} \mu_1 \\ \vdots \\ \mu_N \end{pmatrix} = - \begin{pmatrix} b_{11} & \cdots & b_{1N} \\ \vdots & & \vdots \\ b_{N1} & \cdots & b_{NN} \end{pmatrix} \begin{pmatrix} \sigma_1 \\ \vdots \\ \sigma_N \end{pmatrix}
\tag{4.15}
$$

一旦获得偶极子强度, 就有可能获得作用在每个面元上的空气动力。第一步是先确定每个面元的切向 (l, m) 和法向 (n) 扰动速度分量:

$$
q_l = -\frac{\partial \mu}{\partial l}, \quad q_m = -\frac{\partial \mu}{\partial m}, \quad q_n = -\sigma
\tag{4.16}
$$

有了这些速度, 就可以计算每个面元的合成速度:

$$
Q_k = (Q_{\infty l}, Q_{\infty m}, Q_{\infty n})_k + (q_l, q_m, q_n)_k
\tag{4.17}
$$

注意, 这些速度都在局部面元坐标系上表示的。每个面元的压力系数用改进形式的伯努利方程获得, 即

$$C_{pk} = 1 - \frac{Q_k^2}{Q_\infty^2} \tag{4.18}$$

确定了压力系数, 就可以计算每个面元的无量纲气动力。总的气动力可以通过对每块面元的气动力求和获得, 即

$$\Delta C_{Fk} = -\frac{C_{pk}\Delta S}{S} \cdot \boldsymbol{n}_k \tag{4.19}$$

剩下的问题就是计算寄生阻力的分布, 也可定义为非升致阻力。Roskam (1989) 给出一个计算寄生阻力系数 C_{D0} 的方法, 该方法基于机翼面积 S 和等效寄生面积, 计算式为

$$C_{D0} = -\frac{f}{S} \tag{4.20}$$

等效寄生面积通过下面的方程与浸润面积相关:

$$\lg_1 f = a + b\lg_1 S_{\text{wet}} \tag{4.21}$$

式中: a 与 b 项是与等效飞行器表面摩擦相关的校正系数。等效表面摩擦因数通过使用相似飞行器的数据来估计。Oswald 效率因子可以表示为一个展弦比 AR 的函数, 若机翼的前缘后掠角小于 30°, 则函数是有效的。

$$e = 1.78(1 - 0.045\text{AR}^{0.68}) - 0.64 \tag{4.22}$$

4.4.3 模型网格

该模型一个重要的特点是生成易于处理并允许多自由度变形网格的能力, 第一步是表示允许弯度和厚度变化, 并适合于不可压缩的飞行条件的翼型剖面。完成这一工作有很多途径: 一种途径是建立一个已知翼型系的表, 在重构发生时进行查表。这种表示方法的优点是有大量不同的翼型可供选择, 并且从一种类型换到另一个类型比较方便, 但需要包括多个翼型剖面的表, 其主要缺点是不能直接控制翼型的厚度和弯度, 而对要研究的模型而言, 直接、快速地对翼型的厚度和弯度进行控制的能力是关键。因此, 特别选择一组翼型, 这些翼型都有可以描述翼型剖面上、下几何形状的方程, 方程是厚度和弯度的函数, 这种类的翼型就是 NACA4-Digit 系列翼型, 该系列不管是厚的或者薄的机翼剖面

都具有钝的前缘, 从而使它们成为亚声速飞行条件下的理想选择。在围绕机翼周围生成网格的另外一个重要方面是假设机翼关于 XZ (纵向) 平面对称。通过假设为对称机翼, 只需建立半个机翼的网格模型。这就使影响系数的定义更简单, 模型的计算量更少。

用于把面元放在机翼上的间距调整方法也是生成网格的一个重要方面。对这个特定模型, 在弦向和展向采用余弦间距 (Moran, 1984)。

$$x_{vi} = \frac{c(y)}{2} \left(1 - \cos \left(\frac{i\pi}{N+1} \right) \right)$$
$$i = 1 : N$$
(4.23)

通过在弦向采用余弦间距, 在机翼前缘和后缘附近就可以放更多的面元。展向的余弦距在展向驻点布置更多的面元, 这些展向驻点在机翼的翼梢附近。图 4.2、图 4.3 以及图 4.4 展示了在展向和弦向使用余弦间距的效果, 并且展示了空气动力学模型能够表示的不同的机翼形状。如图所示, 机翼 4 个角处的面元最多。

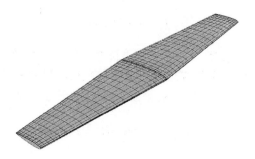

图 4.2　使用余弦间距的平直锥形机翼配置

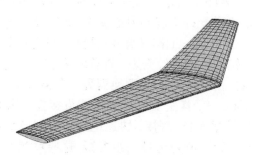

图 4.3　使用余弦间距的后掠翼

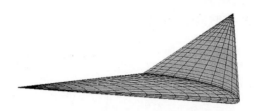

图 4.4 使用余弦间距的三角翼

4.4.4 动力学建模

从 $\boldsymbol{F} = m\dot{\boldsymbol{v}}^{\mathrm{N}}$ 的牛顿第二定律开始讨论,可以建立变体翼的平动运动方程。图 4.5 中定义了所使用的机体坐标系。图 4.5 中还定义了坐标系的速度矢量 $\boldsymbol{v}$ 在机体坐标轴上的分量,相应地,机体角速度矢量 $\boldsymbol{\omega}$ 可以分解为横滚 (p)、俯仰 (q) 和偏航 (r) 3 个分量,即

$$\boldsymbol{v} = \begin{pmatrix} u \\ v \\ w \end{pmatrix} \tag{4.24}$$

$$\boldsymbol{\omega} = \begin{pmatrix} p \\ q \\ r \end{pmatrix} \tag{4.25}$$

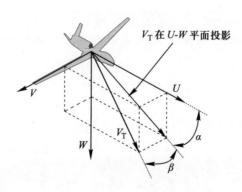

图 4.5 机体坐标系定义

上标 N 表示参考惯性坐标系,上标 B 表示机体坐标系。速度向量

在惯性坐标系中的时间导数为

$$\dot{\boldsymbol{v}}^{N} = \dot{\boldsymbol{v}}^{B} + \boldsymbol{\omega} \times \boldsymbol{v} = \begin{bmatrix} \dot{u} + qw - rv \\ \dot{v} + ru - pw \\ \dot{w} + pv - qu \end{bmatrix} \tag{4.26}$$

作用在变体机翼上的力包括: 重力 (G)、推力 (T) 以及气动力 (X, Y, Z)。重力可以使用简单的三角函数进行计算。推力假定为常量,气动力采用上一节中的恒定强度点源 – 偶极子面元法计算。力矢量 $\boldsymbol{F}$ 可以展开为

$$\boldsymbol{F} = \begin{bmatrix} X + T_x + G_x \\ Y + T_y + G_y \\ Z + T_z + G_z \end{bmatrix} = \begin{bmatrix} -mg\sin\theta - D\cos\alpha\cos\beta + L\sin\alpha\cos\beta + T \\ mg\sin\phi\cos\theta + D\cos\alpha\sin\beta - L\sin\alpha\sin\beta \\ mg\cos\phi\cos\theta - D\sin\alpha - L\cos\alpha \end{bmatrix} \tag{4.27}$$

式中: ψ, θ, ϕ 为相应的标准欧拉角: 偏航, 俯仰, 滚转姿态角; α, β 为图 4.5 中定义的气流角。将式 (4.26) 和式 (4.27) 代入牛顿第二定律, 就能获得平动运动方程:

$$m(\dot{u} + qw - rv) = -mg\sin\theta - D\cos\alpha\cos\beta + L\sin\alpha\cos\beta + T \tag{4.28}$$

$$m(\dot{v} + ru - pw) = mg\sin\phi\cos\theta + D\cos\alpha\sin\beta - L\sin\alpha\sin\beta \tag{4.29}$$

$$m(\dot{w} + pv - qu) = mg\cos\phi\cos\theta - D\sin\alpha - L\cos\alpha \tag{4.30}$$

式中: T, D, L 分别为推力、阻力和升力。

使用欧拉方程获得力矩矢量 $\boldsymbol{L}$ 和与角动量矢量 $\boldsymbol{h}$ 之间的关系, 可以写为 $\boldsymbol{L} = \dot{\boldsymbol{h}}^{N}$, 有

$$\boldsymbol{h} = \boldsymbol{I}\boldsymbol{\omega} \tag{4.31}$$

惯量矩阵 $\boldsymbol{I}$ 可以写为

$$\boldsymbol{I} = \begin{pmatrix} I_{xx} & -I_{xy} & -I_{xz} \\ -I_{xy} & I_{yy} & -I_{yz} \\ -I_{xz} & -I_{yz} & I_{zz} \end{pmatrix} \tag{4.32}$$

这些转动惯量是构型的函数, 由于飞行期间的形状变化, 所以这些

惯量是时变的。取角动量向量的时间导数:

$$\dot{\boldsymbol{h}}^N = \boldsymbol{I}\dot{\boldsymbol{\omega}}^B + \boldsymbol{i}^B + \boldsymbol{\omega} \times \boldsymbol{I}\boldsymbol{\omega}$$

$$= \begin{bmatrix} I_{xx}\dot{p} - I_{xy}\dot{q} - I_{xz}\dot{r} + \dot{I}_{xx}p - \dot{I}_{xy}q - \dot{I}_{xz}r + p(-I_{xz}q + I_{xy}r) \\ +q(-I_{yz}q - I_{yy}r) + r(I_{zz}q + I_{yz}r) \\ I_{xy}\dot{p} - I_{yy}\dot{q} - I_{yz}\dot{r} + \dot{I}_{xy}p - \dot{I}_{yy}q - \dot{I}_{yz}r + p(I_{xx}r + I_{xz}p) \\ +q(-I_{xy}r + I_{yz}p) + r(-I_{xz}r - I_{zz}p) \\ I_{xz}\dot{p} - I_{yz}\dot{q} - I_{zz}\dot{r} + \dot{I}_{xz}p - \dot{I}_{yz}q - \dot{I}_{zz}r + p(-I_{xy}p - I_{xx}q) \\ +q(I_{yy}p + I_{xy}q) + r(-I_{yz}p + I_{xz}q) \end{bmatrix} \quad (4.33)$$

这些力矩是由于气动力与推力产生的。由气动力产生的力矩可以用上一节的面元法计算。假定推力与机体 x 轴平行并作用于重心位置,不产生力矩。气动力矩矢量为

$$\boldsymbol{L} = \begin{bmatrix} L_A \\ M_A \\ N_A \end{bmatrix} \quad (4.34)$$

分别为相应的横滚力矩 ($\boldsymbol{L}$), 俯仰力矩 ($\boldsymbol{M}$) 和偏航力矩 ($\boldsymbol{N}$)。通过将式 (4.33) 和式 (4.34) 代入欧拉方程, 变体翼的转动运动方程为

$$I_{xx}\dot{p} - I_{xy}\dot{q} - I_{xz}\dot{r} + \dot{I}_{xx}p - \dot{I}_{xy}q - \dot{I}_{xz}r + p(-I_{xz}q + I_{xy}r)$$
$$+q(-I_{yz}q - I_{yy}r) + r(I_{zz}q + I_{yz}r) = L_A \quad (4.35)$$

$$I_{xy}\dot{p} - I_{yy}\dot{q} - I_{yz}\dot{r} + \dot{I}_{xy}p - \dot{I}_{yy}q - \dot{I}_{yz}r + p(I_{xx}r + I_{xz}p)$$
$$+q(-I_{xy}r + I_{yz}p) + r(-I_{xz}r - I_{zz}p) = M_A \quad (4.36)$$

$$I_{xz}\dot{p} - I_{yz}\dot{q} - I_{zz}\dot{r} + \dot{I}_{xz}p - \dot{I}_{yz}q - \dot{I}_{zz}r + p(-I_{xy}p - I_{xx}q)$$
$$+q(I_{yy}p + I_{xy}q) + r(-I_{yz}p + I_{xz}q) = N_A \quad (4.37)$$

独立变量 α 和 β 从几何关系角度看, 可以表示成机体坐标轴上的速度分量与合成速度的几何关系的函数, 即

$$\tan\alpha = \frac{w}{V_T} \quad (4.38)$$

$$\tan\beta = \frac{v}{V_T} \quad (4.39)$$

通过对式 (4.38) 和式 (4.39) 取时间导数, 获得所需的关系式:

$$\dot{\alpha} = \frac{1}{V_{\mathrm{T}}} (\dot{w} \cos\alpha - \dot{u} \sin\alpha) \tag{4.40}$$

$$\dot{\beta} = \frac{1}{V_{\mathrm{T}}} (\dot{v} \cos\beta - \dot{u} \sin\beta) \tag{4.41}$$

4.4.5　参考航迹

这项工作的目的是演示形状改变时, A-RLC 控制器能够确保变体翼能够跟踪对应于各种飞行条件下的参考航迹及其之间的转换。一个完整的参考航迹由一系列常见的机动动作段构成, 例如巡航、爬升、下降、转弯、爬升转弯等。就目前的工作而言, 只考虑纵向机动, 且参考航迹由 3 个不同段构成。在第一段中, 变体翼在稳定、水平、直线、1 g 的巡航条件下飞行; 第二段为下降并在较低高度下改平为巡航的轨迹; 第三段为爬升到期望的高度, 然后改平成巡航的轨迹。俯仰姿态角 θ 和高度以离散命令给出, 采用多项式插值使组合后的参考航迹变得平滑。

4.4.6　形状记忆合金驱动器动力学

要实现机翼的变体, 必须使用驱动器; 这些驱动器要能够产生所需的偏转, 同时必须满足足够轻的要求, 以便于在板上安装多个驱动器。此处, 假设用于变体飞行器的驱动器由形状记忆合金 (SMA) 丝组成。SMA 是一种特殊类型的合金, 这种合金表现出被称为形状记忆效应的属性 (Waram, 1993)。当处于低温时, 它们以马氏体的晶体相存在。加热后, SMA 经过相变成为奥氏体。SMA 丝通过热处理可以训练 "记住" 特定的马氏体形状, 所以如果被加载到一个塑性变形的点, 加热到奥氏体相再冷却, 可以恢复到原来未变形的形状。这个过程如图 4.6 所示。

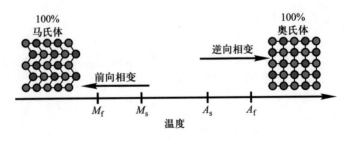

图 4.6　形状记忆效应

晶体相变到奥氏体的过程中, 有一个非常显著的热机械响应导致 SMA 变得更加紧凑, 对于 SMA 丝而言, 这种反应的结果是导致金属丝缩短。金属丝通过冷却相变到马氏体相, 恢复它最初的长度。这种温度与应变之间的关系能够通过试验确定, 但是因为曲线中存在滞后, 所以很难建模, 图 4.7 中给出了一个示例。由于加热过程可以通过电阻实现, 利用这种热机械响应控制 SMA 丝可以获得用于变体的轻质量驱动器 (Kirkpatrick, 2009)。

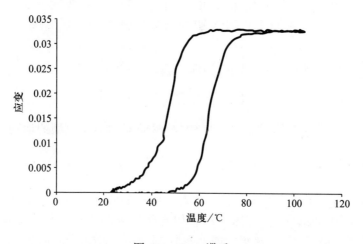

图 4.7　SMA 滞后

考虑到 SMA 驱动器用于变体驱动, 在模拟机翼变体时获得具有代表性的 SMA 驱动器动力学模型很重要。SMA 丝的电致热机械响应的动态信息无法获得, 需要通过试验来确定。在试验中使用的试件是镍钛 SMA 丝, SMA 晶相变化在应变 – 时间过程中表现出无振荡的指数衰减。为此, SMA 动态过程可以近似视为一阶的动态过程。式 (4.42) 是 SMA 动力学的运动方程, 即

$$\dot{\varepsilon} = \frac{\varepsilon_c - \varepsilon}{\tau} \tag{4.42}$$

式中: ε 为 SMA 丝的拉伸应变; ε_c 为目标应变; τ 为时间常数。

确定这些驱动器的时间常数十分必要, 但由于 SMA 丝的温度 – 应变关系存在迟滞, 动态过程也存在迟滞, 确定时间常数并不容易。SMA 丝长度变化的时间常数取决于相变的方向, 所以对于加热和冷却循环都有不同的时间常数。同时这些常数会根据晶体相变过程长度而变化。因此, 时间常数的变化取决于变化方向和当前应变的幅值。对于试验使

用的试件, 计算加热和冷却循环中时间常数的方程分别为

$$\tau = 3.1e^{-200\varepsilon} + 1 \tag{4.43}$$

$$\tau = e^{46\varepsilon} \tag{4.44}$$

这些等式可以基于当前的拉伸应变 ε 和其一阶导数的符号来计算 τ。应当指出, 这些方程是来自于使用镍钛试件在恒定的拉伸载荷为 120 MPa, 最大应变 (奥氏体应变) 为 3.5% 下的试验数据。将式 (4.43) 和式 (4.44) 代入式 (4.42), SMA 驱动器的运动方程可以写为

$$\dot{\varepsilon} = \begin{cases} \dfrac{\varepsilon_{\mathrm{c}} - \varepsilon}{3.1e^{-200\varepsilon} + 1} & (\varepsilon_{\mathrm{c}} < \varepsilon) \\[3mm] (\varepsilon_{\mathrm{c}} - \varepsilon)e^{46\varepsilon} & (\varepsilon_{\mathrm{c}} > \varepsilon) \end{cases} \tag{4.45}$$

式 (4.45) 可以在变体仿真中作为 SMA 驱动器动力学模型的运动方程。

4.4.7　变体翼的控制效应

在这项工作中, 变体翼模型本质上是一个可以飞行的自由体。由于它的变体或变形能力, 变体翼没有如升降副翼和襟翼等传统铰链型的控制效应; 相反, 它具有弯曲或变形控制效应, 是控制变量的非仿射函数, 即在控制效能函数中控制并不呈现线性。由于传统的线性控制方法要求控制效能函数是仿射在控制变量中, 所以此处只能用非线性的控制方法, 且数量非常有限。为了能够使用传统的控制方法, 在这种情况下将变体翼建模使用称为伪控制的名义控制效应, 选择名义控制效应矩阵来表示这些伪控制的有效性。假定由名义上的喷气发动机来提供推力, 并且只影响平动速度 u 和 w。在设计、建模以及具有非传统、非仿射控制效应项, 如弯度和弯度位置的控制系统方面研究工作正在继续, 并将用于最终取代伪控制。

4.5　变体控制律

4.5.1　姿态控制的结构自适应模型逆 (SAMI) 控制

变体翼的运动方程可以表示为仿射控制的非线性、六自由度的动力学系统。当在机体坐标系中, 大多数系统的动力学方程可以表示成一

个二阶微分方程的形式。这个二阶微分方程可以分成一个已知的运动微分方程和一个含有不确定参数的动量级的微分方程结构形式。运动级的状态 d_x, d_y, d_z 是变体翼在惯性坐标系的 x, y, z 轴的质心位置。运动的旋转状态量 ψ, θ, ϕ 是 3-2-1 欧拉角, 它给出了机体坐标系与惯性坐标系的相对转动关系。加速度状态是机体坐标系上的线速度 u, v, w 和角速度 p, q, r。

根据 Subbarao (2001) 的方法, 代表运动与加速度状态之间关系的方程为

$$\dot{p}_c = J_l v_c \tag{4.46}$$

$$\dot{\sigma} = J_a \omega \tag{4.47}$$

式中: $p_c = [d_x, d_y, d_z]^T; v_c = [u, v, w]^T, \sigma = [\phi, \theta, \psi]^T, \omega = [p, q, r]^T$

矩阵 J_l 和矩阵 J_a 如下:

$$J_l = \begin{bmatrix} C_\theta C_\psi & S_\phi S_\theta C_\psi - C_\phi S_\psi & C_\phi S_\theta C_\psi + S_\phi S_\psi \\ C_\theta S_\psi & S_\phi S_\theta S_\psi + C_\phi C_\psi & C_\phi S_\theta S_\psi - S_\phi C_\psi \\ -S_\theta & S_\phi C_\theta & C_\phi C_\theta \end{bmatrix}$$

$$J_a = \begin{bmatrix} 1 & S_\phi \tan\theta & C_\phi \tan\theta \\ 0 & C_\phi & -S_\phi \\ 0 & S_\phi \sec\theta & C_\phi \sec\theta \end{bmatrix} \tag{4.48}$$

式中: $C_\phi = \cos\phi; S_\theta = \sin\theta$ 等。

加速度级状态的微分方程为

$$m\dot{v}_c + \tilde{\omega} m v_c = F + F_{aero} \tag{4.49}$$

$$I\dot{\omega} + \dot{I}\omega + \tilde{\omega} I \omega = M + M_{aero} \tag{4.50}$$

式中: m 为变体翼的质量, F 为由控制产生的力; F_{aero} 为气动力; I 为机体轴转动惯量; M 为控制力矩; M_{aero} 为气动力力矩; $\tilde{\omega}V$ 为矢量 ω 和矢量 V 的交叉积的矩阵, 其中:

$$\tilde{\omega} = \begin{bmatrix} 0 & -r & q \\ r & 0 & -p \\ -q & p & 0 \end{bmatrix} \tag{4.51}$$

注意, 对比刚体运动方程, 由于形状的改变, 在式 (4.50) 中多了一个 $\dot{I}\omega$ 项。形状的变化用于加速或降低飞行器因特定轴上转动惯量的时间变

化率引起的旋转。由于 SAMI 服从标准自适应控制中缓慢变化参数为恒定值的假设,不直接处理随时间变化的转动惯量,因而 $\dot{I}\omega$ 就可以忽略。

目前的工作只考虑了纵向动力学,σ 代表修正罗德里格参数,ω 表示角速度,$J(\sigma)$ 是 $\dot{\sigma}$ 与 ω 之间的非线性变换:

$$\dot{\sigma} = J(\sigma)\omega \tag{4.52}$$

$$\dot{\omega} = -\boldsymbol{I}^{-1}(\tilde{\omega}\boldsymbol{I}\omega) + \boldsymbol{I}^{-1}(\boldsymbol{u} + M_{\text{aero}}) \tag{4.53}$$

现在定义下一个参考模型,它具有参考修正罗德里格参数 (σ_{r}) 和参考角速度 (ω_{r}) 组成的与非线性装置类似的结构。式 (4.47) 和式 (4.50) 可以处理成如下形式:

$$I_a^*(\boldsymbol{\sigma})\ddot{\sigma} + C_a^*(\boldsymbol{\sigma}, \dot{\sigma})\dot{\sigma} = \boldsymbol{P}_a^{\text{T}}(\boldsymbol{\sigma})M \tag{4.54}$$

式中: 矩阵 $I_a^*(\boldsymbol{\sigma}), C_a^*(\boldsymbol{\sigma}, \dot{\sigma})$ 和 $P(\boldsymbol{\sigma})$ 定义为

$$P_a(\boldsymbol{\sigma}) \equiv J_a^{-1}(\boldsymbol{\sigma}) \tag{4.55}$$

$$I_a^*(\boldsymbol{\sigma}) \equiv \boldsymbol{P}_a^{\text{T}} I P_a \tag{4.56}$$

$$C_a^*(\boldsymbol{\sigma}, \dot{\sigma}) \equiv -I_a^* \dot{J}_a P_a + \boldsymbol{P}_a^{\text{T}} [P_a \dot{\sigma}] I P_a \tag{4.57}$$

根据 (Ahmed et al., 1998),惯量矩阵 $\boldsymbol{I}$ 和矢量 $\boldsymbol{v}$ 的乘积可以写为

$$Iv = \Lambda(\boldsymbol{v})\boldsymbol{\theta}, \quad \forall \boldsymbol{v} \in \mathbb{R}^3 \tag{4.58}$$

其中 $\Lambda \in \mathbb{R}^{3 \times 6}$ 定义为

$$\Lambda(\boldsymbol{v}) \equiv \begin{bmatrix} v_1 & 0 & 0 & v_2 & v_3 & 0 \\ 0 & v_2 & 0 & v_1 & 0 & v_3 \\ 0 & 0 & v_3 & 0 & v_1 & v_2 \end{bmatrix} \tag{4.59}$$

式 (4.54) 的左边可以线性变化为如下方程:

$$I_a^*(\boldsymbol{\sigma})\ddot{\sigma} + C_a^*(\boldsymbol{\sigma}, \dot{\sigma})\dot{\sigma} = Y_a(\boldsymbol{\sigma}, \dot{\sigma}, \ddot{\sigma})\boldsymbol{\theta} \tag{4.60}$$

式中: θ 为定义为 $\boldsymbol{\theta} \equiv [I_{11} \quad I_{22} \quad I_{33} \quad I_{12} \quad I_{13} \quad I_{23}]^{\text{T}}$ 的常量惯量参数矢量; $Y_a(\boldsymbol{\sigma}, \dot{\sigma}, \ddot{\sigma})$ 为一个回归矩阵。

式 (4.54) 左侧的项可以写为

$$I_a^* \ddot{\sigma} = \boldsymbol{P}_a^{\text{T}} I P_a \ddot{\sigma} = \boldsymbol{P}_a^{\text{T}} \Lambda(P_a \ddot{\sigma})\boldsymbol{\theta} \tag{4.61}$$

$$\begin{aligned} C_a^* \dot{\sigma} &= -\boldsymbol{P}_a^{\text{T}} I P_a \dot{J}_a P_a \dot{\sigma} + \boldsymbol{P}_a^{\text{T}} [P_a \dot{\sigma}] I P_a \dot{\sigma} \\ &= \boldsymbol{P}_a^{\text{T}} \left\{ -\Lambda(P_a \dot{J}_a P_a \dot{\sigma}) + [P_a \dot{\sigma}] \Lambda(P_a \dot{\sigma}) \right\} \boldsymbol{\theta} \end{aligned} \tag{4.62}$$

联立式 (4.61) 和式 (4.62) 得到惯量矩阵的线性最小的参数化方程 (Ahmed et al., 1998), 即

$$
\begin{aligned}
& I_a^*(\boldsymbol{\sigma})\ddot{\boldsymbol{\sigma}} + C_a^*(\boldsymbol{\sigma}, \dot{\boldsymbol{\sigma}})\dot{\boldsymbol{\sigma}} \\
& = \boldsymbol{P}_a^{\mathrm{T}} \left\{ \Lambda(\boldsymbol{P}_a\ddot{\boldsymbol{\sigma}}) - \Lambda(\boldsymbol{P}_a\dot{\boldsymbol{j}}_a\boldsymbol{P}_a\dot{\boldsymbol{\sigma}}) + [\boldsymbol{P}_a\dot{\boldsymbol{\sigma}}]\,\Lambda(\boldsymbol{P}_a\dot{\boldsymbol{\sigma}}) \right\} \boldsymbol{\theta} \\
& = Y_a(\boldsymbol{\sigma}, \dot{\boldsymbol{\sigma}}, \ddot{\boldsymbol{\sigma}})\boldsymbol{\theta}
\end{aligned}
\tag{4.63}
$$

下面, 建立姿态跟踪方程, 目的是使参考轨迹与装置输出之间的误差为零。假设参考轨迹相对于时间二次可微, 令 $\varepsilon \equiv \boldsymbol{\sigma} - \boldsymbol{\sigma}_r$ 为跟踪误差。微分两次, 并乘以 I_a^*, 得

$$
I_a^*\ddot{\boldsymbol{\varepsilon}} - I_a^*\ddot{\boldsymbol{\sigma}} \quad I_a^*\ddot{\boldsymbol{\sigma}}_r
\tag{4.64}
$$

在式 (4.64) 两边都加上 $((\boldsymbol{C}_{da} + C_a^*(\boldsymbol{\sigma}, \dot{\boldsymbol{\sigma}}))\dot{\boldsymbol{\varepsilon}} + \boldsymbol{K}_{da}\boldsymbol{\varepsilon}$, 其中 $\boldsymbol{C}_{da}$ 和 $\boldsymbol{K}_{da}$ 是用户定义的设计矩阵。

$$
\begin{aligned}
& I_a^*\ddot{\boldsymbol{\varepsilon}} + (\boldsymbol{C}_{da} + C_a^*(\boldsymbol{\sigma}, \dot{\boldsymbol{\sigma}})\dot{\boldsymbol{\varepsilon}}) + \boldsymbol{K}_{da}\boldsymbol{\varepsilon} \\
& = I_a^*\ddot{\boldsymbol{\sigma}} - I_a^*\ddot{\boldsymbol{\sigma}}_r + (C_a^*(\boldsymbol{\sigma}, \dot{\boldsymbol{\sigma}})\dot{\boldsymbol{\varepsilon}}) + \boldsymbol{K}_{da}\boldsymbol{\varepsilon}
\end{aligned}
\tag{4.65}
$$

式 (4.65) 的右侧可以写为

$$
(I_a^*\ddot{\boldsymbol{\sigma}} + C_a^*(\boldsymbol{\sigma}, \dot{\boldsymbol{\sigma}})\dot{\boldsymbol{\sigma}}) - (I_a^*\ddot{\boldsymbol{\sigma}}_r + C_a^*(\boldsymbol{\sigma}, \dot{\boldsymbol{\sigma}})\boldsymbol{\sigma}_r) + \boldsymbol{C}_{da}\dot{\boldsymbol{\varepsilon}} + \boldsymbol{K}_{da}\boldsymbol{\varepsilon}
\tag{4.66}
$$

从式 (4.54) 和类似式 (4.63) 的 Y_a 构成, 可将式 (4.65) 的右侧进一步写为

$$
P_a^{\mathrm{T}}\boldsymbol{M} - Y_a(\boldsymbol{\sigma}, \dot{\boldsymbol{\sigma}}, \dot{\boldsymbol{\sigma}}_r, \ddot{\boldsymbol{\sigma}}_r)\boldsymbol{\theta} + \boldsymbol{C}_{da}\dot{\boldsymbol{\varepsilon}} + \boldsymbol{K}_{da}\boldsymbol{\varepsilon}
\tag{4.67}
$$

从前面的方程可以很清楚地得出控制律为

$$
\boldsymbol{M} = P_a^{-\mathrm{T}}(Y_a(\boldsymbol{\sigma}, \dot{\boldsymbol{\sigma}}, \dot{\boldsymbol{\sigma}}_r, \ddot{\boldsymbol{\sigma}}_r)\boldsymbol{\theta} - \boldsymbol{C}_{da}\dot{\boldsymbol{\varepsilon}} - \boldsymbol{K}_{da}\boldsymbol{\varepsilon})
\tag{4.68}
$$

这个控制律要求精确知道惯性参数 $\boldsymbol{\theta}$, 但是 $\boldsymbol{\theta}$ 可能从实践中无法得到。所以, 通过使用确定性等价原理, 自适应估计值 $\hat{\boldsymbol{\theta}}$ 被用于控制计算:

$$
\boldsymbol{M} = P_a^{-\mathrm{T}} \left\{ Y_a(\boldsymbol{\sigma}, \dot{\boldsymbol{\sigma}}, \dot{\boldsymbol{\sigma}}_r, \ddot{\boldsymbol{\sigma}}_r)\hat{\boldsymbol{\theta}} - \boldsymbol{C}_{da}\dot{\boldsymbol{\varepsilon}} - \boldsymbol{K}_{da}\boldsymbol{\varepsilon} \right\}
\tag{4.69}
$$

把式 (4.69) 代入式 (4.54), 闭环动力学方程为

$$
I_a^*\ddot{\boldsymbol{\varepsilon}} + (\boldsymbol{C}_{da} + C_a^*(\boldsymbol{\sigma}, \dot{\boldsymbol{\sigma}}))\dot{\boldsymbol{\varepsilon}} + \boldsymbol{K}_{da}\boldsymbol{\varepsilon} = Y_a(\boldsymbol{\sigma}, \dot{\boldsymbol{\sigma}}, \ddot{\boldsymbol{\sigma}})\tilde{\boldsymbol{\theta}}
\tag{4.70}
$$

式中: $\tilde{\boldsymbol{\theta}} = \hat{\boldsymbol{\theta}} - \boldsymbol{\theta}$。

4.5.2　更新律

为了确定 $\hat{\boldsymbol{\theta}}$ 的更新律, 并保证系统的稳定性, 选择以下形式的李雅普诺夫函数, 即

$$V = \frac{1}{2}\dot{\boldsymbol{\varepsilon}}^{\mathrm{T}}\boldsymbol{I}_{\mathrm{a}}^{*}\dot{\boldsymbol{\varepsilon}} + \frac{1}{2}\boldsymbol{\varepsilon}^{\mathrm{T}}\boldsymbol{K}_{da}\boldsymbol{\varepsilon} + \frac{1}{2}\tilde{\boldsymbol{\theta}}^{\mathrm{T}}\boldsymbol{\Gamma}^{-1}\tilde{\boldsymbol{\theta}} \tag{4.71}$$

式中: $\boldsymbol{\Gamma}^{-1}$ 为对称正定矩阵。

取式 (4.71) 的时间导数, 有

$$\begin{cases} \dot{V} = \frac{1}{2}\dot{\boldsymbol{\varepsilon}}^{\mathrm{T}}\boldsymbol{I}_{a}^{*}\dot{\boldsymbol{\varepsilon}} + \dot{\boldsymbol{\varepsilon}}^{\mathrm{T}}\boldsymbol{I}_{a}^{*}\ddot{\boldsymbol{\varepsilon}} + \boldsymbol{\varepsilon}^{\mathrm{T}}\boldsymbol{K}_{da}\boldsymbol{\varepsilon} + \dot{\tilde{\boldsymbol{\theta}}}^{\mathrm{T}}\boldsymbol{\Gamma}^{-1}\tilde{\boldsymbol{\theta}} \\ \dot{V} = \frac{1}{2}\dot{\boldsymbol{\varepsilon}}^{\mathrm{T}}\boldsymbol{I}_{a}^{*}\dot{\boldsymbol{\varepsilon}} + \dot{\boldsymbol{\varepsilon}}^{\mathrm{T}}(\boldsymbol{I}_{a}^{*}\ddot{\boldsymbol{\varepsilon}} + \boldsymbol{K}_{da}\boldsymbol{\varepsilon}) + \dot{\tilde{\boldsymbol{\theta}}}^{\mathrm{T}}\boldsymbol{\Gamma}^{-1}\tilde{\boldsymbol{\theta}} \end{cases} \tag{4.72}$$

代入由式 (4.70) 来的 $\ddot{\boldsymbol{\varepsilon}}$ 表达式, 得

$$\dot{V} = \dot{\boldsymbol{\varepsilon}}^{\mathrm{T}}\left(\frac{1}{2}\dot{\boldsymbol{I}}_{\mathrm{a}}^{*} - \boldsymbol{C}_{\mathrm{a}}^{*}\right)\dot{\boldsymbol{\varepsilon}} - \dot{\boldsymbol{\varepsilon}}^{\mathrm{T}}\boldsymbol{C}_{da}\dot{\boldsymbol{\varepsilon}} + (\boldsymbol{\varepsilon}^{\mathrm{T}}Y(\boldsymbol{\sigma},\dot{\boldsymbol{\sigma}},\dot{\boldsymbol{\sigma}}_{\mathrm{r}},\ddot{\boldsymbol{\sigma}}_{\mathrm{r}}) + \dot{\tilde{\boldsymbol{\theta}}}^{\mathrm{T}}\boldsymbol{\Gamma}^{-1})\tilde{\boldsymbol{\theta}} \tag{4.73}$$

第一项是一个斜对称关系, 并且根据 Subbarao (2001) 可得其值为零。为使最后一项为零, θ 的自适应律应该选择为

$$\dot{\tilde{\boldsymbol{\theta}}} = -\boldsymbol{\Gamma}Y(\boldsymbol{\sigma},\dot{\boldsymbol{\sigma}},\dot{\boldsymbol{\sigma}}_{\mathrm{r}},\ddot{\boldsymbol{\sigma}}_{\mathrm{r}})\dot{\boldsymbol{\varepsilon}} \tag{4.74}$$

意味着

$$\dot{\hat{\boldsymbol{\theta}}} = -\boldsymbol{\Gamma}Y(\boldsymbol{\sigma},\dot{\boldsymbol{\sigma}},\dot{\boldsymbol{\sigma}}_{\mathrm{r}},\ddot{\boldsymbol{\sigma}}_{\mathrm{r}})\dot{\boldsymbol{\varepsilon}} \tag{4.75}$$

由于 θ 为常数, 使用 θ 的自适应控制律, 将李雅普诺夫函数简化为

$$\dot{V} = -\dot{\boldsymbol{\varepsilon}}^{\mathrm{T}}\boldsymbol{C}_{da}\dot{\boldsymbol{\varepsilon}} \leqslant 0 \tag{4.76}$$

4.5.3　稳定性分析

从式 (4.76) 中可以得出 $V > 0$ 和 $\dot{V} \leqslant 0$。李雅普诺夫函数是一个 $\tilde{\theta},\varepsilon,\dot{\varepsilon}$ 的函数, $\dot{V}$ 是 $\dot{\varepsilon}$ 的函数, 因此, $\dot{\varepsilon} \in L_2 \cap L_\infty$。此外, $\tilde{\theta},\varepsilon,\dot{\varepsilon}$ 是有界的。由于 $\sigma_{\mathrm{r}},\dot{\sigma}_{\mathrm{r}},\varepsilon,\dot{\varepsilon}$ 是有界的, $\sigma,\dot{\sigma}$ 和回归矩阵也是有界的, 并且 $\in L_\infty$。因为 $\dot{\varepsilon}$ 是有界的, 所以 ε 是一致连续的。现在从前面的讨论中, 可知 $\ddot{\varepsilon}$ 是有界的, 可推断出, 当 $t \to \infty, \dot{\varepsilon} \to 0$。由于 $V > 0$ 和 $\dot{V} \leqslant 0, \lim_{t \to \infty} V$ 存在。由于 $\lim \dot{\varepsilon} \to 0$ 意味着 $\lim_{t \to \infty} \varepsilon$ 存在。由于 ε 是一致连续的, 引入 Barbalat 引理 (Ioannou and Sun, 1996) 跟踪误差的动态过程是渐近稳定的, 即 $t \to \infty, \varepsilon \to 0$。

4.6 数值示例

4.6.1 目标与范围

目标是使用飞行器模型对于一系列预定的机动动作,演示 A-RLC 架构的学习和航迹跟踪性能。例中的变体翼承担跟随用户指定的参考航迹,并自动改变形状到达预定的空气动力学指标。需要注意的重要一点是只指定航迹,并不指定需要变体成的形状。对于给定的飞行条件,或者对于新飞行条件过渡过程的变体翼形状作为 RL Agent 学习的先验知识。例 1 演示了 A-RLC 架构学习如何进行机翼变形达到指定目标的能力。RL Agent 从多场景学习序列中学习如何从状态空间中任意形状改变到满足指定空气动力学目标的特定形状。例 2 利用两组以前学习过的目标,在不需要附加学习情况下,完成几个不同的新的中间目标。由于最大和最小的升力的形状已经学习了,因此有可能应用这些数据来实现中间级目标,并仍保持良好的航迹跟踪。

4.6.2 例 1:学习新的主要目标

状态空间由形状参数:翼梢弦长 C_t、翼根弦长 C_r、翼展 b 以及前缘后掠角 Λ 组成。

表 4.1 给出了 Agent 学习的两个目标:一个为 0.3±0.05 的最大升力系数,另一个为 0.09±0.05 的最小升力系数。这些目标可以被认为是额定目标。在模拟的过程中,变体翼必须在表 4.1 中列出的指定时间内改变形状,达到额定的空气动力目标,并同时跟踪参考航迹。

表 4.1 气动力目标:例 1

时间/s	C_L
$t \leqslant 40$	0.3±0.05
$40 < t \leqslant 80$	0.09±0.05
$t > 80$	0.3±0.05

图 4.8 所示为平动运动的时间过程。参考航迹要求飞行器先下降,然后改水平,并在一个恒定高度达到平衡状态,随后爬升到指定高度然后再次达到平衡状态。对每个瞬态飞行条件,与空气动力学目标相应的形状都会发生改变。由于航迹只包括了纵向机动,只考虑 u、w 和 θ。不

管形状发生怎样的明显变化, SAMI 的自适应控制器对所有的过渡状态都能够提供良好的跟踪。图 4.9 也显示了对转动状态的良好跟踪, 在形状变化的过程中只有一个小的跟踪误差, 这个误差是由于惯量的变化效应产生的。但控制器能够处理这些惯量变化, 并把跟踪误差调节到零。注意, 形状变化的时间变化率是很大的, 因此, 在变形的过程中系统的动力学也发生改变, 这种改变就造成了过渡过程响应期间的跟踪误差。仿真结果表明, 误差随着形状变化速度的降低而减少。

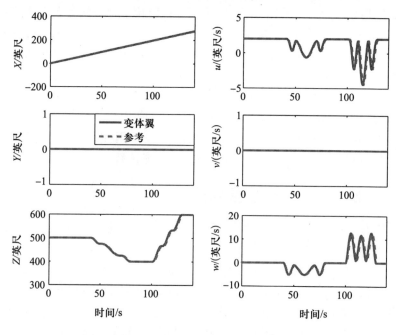

图 4.8　例 1 平动的时间过程[①]

图 4.10 所示为机翼形状的变化。在每个配置下达到稳定状态的延迟响应中, 可以看出 SMA 迟滞动力学效应。当一个变体参数增大时, 缓慢冷却效果体现在缓慢的上升时间和调节时间上。当参数减小时, 快速加热效果就通过快速的上升时间和调节时间来体现。对于初始最大额定升力系数要求, 表 4.2 中列出的形状参数翼梢弦长为 0.5 英尺, 翼根弦长为 4 英尺, 翼展为 10 英尺, 前缘后掠角为 8°。机翼选择这个形状是通过查询存储在 $Q(s,a)$ 中在 $C_L = 0.3 \pm 0.05$ 时的形状学习数据。机翼在 40 s 后查询存储在 $Q(s,a)$ 中 $C_L = 0.09 \pm 0.05$ 时的形状学习数据, 并

---

① 1 英尺 = 0.3048 m。

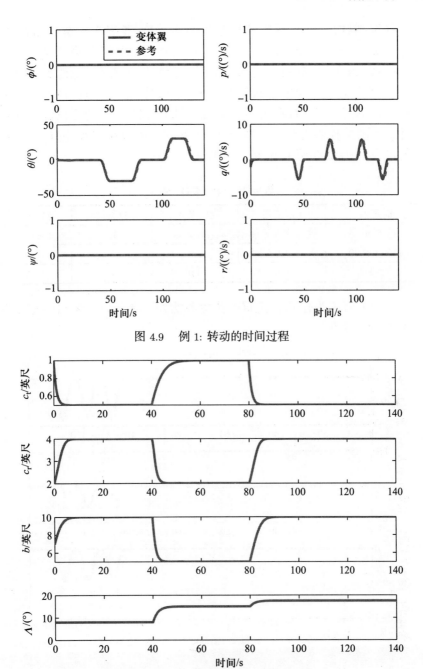

图 4.9　例 1: 转动的时间过程

图 4.10　例 1: 变体/形状的时间过程

且选择翼梢弦长为 1 英尺, 翼根弦长为 2 英尺, 翼展为 5 英尺, 前缘后掠角为 15° 的形状。最后, 在 80 s 后, 机翼再次选择最大升力系数下翼梢弦长为 0.5 英尺, 翼根弦长为 4 英尺, 翼展为 10 英尺, 前缘后掠角为 17.5° 的机翼形状。这个形状与第一个 40 s 时的形状不同, 因为它们的初始状态不同。学习数据告诉机翼如何从状态空间中的任何状态变到与目标范围最接近的形状。由于在 0 s 和 80 s 的机翼构型不同, 所以选择满足目标的最终形状也是不一样的。

表 4.2 变体参数: 例 1

时间/s	C_t/英尺	C_r/英尺	b/英尺	Λ/(°)
$t \leqslant 40$	0.5	4.0	10	8.0
$40 < t \leqslant 80$	1.0	2.0	5	15.0
$t > 80$	0.5	4.0	10	17.5

图 4.11 所示为作用在机翼上的力和力矩。轴向力和法向力随着形状的变化而变化。

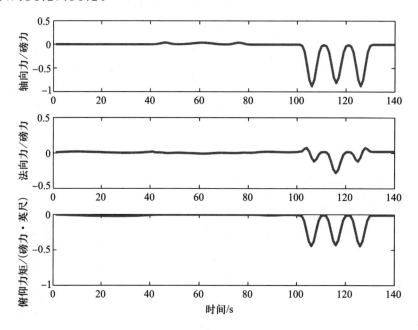

图 4.11　例 1: 作用力[①]

① 1 磅力=0.45 kgf。

4.6.3 例 2: 学习新的中间目标

表 4.3 所示为本例的一系列空气动力学目标。Agent 通过谨慎地选择查询学习数据集来实现这些中间目标。例如: 初始时, 机翼寻求最大升力的配置, 所以就使用最大升力的学习数据。在下一时间步长, Agent 必须找到实现升力系数为 0.2 的配置, 由于机翼从最大升力的配置开始变形, 它可以使用最小升力学习数据, 直到达到升力目标时停止。当机翼需要从最小升力配置变换到升力系数为 0.2 配置时也可以采用类似的选择。

仿真的时间过程如图 4.12～ 图 4.14 所示。图 4.12 中显示了平动的时间过程。参考航迹与例 1 相同, 指定为俯冲和爬升方式。不考虑形状的改变, 自适应控制器对所有平动状态保持了良好的跟踪, 除了在机翼形状变化过程中对高度跟踪有一个很小的稳态误差。图 4.13 也显示了对于转动状态良好的跟踪。在爬升与俯冲的过程, 俯仰姿态角分别指定为 30° 与 −30°。在同一时间步长内, 机翼改变形状。图 4.14 演示了机翼形状的变化, SMA 动态迟滞清晰可见。表 4.4 列出了每个时间段所选择

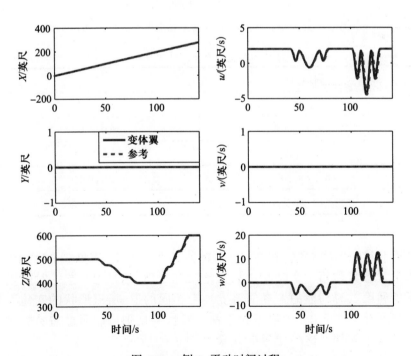

图 4.12 例 2: 平动时间过程

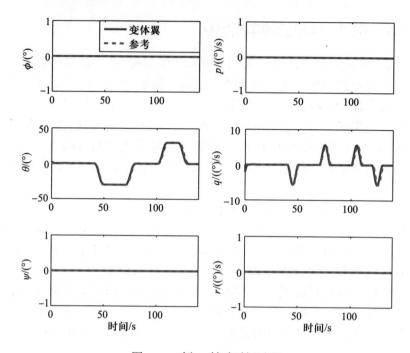

图 4.13 例 2: 转动时间过程

表 4.3 气动力学目标: 例 2

时间/s	C_{L}
$t \leqslant 20$	0.3 ± 0.05
$20 < t \leqslant 40$	0.2 ± 0.05
$40 < t \leqslant 60$	0.09 ± 0.05
$60 < t \leqslant 80$	0.2 ± 0.05
$t > 80$	0.3 ± 0.05

机翼形状的形状参数。虽然 C_{L} 目标值发生了改变，但第二个时间步长的形状参数和第一个时间步长相比没有变化; 这是因为前一时间段的下界和第二时间段的上界的差异具有相同的值，所以形状的变化可以忽略不计。对于 0.2 系数下的配置的形状变化则可以通过初始配置存在差异来解释。这些变形的效果如图 4.15 所示。

需要注意的是跟踪采用的参考航迹是任意选择的, 这里仅演示了巡

表 4.4 变体参数: 例 2

时间/s	C_t/英尺	C_r/英尺	b/英尺	Λ/(°)
$t \leqslant 20$	0.5	4.0	10	8.0
$20 < t \leqslant 40$	0.5	4.0	10	8.0
$40 < t \leqslant 60$	1.0	2.0	5	15.0
$60 < t \leqslant 80$	0.5	4.0	6	15.0
$t > 80$	0.5	4.0	10	17.5

航、爬升、俯冲 3 种飞行条件。这个航迹并非是为这些飞行条件设计的优化航迹。这项工作扩展后将包括更为真实的参考航迹, 这将会更多地了解变体翼的形状变化率的最大限制。

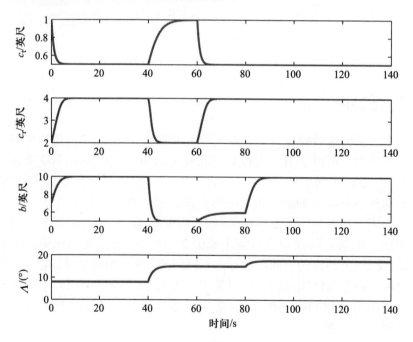

图 4.14 例 2: 变体/形状时间过程

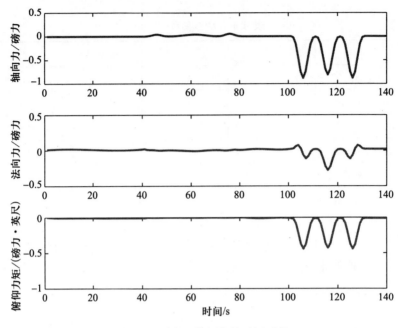

图 4.15　例 2: 作用力的时间过程

4.7　总结

本章详细地研究了自适应强化学习控制器, 并应用于使用智能驱动器的变体翼。探讨了引起飞行器形状改变的瞬态飞行条件下控制器跟踪性能。给出了两个例子, 第一个例子演示了自适应强化学习控制器通过采用两组已学习的形状指令能够指挥并控制各种飞行条件下的转换, 不论作用力和惯量的时变性如何, 跟踪误差都很小。第二个例子演示了利用从一组指定的预定义目标生成的学习数据, 可以成功地完成不在原始目标组中的新的中间级目标, 且不需要从规则中再学习。第二个例子使用了两组最极端的原始学习数据。总之, 两个例子表明对于控制变体翼飞机的形状和航迹跟踪, 自适应增强学习控制器及其相关结构是一个理想的选择。

致谢

本项工作得到了以下机构的赞助 (部分): 美国空军科研办公室, 根据授权/合同号 FA9550-08-1-0038 的技术指导 Scott Wells 博士、William M. McEneaney 博士和 Fariba Fahroo 博士; NASA 技术指导 Mark Hammerschmidt; 以及美国国家科学基金会研究生研究奖学金。本章包含的观点和结论属于这些作者, 不应理解为直接或暗示为美国空军科研办公室、NASA、美国国家科学基金会或美国政府的官方或官方批准的意见。

参考文献

[1] Abdulrahim M and Lind R 2005 Control and simulation of a multi-role morphing micro air vehicle. In *AIAA Guidance, Navigation, and Control Conference and Exhibit*, number AIAA-2005-6481, San Francisco, CA, 15–18 August.

[2] Ahmed J, Coppola VT, and Bernstein DS 1998 Adaptive asymptotic tracking of spacecraft attitude motion with inertia matrix identification. *Journal of Guidance, Control, and Dynamics*, 21(5): 684–691.

[3] Bellman RE 1957 *Dynamic Programming*. Princeton University Press, Princeton, NJ.

[4] Bellman RE and Dreyfus SE 1962 *Applied Dynamic Programming*. Princeton University Press, Princeton, NJ.

[5] Bellman RE and Kalaba RE 1965 *Dynamic Programming and Modern Control Theory*. Academic Press, New York.

[6] Boone G 1997 Minimum-time control of the acrobot. In *International Conference on Robotics and Automation*. Albuquerque, NM, IEEE, pp. 3281–3287.

[7] Boothe B, Fitzpatrick K, and Lind R 2005 Controllers for disturbance rejection for a linear input-varying class of morphing aircraft. In *AIAA/ASME/ASCE/AHS/ASC Structures, Structural Dynamics & Materials Conference*, number AIAA-2005-2374, Austin, TX, 18–21 April.

[8] Bowman J, Weisshaar T and Sanders B 2002 Evaluating the impact of morphing technologies on aircraft performance. In *43rd AIAA/ASME/ASCE/AHS/ASC Structures, Structural Dynamics, and Materials Conference*, number AIAA-2002-1631, Denver, CO, 22–25 April.

[9] DeJong G and Spong MW 1994 Swinging up the acrobot: An example of intelligent control. In *Proceedings of the American Control Conference*. American Automatic Control Council, pp. 2158–2162.

[10] Ioannou PA and Sun J 1996 *Robust Adaptive Control.* Prentice-Hall, Inc., Upper Saddle River, New Jersey, pp. 10–11.

[11] Katz J and Plotkin A 2001 *Low Speed Aerodynamics.* 2nd edn. Cambridge University Press, Cambridge, pp. 206–217.

[12] Kirkpatrick K 2009 Reinforcement learning for active length control and hysteresis characterization of shape memory alloys. Master's thesis, Aerospace Engineering Department, Texas A&M University.

[13] Lagoudas DC ed. 2008 *Shape Memory Alloys: Modeling and Engineering Applications.* Springer Science+Business Media, LLC, New York.

[14] Marwaha M and Valasek J 2011 Fault tolerant control allocation for Mars entry vehicle using adaptive control. *International Journal of Adaptive Control and Signal Processing*, 25(2): 95–113.

[15] Mitchell TM 1997 *Machine Learning.* The McGraw-Hill Companies, Inc., Boston, MA.

[16] Moran J 1984 *An Introduction to Theoretical and Computational Aerodynamics.* JohnWiley & Sons, Ltd, Chichester, pp. 126–128.

[17] Niksch A 2009 Morphing airfoil and wing models with aerodynamic and structural effects. Master's thesis, Aerospace Engineering Department, Texas A&M University.

[18] Restrepo C and Valasek J 2008 Structured adaptive model inversion controller for mars atmospheric flight. *Journal of Guidance, Control, and Dynamics*, 31 (4): 937–953.

[19] Roskam, J 1989 *Airplane Design Part 1: Preliminary Sizing of Airplanes.* Roskam Aviation and Engineering Corporation, pp. 118–127.

[20] Scott MA, Montgomery RC and Weston RP 1998 Subsonic maneuvering effectiveness of high performance aircraft which employ quasi-static shape change devices. In *Proceedings of the SPIE 5th Annual International Symposium on Structures and Materials*, San Diego, CA, 1–6 March.

[21] Subbarao K 2001 Structured adaptive model inversion: theory and applications to trajectory tracking for non-linear dynamical systems. PhD thesis, Aerospace Engineering Department, Texas A&M University, College Station, TX.

[22] Subbarao K, Steinberg M, and Junkins JL 2001 Structured adaptive model inversion applied to tracking aggressive aircraft maneuvers. In *Proceedings of the AIAA Guidance, Navigation and Control Conference*, number AIAA-

2002-4456, Montreal, Canada, 6–9 August.

[23] Subbarao K, Verma A, and Junkins JL 2000 Structured adaptive model inversion applied to tracking spacecraft maneuvers. In *Proceedings of the AAS/AIAA Space flight Mechanics Meeting*, number AAS-00-202, Clearwater, FL, 23–26 January.

[24] Sutton RS 1988 Learning to predict by the method of temporal differences. *Machine Learning*, 3(1): 9–44.

[25] Sutton RS 1995 Generalization in reinforcement learning: Successful examples using sparse coarse coding. In DS Touretzky, MC Mozer, and ME Hasselmo, eds., *Advances in Neural Information Processing Systems: Proceedings of the 1995 Conference*. MIT Press, Cambridge, MA, pp. 1038–1044.

[26] Sutton R and Barto A 1998 *Reinforcement Learning: An Introduction*. MIT Press, Cambridge, MA.

[27] Tandale MD and Valasek J 2004 Adaptive dynamic inversion control with actuator saturation constraints applied to tracking spacecraft maneuvers. *Journal of the Astronautical Sciences*, 54(4): 517–530.

[28] Tandale MD and Valasek J 2006 Fault tolerant structured adaptive model inversion control. Journal of Guidance, Control, and Dynamics, 29(3): 635–642.

[29] Tandale MD and Valasek J 2007 Solutions for handling control position bounds in adaptive dynamic inversion controlled satellites. *Journal of the Astronautical Sciences*, 55(2): 517–530.

[30] Valasek J, Doebbler J, Tandale M, and Meade A 2008 Improved adaptive-reinforcement learning control for morphing unmanned air vehicles. *IEEE Transactions on Systems, Man, and Cybernetics: Part B*, 38(4): 1014–1020.

[31] Valasek J, Tandale M, and Rong J 2005 A reinforcement learning-adaptive control architecture for morphing. *Journal of Aerospace Computing, Information, and Communication*, 2(4): 174–195.

[32] Waram, T 1993 *Actuator Design Using Shape Memory Alloys*. Hamilton, Ontario, T.C. Waram.

[33] Watkins CJCH and Dayan P 1989 Learning from delayed rewards. PhD thesis, University of Cambridge.

[34] Williams RJ and Baird LC 1993 *Analysis of Some Incremental Variants of Policy Iterations: First Steps Toward Understanding Actor-Critic Learning Systems*. Technical Report NU-CCS-93-11, Boston.

第 5 章

变体飞行器建模与仿真

Borna Obradovic and Kamesh Subbarao
美国得克萨斯大学阿灵顿分校

5.1　简介

　　飞行仿真是变体飞行器设计过程中的关键一步, 特别是设计的早期阶段, 全机的飞行动力学与空气动力学的高效仿真方法是十分必要的。本章主要分析了适用于变体飞行器的全机、非线性飞行仿真的建模方法。变体本身对空气动力学和飞行动力学的建模提出了挑战。对于不同的建模选项, 本书将深入地进行讨论、比较, 并给出选择方法。我们也将仔细地测试变体引起的驱动器负载和因此产生的驱动器功率需求。最后给出对应用于本章模型和方法的变体飞行设计的飞行控制系统分析; 这种控制系统在强调驱动器负载限制的变体应用中十分有用。

5.1.1　鸥形翼飞行器

　　在大量变体翼的现有设计中, 我们选用 "鸥形翼" 飞行器作为研究对象 (也包括柔性变体飞行器的一些讨论)。研究的鸥形翼飞行器如图 5.1 所示; 每个机翼包括两段, 即主翼和小翼。两个翼段的连接采用一个带驱动的圆柱形铰链。此外, 翼根与机身的连接使用相同的铰链, 每个小翼具有副翼特征, 与传统的飞机类似。俯仰和偏航控制使用一对位于飞机后部的 "V" 尾。飞行器的物理特征如表 5.1 所列。

　　鸥形翼飞行器组合了传统控制面 (垂尾和副翼) 与变体机翼。由于

表 5.1 鸥翼飞行器基本属性

长度	2 m
翼展	2 m
面积	0.87 cm^2
质量	50 kg
I_{xx}	10 kg·m^2
I_{yy}	17 kg·m^2
I_{zz}	11 kg·m^2
I_{xz}	-1.8kg·m^2
马赫数 (巡航)	$0.2 \sim 0.25$

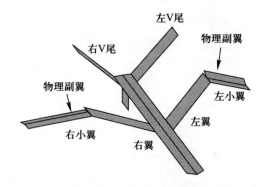

图 5.1　演示变体与副翼驱动器偏转的鸥形翼飞行器

变体可以产生滚转力矩 (在 5.2.3 节中演示), 原则上物理副翼作为冗余, 但是它们对于管理全部驱动器的功率十分有用 (5.6.1 节中说明)。可用的控制面如图 5.2 所示。

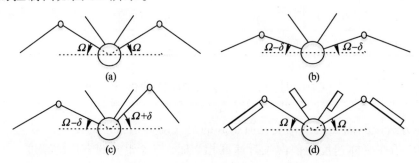

图 5.2　鸥形翼飞行器控制输入示意图

(a) 标准配置; (b) 对称偏转 (变平); (c) 不对称偏转 (变体副翼); (d) 物理副翼与 V 尾。

5.2 变体的空气动力学建模

变体对空气动力学的影响是采用变体的首要原因, 因此空气动力学建模必须尽可能逼真。空气动力学模型必须能够预测在任何变体构型下作用于飞行器上的升力、阻力和力矩。此外如果变体不是准静态的, 则变体运动的效应也要考虑。另外一个关键的考虑因素是需要计算全过程飞行仿真中整条航迹上的空气动力, 这就需要在精度与计算量上做很好的平衡。为此, 需要研究针对不同精度和效率的技术。最常用的方法有各类解析模型 (Nelson, 1998; Stevens and Lewis, 2003; Yechout and Morris, 2003)、流线理论 (Katz and Plotkin, 2001), 稳定和不稳定涡格法 (VLM) (Bertin and Smith, 1979; Katz and Plotkin, 2001), 以及完全纳维 – 斯托克 CFD (NS) (Yue and Wang, 2009)。这些方法对于变体飞行仿真的适用情况如表 5.2 所列。

表 5.2 空气动力学方法的权衡

	解析法	流线	稳态 VLM	非稳态 VLM	NS
CPU 时间	低	低	中等	中等	高
精度	低	低 ~ 中等	中等	中等	高
预测性	低	低	中等	中等	高
快变体	否	否	否	是	是
马赫数	任意 ①	$0.1 < Ma < 0.3$	$0.1 < Ma < 0.3$	$Ma < 0.3$	任意
雷诺数	任意 ①	$Re > 10^5$	$Re > 10^5$	$Re > 10^5$	任意
α, β	任意 ①	小	小	小	任意
① 使用特殊的模型/校正可能, 但一般很难					

在表 5.2 中, CPU 时间是对所需 CPU 资源的定性评估, 精度是指在宽范围飞行/变体条件下, 仿真结果所能达到精度。"预测性能" 指这种方法预测因飞机结构变化所引起的空气动力学特性的变化。"快速变体" 指在变体速度与前向飞行速度相当时, 与之相关的方法的精度。马赫数、雷诺数、α 和 β 指攻角、侧滑角等对给定方法的飞行状态限制。注意我们并没有考虑使用一览表法, 虽然这肯定是一个十分有用的常用方法, 但是变体飞行器所需的一览表大小使得这种方法在早期分析

阶段并不太适用。原因是表格的条目与变体变量数量 (除了控制面和飞行变量) 呈几何级数关系, 使得表格生成需要大量的计算流体动力学 (CFD) 和风洞时间。由于我们更愿意很容易地修改飞行器和控制系统, 查表法也并不是一个好的选择。类似的, 全飞行仿真使用滑动边界的 (由于变形) 的纳维 – 斯托克方程极为耗费 CPU 时间。

在代价谱的另一端, 标准解析模型往往过于简化。由于变体影响未知, 往往需要凭经验校准参数。类似地, 流线理论需要校准展向升力系数, 预测能力低。这使得各种涡格法 (VLM) 成了最可接受的折中解决方案, 因此这里采用涡格法进行研究。

5.2.1 变体的涡格空气动力学

涡格法是层流 (一个用势流函数描述的流体) 问题的数值解法。流体假定为不可压缩流, 无旋 (除了飞行器表面的奇异点), 并且为无黏性的。正因为如此, 它适用于低马赫数, 小攻角下的流体。由于流体是无旋的 (除了飞行器表面的奇异点和尾涡面)。它可以用一个势流函数描述, 即

$$V = \nabla \Phi \tag{5.1}$$

将式 (5.1) 代入稳态连续方程 (密度不变) 得到稳定势流函数:

$$\nabla^2 \Phi = 0 \tag{5.2}$$

流体公式 (式 (5.2)) 本身并不能完全描述流体, 还必须指定问题的边界条件, 所要求的边界条件通过设定式 (5.3) 的 "非渗透条件" 获得, 即空气必须围绕飞行器流动, 而不是穿过飞行器。在远离飞行器处为持续自由流动, 即

$$\hat{n} \cdot \nabla \Phi = 0 \tag{5.3}$$

式中: 符号 $\hat{n}$ 为飞行器表面局部法向量。

这样, 式 (5.3) 需要气流紧贴并平行于飞行器表面流动。

VLM 的基本思想是: 获得式 (5.2) 的解, 该解在满足式 (5.2) 非渗透条件的情况下通过非渗透自由流体的势与一系列离散点源产生的势叠加来构成。选择点源的要点在于满足拉普拉斯方程 (式 (5.2)), 并且通常是奇异点, 如涡或偶极子。

非渗透自由流的势和离散点源势线性组合的系数值由如下方法确定: 式 (5.3) 条件应用于该飞行器表面上有限的配置点 (以下称为控制

点) 的集合, 并解方程组, 解的形式为

$$\phi(x) = \sum_i \Gamma_i \phi_i(x, x_i) + \phi_\infty \tag{5.4}$$

式中: ϕ 为计算的势流; ϕ_i 为第 i 个奇异元素的势; x 为势流估算点; x_i 为第 i 个奇异元素的位置。

需要确定的权重系数用 Γ_i 表示, 将式 (5.4) 代入式 (5.3) 得到线性方程:

$$\sum_i (\hat{\boldsymbol{n}}_i \cdot \nabla \phi_j) \Gamma_j = -\hat{\boldsymbol{n}}_i \cdot \nabla \phi_\infty \tag{5.5}$$

按这种情况, 式 (5.5) 对于准静态流体是有效的。流体速度项没有考虑到一个事实, 即自由流的速度在飞行器上不同控制点是不同的, 这些不同是由于旋转和变体引起的。例如, 飞行器滚转时下降的机翼上自由流体的流速高于上升机翼的流速, 此外局部攻角将变化。类似的, 如果飞行器变体, 并且台体在机体框架内移动。移动台体将经历一个变化的自由流体流速。这可以通过修改非渗透条件将这一因素考虑进去, 即

$$\hat{\boldsymbol{n}}_i \cdot (\nabla \Phi + \nabla \Phi_\infty + [\tilde{\omega}] r_i + \boldsymbol{v}_i) = 0 \tag{5.6}$$

式 (5.6) 中 $[\tilde{\omega}]$ 的值假定为一个涡格代码的输入。平板的位置 r_i 和速度 $\boldsymbol{v}_i$ 同样假定为在其他地方 (5.3 节中讨论) 计算得到并作为涡格模块的输入。这项研究中涡格计算所用的完整方程为

$$\sum_j (\hat{\boldsymbol{n}}_i \cdot \nabla \Phi_j) \Gamma_j = -\hat{\boldsymbol{n}}_i \cdot (\nabla \Phi_\infty + [\tilde{\omega}] r_i + \boldsymbol{v}_i) \tag{5.7}$$

对于一组给定的奇异函数 $\{\phi\}$, 一组给定的控制点 $\{x\}$ 和指定的自由流体条件。式中唯一未知的就是权重系数 $\{\Gamma\}$。式 (5.7) 可以解得权重系数。很明显, 方程可解的条件是控制点的数量与奇异元的数量相同。奇异元的选取与放置点也是建模的问题。除了飞行器表面外, 奇异元也可以设置在飞行器的尾涡。通过式 (5.2) 并不能预测涡流, 但是涡流是存在的, 并可以通过一系列点源来合理建模。

各种涡格法的不同在于奇异元的选择以及尾涡的处理细节的不同。文献中有很多不同的选择项, 各有优缺点, 表 5.3 中仅给出了关键的权衡项。

表 5.3 VLM 奇异元的权衡

项目	马蹄涡	VR	NQS VR	NQS 尾涡 VR
CPU 时间	低	低	低	中等高
三维	否	是	是	是
快速变体	否	否	是	是
注: VR — 涡环; NQS — 非准静态				

5.2.2　力与力矩的计算

所有面元、平台以及整个飞行器的力和力矩可以通过所有平面的洛伦兹力的和计算, 即因此, 有

$$F = \sum_i \rho[\tilde{V}_i]\Gamma_i \tag{5.8}$$

$$\tau_{\text{aero}} = \sum_i \rho[\tilde{r}_i][\tilde{V}_i]\Gamma_i \tag{5.9}$$

式中: $\vec{r}_i$ 为第 i 个面元的位置矢量 (相对机体坐标系的原点)。$\vec{V}_i$ 为第 i 个控制点的气流速度。这里使用的直接方法比基于涡量或流场的方法需要更大的计算量, 但是它可以提供更为详细的气动载荷分布及三维力和力矩的分布信息。

5.2.3　鸥翼变形的空气动力学效应

控制面上的气动力矩的相关性如图 5.3、图 5.4 所示。l、m 和 n 力矩系数指机体 X、Y、Z 轴上的力矩, 图 (a) 为力矩系数与鸥翼角偏转的关系图, 图 (b) 为诱导阻力系数与力矩系数的关系。从图可以看到, 非对称机翼构型产生一个滚转力矩和一个 (明显偏弱) 偏航力矩。这与副翼的作用类似。在相同的偏转角下, 副翼产生的滚转力矩更大。比较图 5.3 和图 5.4 的 Y 轴, 可以看到物理副翼在相同的偏转角情况下, 几乎能产生两倍的空气动力力矩, 但这是以增加诱导阻力为代价的。从图 5.3 和图 5.4 中可以看到, 在相同诱导阻力的情况下, 机翼变形可以产生更大的滚转力矩。此外, 变体对诱导阻力的影响是相当小的 (在一定的角度范围内), 而副翼的偏转对阻力影响很大。应该注意到, 这里仅仅是计算了诱导阻力, 但是预计的情况对于黏性阻力和形阻本质上是一致的。

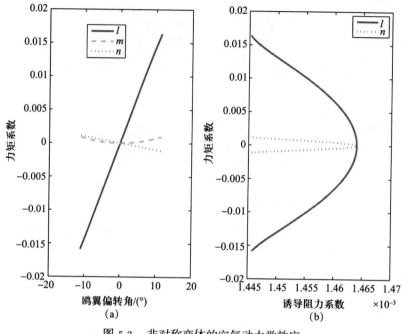

图 5.3 非对称变体的空气动力学效应

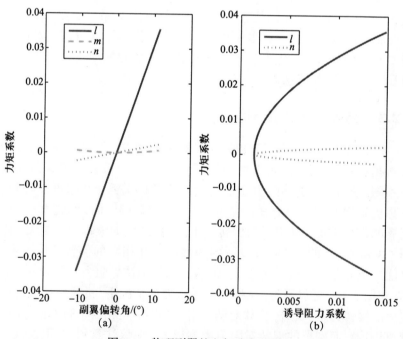

图 5.4 物理副翼的空气动力学效应

5.3 变体的飞行动力学建模

5.3.1 标准方法概述

传统的飞行器动力学建模方法是将飞行器视为一个刚体,这在大多数情况下是合理的,因为只有控制面偏转引起的飞行器微小变形。此外,如果气动弹性效应不考虑,施加荷载所引起的飞行器弹性变形也可以忽略不计。变体飞行器无论如何不能作为刚体来建模,由定义可知,变体产生了大的结构变化,同时,这些变化可能会改变刚体的惯性属性和动力学行为。如果变体很大,或者变形很小但是很快 (这将在 5.3.2 节详细说明),刚体动力学方法将是无效的。要对飞行器行为精确建模,就必须适当考虑到结构的变化。

大量不同复杂程度和计算效率的建模方法被提出并应用。这些方法可以大致分为五大类:

(1) 时间相关惯性张量的刚体动力学。

(2) 变体力和力矩全集的扩展刚体动力学。

(3) 嵌入式多体动力学 (Kane 公式)。

(4) 刚体系统的增强多体动力学 (约束动力学 – CD)。

(5) 柔性系统的增强多体动力学 (柔性约束动力学 – 柔性 CD)。

针对给定问题选择最合适方法的关键考虑因素如下:

(1) 可接受的 CPU 时间。

(2) 具体的变体驱动器或作为伺服约束的变体驱动器。

(3) 离散的连接变体还是连续变体。

(4) 时变或时不变的系统线性化。

权衡的情况汇总在表 5.4 中,从表 5.4 中可以看到,每种方法都有优缺点,CPU 时间是基于每种方法的非线性仿真运行时间的定性评估。快速变体指所用方法对飞行器结构快速变化的精确建模的能力。连续变体用于评估方法是对大尺度连续变体而不是对离散连接变体的建模能力。系统线性化项表示在平衡点是按线性时不变 (LTI) 还是按线性时变 (LTV) 进行线性化。ODE 的数量是指非线性仿真所需微分方程的规模,n 为系统刚体的数量,m 为约束的数量。最后,驱动器模型指定了变体变量是如何处理的。一个完整的驱动器模型包括考虑了变体连接处动态负载的驱动器动力学方程。变体连接的行为虽没有规定,但实际上计算是基于控制输入和负载动力学的。而伺服约束 (Blajer 1997) 规定了驱动器的动力学方程使用一个简单模型, 该模型不是连接器负载的函数, 而只是控制输入 (和驱动器本身状态) 的函数。在效果上, 伺服约束描述了一个具有控制系统的驱动器, 该控制系统模拟一个给定的简单模型的行为, 并提供必要的控制力和力矩跟踪驱动器负载存在情况下的模型行为。所需铰链力和力矩可以作为逆问题来计算, 正如 5.4 节所讨论的。如果不计较计算资源, 则柔性约束动力学方程明显是最有效的解决方案。对于控制系统的迭代设计过程或初步设计研究中, 一个计算效率更高的方法更可取, 具体选择哪种方法取决于问题的类型。

表 5.4   飞行动力学模型的比较

项目	RBD	ERBD	Kane	CD	柔性 CD
CPU 时间	低	低	中等	中等	高
快速变体	否	是	是	是	是
连续变体	是	是	否	否	是
驱动器模型	无	伺服约束	全	全	全
系统线性化	LTV	LTI	LTI	LTI	LTI
ODE 数量	12	$12 + 2n$	$12 + 2n$	$14n + m$	大于 10^3
注: n — 刚体的数量; m — 约束的数量					

1. 时变惯性张量的刚体动力学

时变惯性张量的刚体动力学是一种常用的技术 (Chakravarthy et al., 2009; Davidson et al., 2003; Grant and Lind, 2007; Grant et al., 2003; Niksch et al., 2008, 2009; Valasek et al., 2009; Yue and Wang, 2009), 其主要优点是低 CPU 开销。运动方程是典型的惯性张量随时间明显变化的标准刚体牛顿 – 欧拉系统 (Moon, 2008; Shabana, 2005)。只要飞行器变体速率比最慢的飞行模态速率还要低, 如准静态变化时, 这种方法是合理的。当变体速率较高时, 动力学方程需要校正。常用的校正项是惯性张量的时间导数, 即

$$L \approx [J]\omega \tag{5.10}$$

和

$$\dot{L} = \tau \tag{5.11}$$

式 (5.10) 的时间微分为

$$[J]\dot{\omega} + [\dot{J}]\omega = \tau \tag{5.12}$$

式 (5.12) 通过一个因惯性张量随时间变化率产生的附加项来校正标准欧拉方程。式 (5.12) 是不完备的, 这是因为当式 (5.10) 应用于非刚体时 (在刚体情况下是完全正确的) 该式是近似的。关于非刚体角动量的完整表述将在 5.3.2 节中进行研究。必须指出的是, 由式 (5.12) 提供的校正项是需要考虑在内的一个次重要项 (见 5.2 节证明)。最后, 在这种方法中, 变体驱动器没有建模, 惯性张量的力矩写成明显的时间相关特性形式来表征变体的影响。这种方法的结果是通过在平衡点附近线性化飞行器运动方程得到的一个时变的系统方程 (LTV)。这对控制系统的设计提出了一个挑战性的问题 (Chakravarthy et al., 2009; Grant et al., 2003)。

2. 多体动力学

在复杂度谱的另一端是多种风格的多体动力方法 (Kane and Levinson, 1985; Moon, 2008; Scarlet et al., 2006; Shabana, 2005; Wittenburg, 2002), 这些方法中最简单的是虚功原理或 Kane 方程 (Kane and Levinson, 1985; Moon, 2008)。这种方法应用于刚体系统, 采用虚功准则, 即

$$0 = \delta\dot{r}^{\mathrm{T}} \cdot ([m]\ddot{r} - F) + \delta\dot{\omega}^{\mathrm{T}} \cdot ([J]\omega - M - \tilde{\omega}[J]\omega) \tag{5.13}$$

向量 r 和 ω 分别为重心位置 (CM) 和系统中所有刚体的角速度。为保证使用唯一的独立自由度, r 和 ω 按照广义坐标系 q 来表示, 即

$$\dot{r} = [a_1]\dot{q} + a_{10} \tag{5.14}$$

$$\ddot{r} = [a_1]\ddot{q} + b_1 \tag{5.15}$$

$$\dot{\omega} = [a_2]\dot{q} + a_{20} \tag{5.16}$$

$$\ddot{\omega} = [a_2]\ddot{q} + b_2 \tag{5.17}$$

根据运动关系, 将式 (5.17) 代入式 (5.13), 并认为 $\delta\dot{q}$ 项是独立的, 可以得到最终的 Kane 方程:

$$[A]\ddot{q} - [B] = 0 \tag{5.18}$$

式 (5.18) 看似简单, 但矩阵 $[A]$ 和 $[B]$ 需要在每个步长中反复利用式 (5.17) 的动力学表达式对整个刚体系统进行计算。从表 5.4 可以看到, 由于只使用了独立的自由度, Kane 公式方法只生成少量的常微分方程。相反地, 约束动力学方法使用了大量的相关自由度。在多体系统中每个刚体有 6 个自由度, 除了每个刚体的牛顿 – 欧拉方程, 还要对系统中每个连接建立约束方程, 即

$$
\begin{pmatrix} M & C_q^{\mathrm{T}} \\ C_q & 0 \end{pmatrix} \begin{pmatrix} \ddot{q} \\ \lambda \end{pmatrix} = \begin{pmatrix} Q_e \\ Q_d \end{pmatrix}
\tag{5.19}
$$

式中: M 为广义质量矩阵; Q_e 为广义的作用力 (非约束力); C 为约束方程矩阵; λ 为问题的拉格朗日算子向量 (Shabana, 2005)。

由于这些都是典型的代数方程 (式 (5.19) 中的约束方程) 其结果是一个微分 – 代数方程组 (DAE), 而不是更为直接的常微分方程组。常微分方程组的底层系统可以通过反复微分获得 (Fox et al., 2000)。所以其结果是一个由式 (5.20) 给出的大稀疏方程组, 即

$$
\begin{pmatrix} I & 0 & 0 \\ 0 & M & \left(\dfrac{\partial C}{\partial q}\right)^{\mathrm{T}} \\ 0 & \left(\dfrac{\partial C}{\partial q}\right) & 0 \end{pmatrix} \begin{pmatrix} \dot{q} \\ \dot{v} \\ \dot{\mu} \end{pmatrix} = \begin{pmatrix} v \\ Q_e \\ -(C_q \dot{q})_q \dot{q} - 2C_{qt}\dot{q} - C_{tt} \end{pmatrix}
\tag{5.20}
$$

注意: 因为约束方程已经变成微分形式, 并以有限精度进行积分, 约束条件是近似满足的。相对于其他方法, 约束动力学的主要优点是可以比较容易地应用于弹性体。

5.3.2　扩展刚体动力学

扩展刚体动力学 (ERBD) (Obradovic, 2009; Obradovic and Subbarao, 2006) 是在刚体动力学方法的简单性与多体动力学方法复杂性及 CPU 时间消耗上的折中处理。该方法的关键特点是使用伺服约束, 并适用于离散连接和连续变形。ERBD 公式的最终形式是刚体牛顿 – 欧拉方程组, 并用变体力和力矩进行校正; 这在某种程度上类似在非惯性参考系中引入科里奥利力、横向力和离心力。运动方程是固联在多体 (或柔体) 飞行器机体上的一个固定点 (通常是机身上的一个点) 的参考机体坐标系上推导出来的。如图 5.5 所示, 机翼 (或其他变体部件) 的变体运动, 在该坐标系中描述。我们现在开始推导这个系统的牛顿 – 欧拉方程。

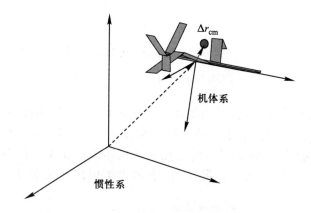

图 5.5　机身固联机体坐标系中物理重心的位移

1. 变体转动运动方程

为推导合适的运动方程 (EOM), 我们从惯性坐标系中的转动动力学开始, 有 (Goldstein, 2001) 得出的结果:

$$\boldsymbol{\tau}_{\text{ext}} = \dot{\boldsymbol{h}} + m\Delta\tilde{\boldsymbol{r}}_{\text{cm}}\dot{\boldsymbol{V}}_{\text{f}} \tag{5.21}$$

式中: $\boldsymbol{\tau}_{\text{ext}}$ 为总的作用力矩; m 为飞行器总质量; $\Delta\tilde{\boldsymbol{r}}_{\text{cm}}$ 为质心距机体系原点的位移 (成反对称矩阵形式); $\dot{\boldsymbol{V}}_{\text{f}}$ 为机体系原点在惯性系中的速度, 机体系的角动量可以表示为

$$\boldsymbol{h} = \int \tilde{\boldsymbol{r}}([\tilde{\omega}]\boldsymbol{r} + \boldsymbol{v}')\mathrm{d}m = [J]\boldsymbol{\omega} + \int \tilde{r}\boldsymbol{v}'\mathrm{d}m \tag{5.22}$$

式中: 积分区间为飞行器的总质量; $[\tilde{r}]$ 为质量单元 $\mathrm{d}m$ 位置的反对称阵形式; $[\tilde{\omega}]$ 是机体系角速度的反对称阵形式; $\boldsymbol{v}'$ 为机体质量单元 $\mathrm{d}m$ 的变体诱导速度。

对于变体飞行器最后一个速度项是唯一的, 因此积分只在式 (5.22) 的右侧; $[J]\boldsymbol{\omega}$ 项为刚体角动量的标准简化表达式。机体系中角动量的变化率可以表示为

$$[J]\dot{\boldsymbol{\omega}} + [\dot{J}]\dot{\boldsymbol{\omega}} + \int ([\tilde{\dot{r}}]\boldsymbol{v}' + [\tilde{r}]\dot{\boldsymbol{v}}'\mathrm{d}m + [\varpi][J]\boldsymbol{\omega} + [\tilde{\omega}]\int[\tilde{r}]\boldsymbol{v}'\mathrm{d}m$$
$$= \boldsymbol{\tau}_{\text{ext}} - m\Delta[\tilde{r}_{\text{cm}}](\boldsymbol{V}_{\text{f}} + [\varpi]\boldsymbol{v}_{\text{f}}) \tag{5.23}$$

式 (5.23) 左边第一项的积分为零, 只剩下机体系中变体飞行器的旋

转运动方程, 即

$$[J]\dot{\boldsymbol{\omega}} = \boldsymbol{\tau}_{\text{ext}} - [\tilde{\omega}][J]\boldsymbol{\omega} - ([\dot{J}]\boldsymbol{\omega} + m[\Delta\tilde{r}_{\text{cm}}](\dot{\boldsymbol{V}}_{\text{f}} + [\tilde{\omega}]\boldsymbol{V}_{\text{f}})$$
$$+ [\tilde{\omega}]\int[\tilde{r}]\boldsymbol{v}'\mathrm{d}m + \int[\tilde{r}]\dot{\boldsymbol{v}}'\mathrm{d}m) \tag{5.24}$$

式 (5.24) 中 RHS 括号内的项为在刚体运动牛顿 – 欧拉方程中未出现的力矩 (在本研究中指变体力矩)。明确地说, 它们是由于相对机体系原点 CM 的位移、转动惯量的变化率和机体质量在飞行器内部的运动产生的。为了后续章节的紧凑性, 变体力矩可以记为如下表达式:

$$\boldsymbol{M}_1 = -[\dot{J}]\boldsymbol{\omega} \tag{5.25}$$

$$\boldsymbol{M}_2 = -m\Delta[\tilde{r}_{\text{cm}}] \cdot (\dot{\boldsymbol{V}}_{\text{f}} + [\tilde{\omega}]\boldsymbol{V}_{\text{f}}) \tag{5.26}$$

$$\boldsymbol{M}_3 = -[\tilde{\omega}]\int[\tilde{r}]\boldsymbol{v}'\mathrm{d}m \tag{5.27}$$

$$\boldsymbol{M}_4 = -\int[\tilde{r}]\dot{\boldsymbol{v}}'\mathrm{d}m \tag{5.28}$$

对于刚体这一特殊形式, 变体力矩为零, 惯性张量为常数, 旋转动力学方程变回到欧拉方程。最后两项包括了非平凡积分。尽管一般变体需要数值解法, 但在简单情况下可做解析解。各类变体力矩相对重要性取决于飞行器和飞行条件。5.5 节将详细研究几种变体诱导变化。

2. 变体的平移运动方程

平移运动方程与旋转运动方程处理方法类似。CM 并不固定在机体系的原点, CM 在惯性系中的位移、速度和加速度可以写为

$$\boldsymbol{R}_{\text{cm}} = \boldsymbol{R}_{\text{f}} + \Delta\boldsymbol{r}_{\text{cm}} \tag{5.29}$$

$$\boldsymbol{V}_{\text{cm}} = \boldsymbol{V}_{\text{f}} + \Delta\dot{\boldsymbol{r}}_{\text{cm}} + [\tilde{\omega}]\boldsymbol{r}_{\text{cm}} \tag{5.30}$$

$$\dot{\boldsymbol{V}}_{\text{cm}} = \frac{\boldsymbol{F}_{\text{ext}}}{m} + \boldsymbol{g} \tag{5.31}$$

$$\dot{\boldsymbol{V}}_{\text{cm}} = \dot{\boldsymbol{V}}_{\text{f}} + [\tilde{\omega}]\boldsymbol{V}_{\text{f}} + \Delta\ddot{\boldsymbol{r}}_{\text{cm}} + 2[\tilde{\omega}]\dot{\boldsymbol{r}}_{\text{cm}} + [\dot{\tilde{\omega}}]\Delta\boldsymbol{r}_{\text{cm}} + [\tilde{\omega}][\tilde{\omega}]\Delta\boldsymbol{r}_{\text{cm}} \tag{5.32}$$

机体坐标系的原点运动方程为

$$m\dot{\boldsymbol{V}}_{\text{f}} = \boldsymbol{F}_{\text{ext}} + m\boldsymbol{g} - m[\tilde{\omega}]\boldsymbol{V}_{\text{f}} - (m\Delta\ddot{\boldsymbol{r}}_{\text{cm}} + 2m[\tilde{\omega}]\dot{\boldsymbol{r}}_{\text{cm}}$$
$$+ m[\dot{\tilde{\omega}}]\Delta\boldsymbol{r}_{\text{cm}} + m[\tilde{\omega}][\tilde{\omega}]\Delta\boldsymbol{r}_{\text{cm}}) \tag{5.33}$$

与转动运动动力学方程一样, 平动动力学方程与标准刚体方程相比也出现了一些附加项 (如式 (5.33) 小括号中的项)。附加项取决于 CM

的位移 (相对机体系原点) 及其一阶、二阶导数。与变体力矩的情况一样, 定义变体力如下:

$$F_1 = -m\Delta\ddot{r}_{cm} \tag{5.34}$$

$$F_2 = -2m[\tilde{\omega}]\Delta\dot{r}_{cm} \tag{5.35}$$

$$F_3 = -m[\dot{\tilde{\omega}}]\Delta r_{cm} \tag{5.36}$$

$$F_4 = -m[\tilde{\omega}][\tilde{\omega}]\Delta r_{cm}) \tag{5.37}$$

相比转动方程, 平动方程比较简单, 因为变体力并不涉及对飞行器体积的积分, 而只包括 CM 的位移项。

5.3.3　变体建模

在 ERBD 方法中, 变体根据质量在机体系内的运动建模。质量的运动可以通过离散的带驱动的铰链或机体部件的连续变形实现。不论哪种方式, 都必须要计算出以下几组量:

(1) 机体系中 CM 的位置、速度和加速度。

(2) 机体系中计算飞行器离散构成面元组的位置、速度和加速度。

(3) 机体系中的瞬时惯性张量及其导数。

注意飞行器构成面的位置和速度的计算也需要涡格计算。当联合使用涡格空气动力学方法, ERBD 增加了加速度和惯性张量的计算, 也从 VLM 中继承了很多其他的计算。

驱动器的偏转 (无论是驱动离散的铰接还是连续变形) 都不能瞬时产生。在 5.4 节中将可以看到, 偏转速率极大地影响所需的力矩和功率, 并最终确定一个给定变体配置的可行性, 因此有必要建立驱动器的动力学模型。最后, 引入驱动器位移的状态变量 $\{q_1, q_2, \cdots, q_n\}$。这是系统的广义坐标系, 可以表示离散的转动、平动或参数化的连续变形。由于平动动力学方程包括了 CM 位移的二阶导数 (其本身也是配置变量的函数)。我们需要一个二阶系统来描述每个配置变量的动态过程。因此, 定义状态变量 $\{p_1, p_2, \cdots, p_n\}$, 有 $p_i = \dot{q}_i$。期望的或控制的输入序列为 $\{q_{c1}, q_{c2}, \cdots, q_{cn}\}$。适用的二阶系统可以简单表示为

$$\dot{p}_i = -2\xi_i\omega_i p_i - \omega_i^2(q_i - q_{ci}) \tag{5.38}$$

$$\dot{q}_i = p_i \tag{5.39}$$

参数 ξ_i 和 ω_i 用于模拟特定偏转的延迟。一旦定义了驱动器的动力

学特性, 就可能计算所需的运动学及动力学参数。特别是 CM 的瞬时坐标可以很简单地得到:

$$\boldsymbol{r}_{\mathrm{CM}} = \frac{1}{m} \sum_i \boldsymbol{r}_i m_i \tag{5.40}$$

式中: $\boldsymbol{r}_i$ 为飞行器 (包括机身) 第 i 个组成平面的质心位置。

每个平面的 CM 位置在面元发生转动、平动和拉伸时要进行更新。瞬时转动惯量为

$$[J'] = [[R_i]^{\mathrm{T}}[J_i][R_i] + m_i[\Delta \tilde{r}_i][\Delta \tilde{r}_i]^{\mathrm{T}}] \tag{5.41}$$

式中: $[J']$ 为机体瞬时转动惯量; J_i 为第 i 个平面在参考位置 (先于转动和平动) 的转动惯量; m_i 为第 i 个平面的质量; $[R_i]$ 是第 i 个平面相对惯性系的转动矩阵; $[\Delta \tilde{r}_i]$ 为第 i 个平面质心的位置。

运动方程需要计算 CM 的一阶和二阶导数, 面元的坐标以及转动惯量的一阶导数。由于飞行器的复杂程度是任意的, 所以解析的方法是不适用的, 因而导数采用数值计算。无论如何, 重要的是要避免使用有限的时间微分来获得导数, 这将引入一个与时间步长相关的截断误差, 从而增大 ODE 步长的截断误差。取而代之的是导数计算方法按下式计算 ($\boldsymbol{x}_i$ 表示一个面元或 CM 的坐标向量)。

$$\boldsymbol{x}_i = \boldsymbol{x}_i(q_1, q_2, \cdots, q_n) \tag{5.42}$$

$$\dot{\boldsymbol{x}}_i = \sum_k \frac{\partial \boldsymbol{x}_i}{\partial q_k} \dot{q}_k \tag{5.43}$$

$$\ddot{\boldsymbol{x}}_i = \dot{\boldsymbol{q}}^{\mathrm{T}}[H_i]\dot{\boldsymbol{q}} + \sum_k \frac{\partial \boldsymbol{x}_i}{\partial q_k} \ddot{q}_k \tag{5.44}$$

其中: 海赛项 $[H_i]$ 定义为

$$[H_i]_{ik} = \sum_k \frac{\partial \boldsymbol{x}_i}{\partial q_j \partial q_k} \tag{5.45}$$

注意, 式 (5.44) 与式 (5.45) 中 $[H_i]$ 矩阵的每个元素都是三维向量。类似的惯性张量的时间导数可以表示为

$$\frac{\mathrm{d}[J]}{\mathrm{d}t} = \sum_n \frac{\partial[J]}{\partial q_n} \dot{q}_n \tag{5.46}$$

这样面元坐标、平台和飞行器质心以及惯性张量分量的计算使用仅与驱动器位置相关的变量进行数值微分, 这有效地计算了独立坐标系 q

的虚拟位移。时间导数隐含在状态变量 q_i 中。由于驱动器运动学变量的数值导数的精度独立于局部 ODE 积分时间步长 Δt。Δt 的局部截断误差的阶数不会改变。关于驱动器位置的雅可比矩阵的计算通过在每个时间步长中计算一组虚拟的驱动器位移,并使用中间微分来计算导数值。这只产生很小的计算开销,最后两个变体力矩需要采用数值积分,即

$$M_3 = [\tilde{\omega}] \int [\tilde{r}] v' \mathrm{d}m \approx [\tilde{\omega}] \sum_i [\tilde{r}]_i v'_i \Delta m_i \qquad (5.47)$$

$$M_4 = \int [\tilde{r}] \dot{v}' \mathrm{d}m \approx \sum_i [\tilde{r}_i] \dot{v}'_i \Delta m_i \qquad (5.48)$$

积分内的项是飞行器质量单元的位置和速度。由于对一个任意飞行器没有一个该积分的封闭解,M_3 和 M_4 的值在每个时间步长通过数值解获得。运动平面的自然离散可应用于涡格的网状结构,然而这意味着大量的速度和加速度计算。因此,将涡格面元组合成数量较少的更大的梯形面元。这些形状的质心位置、速度、加速度随后应用于计算 M_3 和 M_4。数值测试表明,M_3 和 M_4 的值在每个平面少于 6~8 块面元时收敛。速度和加速度通过使用式 (5.43) 和式 (5.44) 基于位置计算。

ERBD 方法的一个必要步骤是由变体产生的位移雅可比矩阵和海赛矩阵,其一般过程如图 5.6 所示,该过程是基于假设飞行器结构为树状结构。

算法可以总结如下:

(1) 循环遍历全部驱动器的变化状态。

(2) 对每个变化的驱动器,递归更新驱动器下所有分支。

(3) 对每个驱动器应用虚拟位移,重新计算面元位置。

(4) 从面元虚拟位置,计算雅可比项和海赛项。

注意,如果变形可以使用解析描述,则雅可比项和海赛项可以用符号计算;如果飞行器变体的面元数量很大,这一点特别有用,如在连续变体的情况下。连续变体在柔性机翼飞行器中进行了演示,其机翼可变形状如图 5.7 所示。

一个柔性变体结构,如图 5.7 所示的,使用解析法处理最简单。按照伺服约束的原则,变体形状采用两个参数实现参数化 (在本例中),这点与柔性约束动力学的方法相反。在柔性约束动力学中很多有限元自由度。机翼形状通过作为弧长函数的机翼切线角来描述。变体时假定机翼总长不变,在机体坐标系中,机翼在坐标轴 Y 轴方向,向 Z 轴方向上弯曲。翼根角 q_0 和角 q_1 的弧长变化率用于对机翼变形参数化。机翼

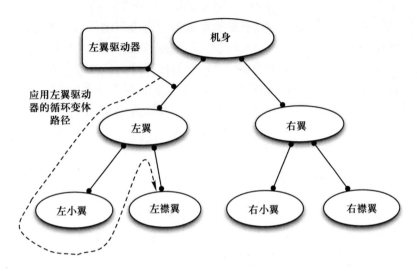

图 5.6 变体应用的深度优化递归算法

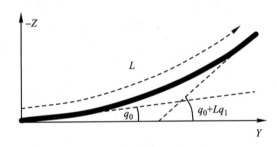

图 5.7 二参数柔性变体翼

形状的微分方程表示为

$$\frac{dz}{ds} = \sin(q_0 + q_1 s) \tag{5.49}$$

$$\frac{dx}{ds} = \cos(q_0 + q_1 s) \tag{5.50}$$

sin 和 cos 函数的参数为机翼在展向坐标 S (沿弧长测量) 处的角偏转。驱动器变量 $\{q_0, q_1\}$ 使用线性二阶系统建模, 由式 (5.38) 和式 (5.39) 给出。机翼变体式 (5.50) 可以进行解析解, 并得到机翼瞬时形状:

$$z(s) = \frac{\cos(q_0) - \cos(q_0 + q_1 s)}{q_1} \tag{5.51}$$

$$y(s) = \frac{\sin(q_0) - \sin(q_0 + q_1 s)}{q_1} \tag{5.52}$$

式 (5.52) 中在 $q_1 = 0$ 处的奇点可以移动, $q_1 = 0$ 附近的泰勒级数展开式的分子作为 q_1 的小量。变体翼的解析公式 (式 (5.52)) 可以直接用于计算变体力矩 M_3 和 M_4 (以及其他的量如 CM 位移等)。5.5 节中将演示最明显的变体项是变体力矩 M_4, 所以下面在柔性翼的范围内对 M_4 进行更详细的分析。机翼上一个点机体加速度可以表示为

$$\dot{v}' = \begin{pmatrix} 0 \\ \dfrac{\mathrm{d}^2 y}{\mathrm{d}t^2} \\ \dfrac{\mathrm{d}^2 z}{\mathrm{d}t^2} \end{pmatrix} = \begin{pmatrix} 0 \\ J_y \ddot{q} + \dot{q}^{\mathrm{T}} [H_y] \dot{q} \\ J_z \ddot{q} + \dot{q}^{\mathrm{T}} [H_z] \dot{q} \end{pmatrix} \tag{5.53}$$

式中: J 和 H 项定义为雅可比项和海赛项, 即

$$J_i = \frac{\partial r_i}{\partial q} \tag{5.54}$$

$$^{nm}[H]_i = \frac{\partial^2 r_i}{\partial q_n \partial q_m} \tag{5.55}$$

式 (5.55) 中, 雅可比项和海赛项仅仅是弧长参数的函数, 并可以通过式 (5.52) 解析计算。随后可得变体力矩 M_4 为

$$M_4 = \int [\tilde{r}] \dot{v}' \mathrm{d}m = \begin{pmatrix} \displaystyle\int (y J_z - z J_y) \mathrm{d}m \ddot{q} + \dot{q}^{\mathrm{T}} \int (y[H_z] - z[H_y]) \mathrm{d}m \dot{q} \\ \displaystyle\int (-x J_z) \mathrm{d}m \ddot{q} + \dot{q}^{\mathrm{T}} \int (-x[H_z]) \mathrm{d}m \dot{q} \\ \displaystyle\int (x J_y) \mathrm{d}m \ddot{q} + \dot{q}^{\mathrm{T}} \int (x[H_y]) \mathrm{d}m \dot{q} \end{pmatrix} \tag{5.56}$$

对于一个在 $Y - Z$ 平面变体的机翼 (图 5.7), 式 (5.56) 是对变体力矩 M_4 的一般表达式, 由于变体表达式是解析的, 式 (5.56) 中所有项都可以按闭合形式估计。虽然这有点繁琐, 但它的计算效率高, 而且只需要一次。预估 5.5 节的数值结果, 我们希望 M_4 受 X 方向上二阶时间微分项支配 (对于快速变体, 二阶微分项往往占主导, 且质量单元沿 Y 轴方向积分表示为 y 乘积项), 因此, M_4 的近似解析表达式适用于一阶变形, 即

$$M_4 = \hat{x} \int_0^L y[J_z] \ddot{q} \rho W \mathrm{d}y = \hat{x} m_w \frac{L}{2} (\cos(q_0) \ddot{q}_0 + \sin(q_0) \ddot{q}_1) \tag{5.57}$$

式中: m_w 为机翼的总质量, L 为翼展, 使用广义坐标 q_2, q_3, 左翼可以提供额外作用。

为获得直观的认识, 通过考虑式 (5.56) 中最主要的项, 得到降为一阶系统的式 (5.57); 式 (5.56) 的完整表达形式用于数值计算。

ERBD 对这种类型问题而言是十分有用的理论分析工具, 但尝试利用柔性约束动力学方法提取最重要的项用于近似分析并不容易。

5.4 驱动器力矩与功率

变体结构中驱动器负载的问题至关重要, 因为过负载和过功率要求使得一个给定的变体结构无法实现。所需的负载有可能超过驱动器的实际承受能力, 或者要通过一个仔细设计的控制系统来将机动飞行过程中的峰值功率降低; 这对于机动飞行或气动弹性控制的 "快" 变体影响很大, 而对于任务优化的平缓变体则影响较小。

从计算的角度看, ERBD 对计算驱动器负载提出了一个有趣的挑战。由于驱动按伺服约束建模, 其动力学方程是已知的, 但所需的力矩和力是未知的, 在 ERBD 环境下, 驱动器负载被表述为一个逆问题。运动方程通过拉格朗日方程来建立。每个驱动器变量 ("变体" 坐标) 指定到一个广义坐标系 q^j。全拉格朗日方程包括一个附加的广义坐标系, 但是变体坐标系是驱动器动力学关注的坐标系。第 j 个驱动器的拉格朗日方程写成如下形式:

$$\frac{\mathrm{d}P^j}{\mathrm{d}t} = \frac{\partial T}{\partial q} + Q^j + Q_{\mathrm{aero}}^j \tag{5.58}$$

式中: Q^j 为与第 j 个广义坐标系 (变体状态变量中的一个) 相关的广义力; P^j 为相关的广义动量; 广义力 Q_{aero}^j 为载荷 (包括重力) 的空气动力学部分, 可以通过涡格法空气动力学直接求解计算。

由于动力学问题是已知的 (所需要的广义力在每个时间步的动力学完成后进行后置处理)。$\dfrac{\mathrm{d}P^j}{\mathrm{d}t}$ 项可以通过状态向量在执行时进行计算。这样, 式 (5.58) 可以简单地重新整理得到用已知 (可计算的) 量来表示的广义驱动器力的表达式, 即

$$Q^j = \frac{\mathrm{d}P^j}{\mathrm{d}t} - \frac{\partial T}{\partial q} - Q_{\mathrm{aero}}^j \tag{5.59}$$

要使用式 (5.59), 还必须获得 $\dfrac{\mathrm{d}P^j}{\mathrm{d}t}$ 和 $\dfrac{\partial T}{\partial q^j}$ 的表达式, 应用广义动量

的定义, 有

$$\frac{\mathrm{d}P^j}{\mathrm{d}t} = \frac{\mathrm{d}}{\mathrm{d}x}\left(\frac{\partial T}{\partial \dot{q}^j}\right) \tag{5.60}$$

拉格朗日方程的动能部分为

$$T = T_\mathrm{f} + \frac{1}{2}\boldsymbol{\omega}^\mathrm{T}[\boldsymbol{J}]\boldsymbol{\omega} + T_\mathrm{morph}(q, \dot{q}) \tag{5.61}$$

式中: T_f 为机体平动的动能; $\frac{1}{2}\boldsymbol{\omega}^\mathrm{T}\boldsymbol{J}\boldsymbol{\omega}$ 为机体转动动能; T_morph 为变体飞行器部件在机体内运动的动能。

具体地, 有

$$T = \int \frac{1}{2}\|\boldsymbol{V}_\mathrm{f} + \boldsymbol{v}\|^2\,\mathrm{d}m = \int \frac{1}{2}\left(\|\boldsymbol{V}_\mathrm{f}\|^2 + \|\boldsymbol{v}\|^2 + 2\boldsymbol{V}_\mathrm{f}\cdot\boldsymbol{v}\right)\mathrm{d}m \tag{5.62}$$

$$T = T_\mathrm{f} + \int \left(\frac{1}{2}\|\boldsymbol{v}\|^2 + \boldsymbol{V}_\mathrm{f}\cdot\boldsymbol{v}\right)\mathrm{d}m \tag{5.63}$$

式 (5.63) 中的 $\boldsymbol{v}$ 项为飞行器质量单元的速度, 包括机体转动速度和机体内变体运动的速度; 第一项 T_f 为机体平动产生的动能, 它明显不依赖于任何变体状态变量, 这样它不直接作用为广义力, 式 (5.63) 的第二项进一步扩展为

$$\begin{aligned}
\int \frac{1}{2}\|\boldsymbol{v}\|^2\,\mathrm{d}m &= \int \frac{1}{2}\|[\tilde{\omega}]\,r + \boldsymbol{v}'\|^2\,\mathrm{d}m \\
&= \int \frac{1}{2}\left[\|[\tilde{\omega}]\,r\|^2 + \|\boldsymbol{v}'\|^2 + 2\,[\tilde{\omega}]\,r\cdot\boldsymbol{v}'\right]\mathrm{d}m \\
&= \frac{1}{2}\boldsymbol{\omega}^\mathrm{T}[J]\boldsymbol{\omega} + \frac{1}{2}\int \|\boldsymbol{v}'\|^2\,\mathrm{d}m + \int ([\tilde{\omega}]\,r)\cdot\boldsymbol{v}'\mathrm{d}m
\end{aligned} \tag{5.64}$$

式 (5.63) 的第三项和最后一项进一步表示为

$$\begin{aligned}
\boldsymbol{V}_\mathrm{f}\int \boldsymbol{v}\,\mathrm{d}m &= \boldsymbol{V}_\mathrm{f}\int ([\tilde{\omega}]r + \boldsymbol{v}')\mathrm{d}m \\
&= \boldsymbol{V}_\mathrm{f}\int ([\tilde{\omega}]r)\mathrm{d}m + \boldsymbol{V}_\mathrm{f}\int \boldsymbol{v}'\mathrm{d}m \\
&= \boldsymbol{V}_\mathrm{f}\cdot m[\tilde{\omega}]\Delta\boldsymbol{r}_\mathrm{cm} + m\boldsymbol{V}_\mathrm{f}\cdot\dot{\boldsymbol{r}}_\mathrm{cm}
\end{aligned} \tag{5.65}$$

这样, 变体飞行器完整的动能可以合成为

$$\begin{aligned}
T = {}&T_\mathrm{f} + \frac{1}{2}\boldsymbol{\omega}^\mathrm{T}[J]\boldsymbol{\omega} + \frac{1}{2}\int \|\boldsymbol{v}'\|^2\,\mathrm{d}m + \int ([\tilde{\omega}]\,r)\boldsymbol{v}'\mathrm{d}m \\
&+ \boldsymbol{V}_\mathrm{f}\cdot m[\tilde{\omega}]\Delta\boldsymbol{r}_\mathrm{cm} + m\boldsymbol{V}_\mathrm{f}\cdot\Delta\dot{\boldsymbol{r}}_\mathrm{cm}
\end{aligned} \tag{5.66}$$

式 (5.66) 前两项作为机体运动产生的平动和转动动能, 与刚体飞行器一样, 剩余的项则因变体产生。与第 j 个状态变量相关的广义动量可以表示为

$$P^j = \frac{\partial T}{\partial \dot{q}^j} = m\boldsymbol{V}_{\mathrm{f}} \cdot \frac{\partial \Delta \dot{\boldsymbol{r}}_{\mathrm{cm}}}{\partial \dot{q}^j} + \int ([\tilde{\omega}] \, r) \frac{\partial \boldsymbol{v}'}{\partial \dot{q}^j} \mathrm{d}m + \int \boldsymbol{v}' \frac{\partial \boldsymbol{v}'}{\partial \dot{q}^j} \mathrm{d}m \qquad (5.67)$$

式 (5.67) 只包含变体状态变量导数的显函数。注意 V' 是机体结构位置矢量的时间导数, 简化后, 有

$$P^j = m\boldsymbol{V}_{\mathrm{f}} \cdot \frac{\partial \Delta \dot{\boldsymbol{r}}_{\mathrm{cm}}}{\partial \dot{q}^j} + [\tilde{\omega}] \int r \frac{\partial \dot{r}}{\partial \dot{q}^j} \mathrm{d}m + \int \boldsymbol{v}' \frac{\partial \dot{r}}{\partial \dot{q}^j} \mathrm{d}m \qquad (5.68)$$

连接假设为强制的几何约束, 应用 "相消点", 有

$$P^j = m\boldsymbol{V}_{\mathrm{f}} \cdot \frac{\partial \Delta \dot{\boldsymbol{r}}_{\mathrm{cm}}}{\partial \dot{q}^j} + \int ([\tilde{\omega}] \, r + \boldsymbol{v}') \frac{\partial r}{\partial q^j} \mathrm{d}m \qquad (5.69)$$

最后为获得式 (5.58) 中的广义力, 对式 (5.69) 取时间导数, 得

$$\begin{aligned}
\dot{P}^j = {} & m\left(\dot{\boldsymbol{V}}_{\mathrm{f}} + [\tilde{\omega}]\,V_{\mathrm{f}}\right) \frac{\partial \Delta \boldsymbol{r}_{\mathrm{cm}}}{\partial q^j} + mV_f \left(\frac{\partial \Delta \dot{\boldsymbol{r}}_{\mathrm{cm}}}{\partial q^j} + [\tilde{\omega}]\frac{\partial \Delta \boldsymbol{r}_{\mathrm{cm}}}{\partial q^j}\right) \\
& + \int \left([\tilde{\boldsymbol{\omega}}][\tilde{\omega}]\,r + 2\,[\tilde{\boldsymbol{\omega}}]\,v' + [\dot{\tilde{\omega}}]\,\boldsymbol{r} + \dot{v}'\right)\frac{\partial \boldsymbol{r}}{\partial q^j}\mathrm{d}m \\
& + \int \left([\tilde{\omega}]\,r + \boldsymbol{v}'\right)\left(\frac{\mathrm{d}}{\mathrm{d}t}\frac{\partial \boldsymbol{r}}{\partial q^j} + [\tilde{\omega}]\frac{\partial \Delta \boldsymbol{r}_{\mathrm{cm}}}{\partial q^j}\right)\mathrm{d}m
\end{aligned} \qquad (5.70)$$

从计算的角度来考虑几何导数, 式 (5.70) 中的各项分为 5 类, ① CM 的几何导数项; ② CM 的几何导数的时间导数; ③ 面元坐标的几何导数; ④ 面元坐标几何导数的时间导数; ⑤ 面元导数与 CM 导数的组合项。正如将要在 5.5 节中说明的, 包括几何导数的时间导数混合项 (如 $\dfrac{\mathrm{d}}{\mathrm{d}t}\dfrac{\partial \Delta \boldsymbol{r}_{\mathrm{cm}}}{\partial q^j}$) 可以忽略 (但出于完整性的考虑要包含它们)。为了完成广义力的计算, 动能的偏导数 (式 (5.59) 中 RHS 的第二项) 由下式得到:

$$\begin{aligned}
\frac{\partial T}{\partial q^j} = {} & \int \boldsymbol{v}' \frac{\partial \boldsymbol{v}'}{\partial q^j}\mathrm{d}m + \int [\tilde{\boldsymbol{\omega}}]\frac{\partial \boldsymbol{r}}{\partial q^j}v'\mathrm{d}m + \int [\tilde{\boldsymbol{\omega}}]\,r\frac{\partial \boldsymbol{v}'}{\partial q^j}\mathrm{d}m \\
& + m\boldsymbol{V}_{\mathrm{f}} \cdot [\tilde{\boldsymbol{\omega}}]\frac{\partial \Delta \boldsymbol{r}_{\mathrm{cm}}}{\partial q^j} + m\boldsymbol{V}_{\mathrm{f}} \cdot \frac{\partial \Delta \dot{\boldsymbol{r}}_{\mathrm{cm}}}{\partial q^j}
\end{aligned} \qquad (5.71)$$

因为它们代表时间和几何导数的混合项, 在式 (5.71) 中, RHS 的第 1、3、5 项证明可以忽略 (见 5.5 节)。式 (5.70) 中第三项与式 (5.71) 中的第四项相消, 相同地, 式 (5.70) 中的第二项与式 (5.71) 中的的最后一项

相消。在一个因子内, 式 (5.71) 中的第二项与式 (5.70) 中科里奥利项相同, 并在一个因子内, 这个因子加到式 (5.71) 中, 可将科里奥利项由 2 个变成 3 个。集合式 (5.70) 和式 (5.71), 去掉可忽略项和相消项, 广义驱动器力的各组成部分概括如下:

$$Q_{\mathrm{CM}} = m\frac{\partial \Delta \boldsymbol{r}_{\mathrm{cm}}}{\partial q^j} \cdot \left(\dot{\boldsymbol{V}}_{\mathrm{f}} + [\tilde{\boldsymbol{\omega}}]\,V_{\mathrm{f}}\right) \tag{5.72}$$

$$Q_{\mathrm{Panel}} = \int ([\tilde{\boldsymbol{\omega}}][\tilde{\boldsymbol{\omega}}]r + 3[\tilde{\boldsymbol{\omega}}]v' + [\dot{\tilde{\boldsymbol{\omega}}}]\boldsymbol{r} + \dot{\boldsymbol{V}}')\frac{\partial \boldsymbol{r}}{\partial q^j}\,\mathrm{d}m \tag{5.73}$$

$$Q_{\mathrm{Panel-Rate}} = \int ([\tilde{\boldsymbol{\omega}}]\,r + \boldsymbol{v}')\left(\frac{\mathrm{d}}{\mathrm{d}t}\frac{\partial \boldsymbol{r}}{\partial q^j}\right)\mathrm{d}m \tag{5.74}$$

$$Q_{\mathrm{Mixed}} = \int ([\tilde{\boldsymbol{\omega}}]\,r + \boldsymbol{v}')\,[\tilde{\boldsymbol{\omega}}]\frac{\partial \Delta \boldsymbol{r}_{\mathrm{cm}}}{\partial q^j}\,\mathrm{d}m \tag{5.75}$$

从物理的观点, 式 (5.72)~ 式 (5.75) 包括两类项: 由变体引起的项和纯粹的惯性项。明显依赖于变体速度和加速度的项只在变体飞行器上出现。惯性项不依赖于变体项的导数, 存在于任何飞行器中。注意项 $m\dot{\boldsymbol{V}}_{\mathrm{f}}\dfrac{\partial \Delta \boldsymbol{r}_{\mathrm{cm}}}{\partial q^j}$ 不是一个纯的变体项。即使 CM 没有偏离其初始位置, CM 关于连接 (铰链) 角度的偏导数也是非零的。几何导数 $\dfrac{\partial \Delta \boldsymbol{r}_{\mathrm{cm}}}{\partial q^j}$ 代表一个灵敏度参数, 用于确定 CM 运动与机翼驱动器虚拟位移的耦合度。这样即使对非变体飞行器, 该形式对研究诱导铰链力矩也是有用的, 就如在柔性机翼分析中的第一步。不同 Q 项的变体与惯性属性如表 5.5 所列。

表 5.5　驱动器广义力的属性

项的类型	Q_{CM}	Q_{Panel}	$Q_{\mathrm{Panel-Rate}}$	Q_{Mixed}
变体	否	是	是	是
惯性	是	是	否	是

式 (5.70) 和式 (5.71) 中出现的 3 种导数: 面元 (或 CM) 坐标的时间导数 (如 $\dot{\boldsymbol{r}}_i$)、纯粹的几何导数 (如 $\dfrac{\partial \boldsymbol{r}_i}{\partial q^j}$) 以及几何导数的时间导数 (如 $\dfrac{\mathrm{d}}{\mathrm{d}t}\dfrac{\partial \boldsymbol{r}_i}{\partial q^j}$)。前两种类型的导数可以直接处理, 最后一项可以按下式计算:

$$\frac{\mathrm{d}}{\mathrm{d}t}\left(\frac{\partial \boldsymbol{X}}{\partial q^j}\right) = \sum_k \frac{\partial}{\partial q^k}\frac{\partial \boldsymbol{X}}{\partial q^j}\dot{q}^k = \sum_k [H]_{kj}\dot{q}^k \tag{5.76}$$

式 (5.76) 中, 海赛矩阵的元素为纯几何的二阶偏导数, 即

$$[H]_{kj} = \frac{\partial^2 \boldsymbol{X}}{\partial q^k \partial q^j} \tag{5.77}$$

$\boldsymbol{X}$ 为一个面元或 CM 坐标预留位。类似地, 时间与几何混合导数出现在如下项中, 即

$$\frac{\partial \Delta \dot{\boldsymbol{r}}_{\mathrm{cm}}}{\partial q^j} = \sum_k \frac{\partial^2 \Delta \boldsymbol{r}_{\mathrm{cm}}}{\partial q^j \partial q^k} \dot{q}^k \tag{5.78}$$

该项同样也要计算海赛项。可以预见包含海赛项的项并不重要 (将在 5.5 节中通过仿真验证)。这些表达式代表变体坐标系下面元 (或 CM) 坐标相关函数的泰勒级数展开式的二阶项。这样, 可以写出面元坐标 $\boldsymbol{r}_i$:

$$\boldsymbol{r}_i(q_1, q_2, \cdots, q_n) = \boldsymbol{r}_i(q_{01}, q_{02}, \cdots, q_{0n}) + \nabla_q \boldsymbol{r}_i \cdot (\mathrm{d}q_1, \mathrm{d}q_2, \cdots, \mathrm{d}q_n)$$
$$+ \sum_k \sum_j \frac{\partial^2 \boldsymbol{r}_i}{\partial q^j \partial q^k} \mathrm{d}q^k \mathrm{d}q^j + O\left(\mathrm{d}q^3\right) \tag{5.79}$$

式 (5.79) 中的二阶导数正好是式 (5.45) 的海赛项, 因此, 忽略的海赛项相当于机体笛卡儿坐标系与变体坐标系转换矩阵的一阶泰勒展开式。当飞行器的形状接近于稳定状态 (如平衡飞行状态), 可以预计二阶项的作用很小。最后, 每个驱动器的功率计算可以简化为

$$\frac{\mathrm{d}W_k}{\mathrm{d}t} = Q_k \dot{q}_k \tag{5.80}$$

5.5 开环机动与变体影响

前面已经阐述了变体空气动力学和飞行动力学的建模方法, 我们能够使用全非线性仿真来研究变体飞行器的行为, 为此我们开发了一个软件套件, 包括一个 C++ 飞行器几何模型和 VLM 空气动力学库, 加上一个使用 MATLAB 的飞行动力学和控制系统的实例 (Obradovic, 2009; Obradovic and Subbarao, 2006)。所有的运动方程都是采用自适应时间步长的龙格 – 库塔 – 莫森法的时间积分 (Merson, 1957)。我们首先关注开环机动, 以简化对结果的理解。我们特别关注在快速机动变体中的动力学作用。

5.5.1 纵向机动

首先检查纵向机动, 在纵向机动中变体主要用于增加机翼的升力。飞行器机动从对称鸥翼、平衡的水平飞行开始, 在 $t = 15\,\mathrm{s}$ 时机翼快速降低到接近平直的状态, 随后保持在低的位置 $5\,\mathrm{s}$, 然后机翼上升回到对称鸥翼状态。仿真航迹和飞行器配置如图 5.8 所示。图 5.8 中, 第 4、5 个飞行器快照演示了降低机翼的配置状态。

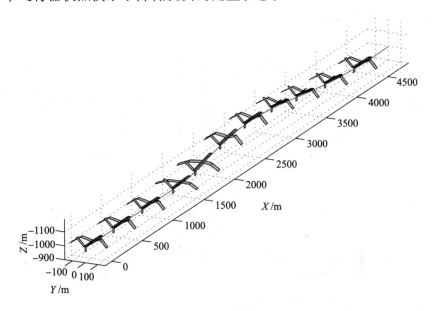

图 5.8　机翼对称变平的航迹

正如所料, 平直的机翼增加的升力使得飞行器俯仰角增大, 高度增加。随后可以看到一个类似浮沉运动的振荡。机动过程中飞行器具体的状态如图 5.9 所示。由于对称性, 动力学方程只包含纵向变量。俯仰速率表现与预期很大程度地吻合, 除了在机动刚开始时出现了负的俯仰速率, 这个初始的负俯仰速率是变体力矩 M_4 的作用结果 (图 5.10)。

从图 5.10 可以看到, 预期的空气动力俯仰力矩小于作用于相反方向的变体力矩 (在变体开始和结束阶段)。变体力矩 M_4 (式 (5.28)) 与固联在飞行器机体内的质量单元加速度相关。当机翼下沉时, 机翼的质量单元加速度向下, 这意味着绕 Y 轴的角动量出现有限的变化, 如果没有在 Y 方向上施加力矩是不可能发生的。因此, 变体力矩是抑制这种角动量变化的 (至少在初始阶段如此)。

由于 M_4 力矩由质量单元的加速度产生, 而空气动力力矩由它们的位移控制, M_4 力矩往往先于气动力矩。M_4 力矩的符号取决于机翼与 CM 具体的位置关系。此处仿真的飞行器机翼的绝大部分质量在机体坐标系原点之后 (飞行器的 CM 在机翼之前), 从而产生一个负的变体力矩。值得注意的是之前 (Scarlet et al., 2006) 也观察到类似的效果, 尽管他们没有进一步研究。作者假设俯仰力矩是飞行器的控制系统产生的 (很可能就是这种情况), 但飞行器构造说明有一个隐含的变体力矩模型也许是可靠的。

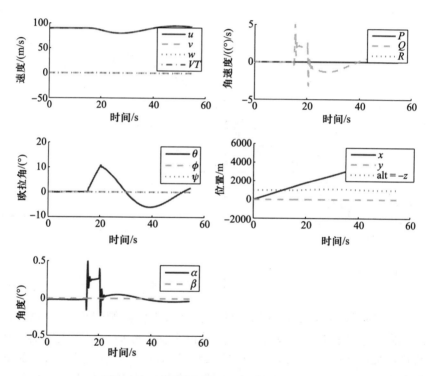

图 5.9　机翼对称变平机动的飞行器状态

整个 60 s 飞行过程中, 每个铰接处驱动器的整体行为如图 5.11 所示。图中的缩写表示左右机翼的翼尖和翼身连接。从图 5.11 可以明显地看到清晰的 5 个时间段, 分别确定驱动器力矩行为的性质: 预变形 (0~15 s), 第一次变体 (15~16 s), 变体过渡 (16~20 s) (这期间变体的效果呈现出来), 第二次变体 (20~21 s) 以及变体后 (21 s 至结束) (这段时间内机翼处于其初始配置状态)。从图 5.11 可知, 气动铰链力矩在机翼

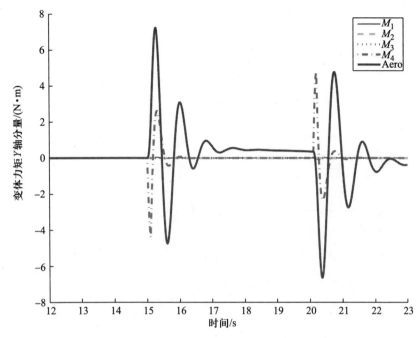

图 5.10 初始变体时作用于飞行器的俯仰力矩

平直时明显增加, 这反映在驱动器力矩上, 翼身铰链力矩必然比翼 – 翼尖铰链力矩大, 因为翼身铰链要承受整个机翼负载。气动负载取决于机翼的即时位置和机翼面元的速度, 后者是飞行器机体坐标原点速度、角速度以及面元变体速度的函数。

惯性负载分为两类, 一类是明显的非变体部件的, 一类是变体引起的。前一类的驱动器力矩只有 Q_{CM}, 可以看到其在后变体阶段也很明显。虽然其他力矩也包括纯惯性部分 (如非变体), 如表 5.5 所总结的, 但是它们的惯性属性很小, 正如 5.4 节中所预期的。Q_{CM} 力矩依赖于机体系原点 (对于所有驱动器) 的加速度, 并受到一个形式为 $\dfrac{\partial \boldsymbol{r}_{CM}}{\partial q_k}$ 的铰接相关的雅可比项的调制。该雅可比项衡量因广义变体变量 q_k (在鸥翼飞行器中所有的 q_k 变量都是转动角度) 产生的飞行器 CM 的移动的大小。Q_{CM} 的幅值纵向对称, 但翼身连接需要更大的力矩 (由于 CM 上的较大的整体影响)。整体的行为由机体坐标系原点的加速度来调整, 对于所有连接这个加速度是一样的。Q_{CM} 力矩的符号可以这样解释: 在变体开始时, 因升力增加, 飞行器加速上升, 惯性力因此有将机翼向下推动的趋势 (超过了式 (5.38) 变体模型确定的加速度), 铰链力矩要抗

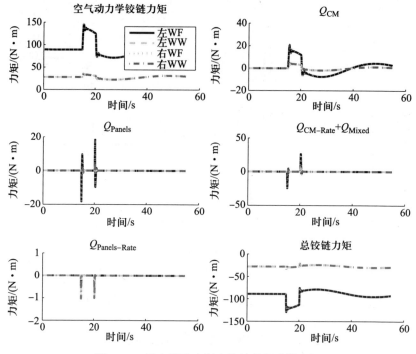

图 5.11　整个航迹中每个铰链的驱动器力矩

拒惯性力矩, 并推动机翼向上。根据符号规则, 机翼向上旋转为正。随着飞行器继续加速上升, 正的铰链力矩在变形过渡阶段仍然存在惯性项 Q_{CM}, 增加了整体的负载 (从图 5.11 的 "总铰链力矩" 可以证明)。

在第二次变形后, 飞行器开始加速下降 (因升力下降), 所有连接处的 Q_{CM} 符号取反, 随着飞行器进入一个长周期浮沉飞行模式, Q_{CM} 在变体后的时间段开始振荡。

机翼的变体运动产生力矩 Q_{panels} 和 Q_{Mixed} (后者也包括变体引起重心运动产生的力矩) 两项中起主导作用的是机翼面元相对机体框架的加速度。随着机翼加速下降, 驱动器必须提供一个负力矩 (角度增加为正的符号法则)。当机翼下降减慢, 停止于一个平直位置时, 则驱动器力矩应该变成正的。变体项的幅值大小与惯性项幅值大小相当, 但持续时间更短。

在短暂的时间段内, 从功率需求的角度来看, 变体的发生十分重要, 正如式 (5.80) 中表明的驱动器只有在变体期间有功率需求。然而所有广义力在此期间均起作用, 而不仅仅是变体项 (式 (5.80)) 的 Q_k 是总的广义力)。对称动作的功率需求如图 5.12 所示。图 5.12 中需求功率有时是负的, 意味着有功作用在驱动器上, 这是一个很简单的事实。在一些时间段内, 总的气动力和惯性力与机翼面元的加速度一致 (所以驱动器做负功)。然而驱动器要具备储存这种能量的能力并不简单, 除非使用再生系统。因此总地来说, 在变体运动的所有阶段都需要消耗能量, 但在做负功的阶段实际情况则取决于具体的驱动器。

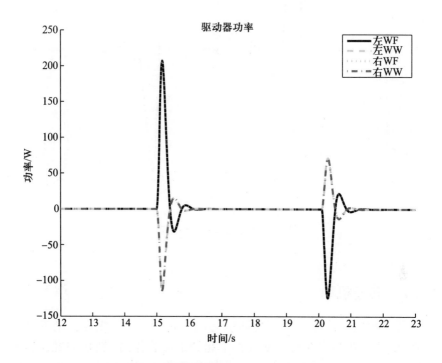

图 5.12　航迹变体段每个连接的驱动器功率

所需功率的幅值取决于变体速率, (原则上) 成一个超线性关系, 至少, 式 (5.80) 包括一个变体速率的线性关系 (通过 q_k 项)。而式 (5.80) 中广义力 Q_k 则通过不同的变体速度和加速度来与变体速率构成依赖关系。因此, 我们可以预测如果变体速率下降, 则所需的功率也将明显下降。如图 5.13 所示, 当驱动器带宽下降 1/2 时, 所需功率的峰值明显下降。

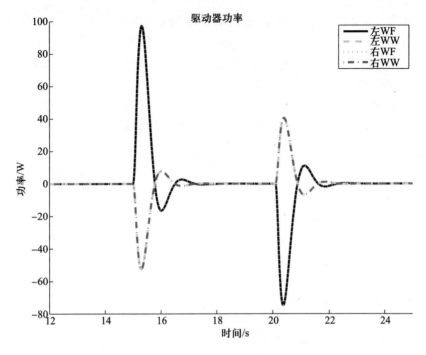

图 5.13 慢变体的驱动器功率

5.5.2 转弯机动

现在我们把注意力转到变体引起的转弯机动。与纵向机动的情况一样，变体力矩与力在动力学方程中起到了显著作用。我们研究的特定机动通过机翼非对称折叠引入一个气动横滚力矩。飞行器从平衡的水平飞行、对称折叠的鸥翼状态开始进入机动，在 $t = 15\,\mathrm{s}$ 时只有左翼变低，左翼和右翼不平衡的升力产生一个滚转力矩，并产生一个快速转弯，如图 5.14 所示。

转弯过程中，飞行器的整体行为如图 5.14 和图 5.15 所示。角速度在横滚中出现了一个预期的尖峰，这主要是由气动力矩引起的。变体力矩 (特别是 M_4) 在动力学中也扮演了一个重要的角色，如 (Obradovic and Subbarao, 2006) 所说明的。

与前一节对称变体情况类似，转弯航迹的铰链力矩最好分为 3 个独立的时间段进行分析：变体前的 $15\,\mathrm{s}$、$1.5\,\mathrm{s}$ 的变体以及变体后剩余的飞行时间，图 5.16 显示了这 3 个阶段的力矩变化情况。从图 5.16 第一个

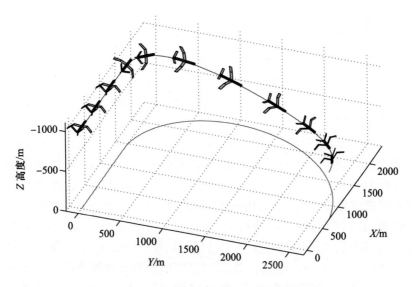

图 5.14　由不对称机翼变形引起的转弯航迹

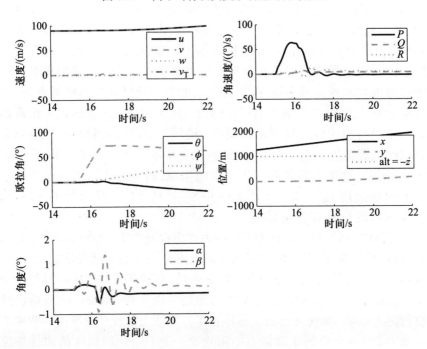

图 5.15　航迹变体阶段飞行器的全状态

15 s (平衡水平飞行) 气动力是铰链力矩的唯一来源, 铰链力矩是对称的; 机翼－机身处力矩约比机翼－小翼力矩大 4 倍 (翼根处的气动力负载和力臂长都为机翼－小翼处的两倍)。

在变体阶段, 气动力矩变化显著, 当左机翼变平直时, 其升力增加, 左机翼翼根处力矩急剧增加 (左机翼－小翼处力矩增加程度稍小)。在这个阶段, 变体诱导力矩也同时出现。虽然式 5.70 中所有项都起作用, 但最明显的是包括面元机体系加速度 (Q_{panels}) 的项和机体坐标原点加速度 (Q_{CM}) 的项。不同位置的铰链力矩如图 5.16 所示, 使机翼变平直所需的力矩在图 5.16 中明显可见 (在 Q_{panels} 中最明显)。一个负的力矩用于促使机翼变平直, 随后用一个正的力矩来停止这一过程。在变体状态的最后, 按相反的顺序进行; 一个正的力矩来恢复到对称鸥翼状态, 随后用一个负的力矩来停止变化过程 (在图 5.16 中 Q_{panels} 子图可以明显看到)。式 5.70 中产生这种效果的主导项是面元加速度项。同样在图 5.16 中, 尽管其没有发生变体, 但是惯性力矩 Q_{CM} 同样对右机翼也有影响, 特别明显的是横向加速度 (滚转运动开始时) 和 Y 轴上 CM 的运动 (由左机翼变平直引起的)。注意这种作用在右翼 (保持折叠) 要强于左翼 (变平直), 这是由于折叠机翼与 CM 横向运动的强大耦合产生的。Q_{CM} 力矩的峰值时刻在左翼完全变平直的时刻。加速度向量在转弯过程中与左翼几乎平行, 但左翼运动的雅可比项几乎与机翼垂直 (因为在这点上机翼几乎变平直了), 因此, Q_{CM} (式 5.72) 表达式中出现的雅可比项与加速度向量的内积很小。最后, 当变体阶段结束, 机翼恢复到对称鸥翼配置状态, 惯性力矩影响比变体刚开始阶段更明显 (图 5.16 中的 Q_{CM}), 这可以简单归因于速度的增减, 特别是飞行器在这个航迹点上的加速度 (图 5.15); 如图 5.15 中所示, V_f 和 $\dot{V}_f$ 都增加了, 这是由于变体后的俯冲和快速转弯。

变体结束后, 只有气动力和惯性力产生铰链力矩。如图 5.16 所示, 气动力矩增加 (向正值增加, 将机翼转向上方)。当飞行器速度增加时, 两个机翼上阻止机翼运动的驱动器力矩是负的, 可由图 5.16 中的 "总铰链力矩" 子图看到。这个阶段的驱动器力矩是可以直观理解的。飞行器仍然执行转弯运动 (即使飞行器变体停止了), 气动力矩推动机翼向转弯中心运动 (需要一个负的驱动器力矩阻止这一运动); 同时机体的惯性加速度 (Q_{CM}) 将机翼向下弯曲 (需要一个正的驱动器力矩); 这样在转弯中的非变体阶段驱动器力矩是气动项和惯性项的平衡。气动力矩是主导, 但是净力矩在转弯过程中明显减少, 相对可由气动负载来进行预测。

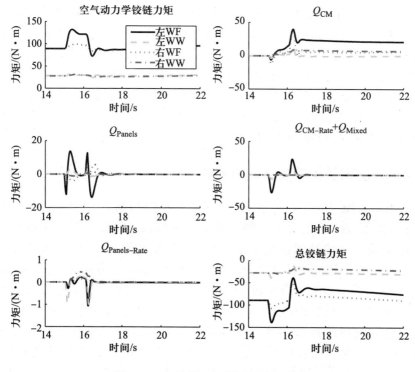

图 5.16 航迹前 45 s 期间的铰链力矩

作用在各个铰链的惯性力矩 Q_{CM} 在变体后的阶段明显是有较大不同的, 尽管事实上机体加速度对它们是一样的。如图 5.16 所示, 数学上差异是由于 CM 运动耦合系数引起的, 或者更确切地说, 投影到坐标系中的加速度不同。物理上而言, 从转弯期间飞行器的状态可以很清晰地理解这种情况, 转弯中大多数时间内飞行器保持较大的倾斜角, 而机翼折叠于对称鸥翼配置状态时, 意味着右翼和左小翼必须平行于机体加速度向量 (尽管有些夸张, 但实际角度差异不明显), 因此, 相对左翼和右小翼, 右翼和左小翼的铰接力矩降低了。

5.6 使用变体控制的鸥翼飞行器

虽然使用开环配置控制变体飞行器可行 (如前一节中演示的), 但是致使不能使用这种方式有两种原因。第一个原因是变体翼飞行器的控制对操纵者来说是一个挑战, 因为控制和飞行器动力学并不是直观的关系; 第二个原因是由于过度的铰链负载和功率需求, 驱动器出现饱和的可能性很大, 同时管理飞行动力和驱动器载荷是一个挑战性的任务, 特别是对于快速变体而言。因此, 除了开环飞行控制, 还希望找到一种控制系统来简化飞行器的控制, 同时使驱动器负载最小化, 从而防止驱动器饱和及能量浪费。出于这个考虑, 我们把注意力转向一个带驱动器负载惩罚的增稳系统。这项研究工作的一个副产品是研究一个从性能/功率权衡的角度出发, 对变体和传统飞行器控制都适用的条件。

5.6.1 功率优化的变体增稳系统

增稳系统 (SAS) 在这里是一个带积分反馈的基于 LQR 的线性控制系统 (图 5.17)。系统自由倾斜角通道有全权限, 因此, 它是一个增稳系统而不是一个控制增强系统 (CAS)。控制输入为方向舵、升降舵、襟翼、副翼和推力, 并设计成模拟标准控制面的方式。方向舵和升降舵通过 V 尾偏转的线性组合实现。襟翼和副翼通过对称和非对称变体的组合实现, 与常规 (物理) 副翼类似。推力的处理上有点抽象, 由于发动机本身没有物理模型, 简化为一个与机体轴对齐的力, 并与推力控制指令存在一个二阶的线性滞后。变体控制如图 5.2 所示。图 5.17 中, 模块 A 表示线性化的飞行器动力学方程; 模块 B 为线性化的输入感知; 模块 P 为输入的混合响应, 用于将方向舵、升降舵、襟翼和副翼输入转换成实际控制面的偏转; LQR 控制器用 K 模块表示, 同时 K_{ref} 和 $\boldsymbol{K}_d$ 模块构成了控制器的积分反馈部分; 输出矩阵由 C 模块给出, F_m 和 F_p 模块表示驱动器的力矩和功率输出。

SAS 的任务在于提供稳定的与传统飞行器类似的操控。积分反馈用于产生不对称输入下的稳定状态倾斜角函数, 独立于具体的控制系统, 使用副翼辅助变体实现横滚, 其滚转角和角速度如图 5.18 所示, 驱动器功率如图 5.19 所示, 使用 SAS 控制转弯的飞行器轨迹, 如图 5.20 所示。对于这里的特定研究, 飞行器前向速度为 90 m/s 水平飞行 (限制为不可压缩气流) 为平衡状态。平衡状态的建立是通过调整鸥翼角 (影响升力和俯仰力矩) 及 V 尾角和推力。飞行器开环刚体模型除了稍微不稳定的螺旋模式外是稳定的。

变体功率的罚函数会增加物理副翼控制系统的可靠性, 当副翼偏转增加 (为 50%), 飞行器仍然在很大程度上依赖变体来达到所需的转弯速率, 最后翼根处的变体角大约比副翼偏转角大 3 倍。指定副翼偏转角

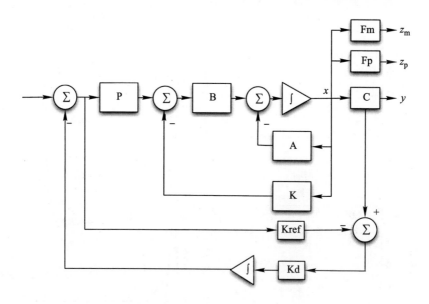

图 5.17 基于变体的 SAS 原理框图

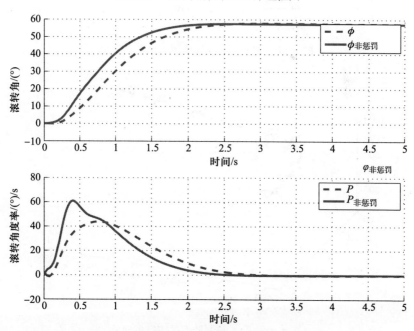

图 5.18 副翼辅助变体横滚的滚转角和角速率

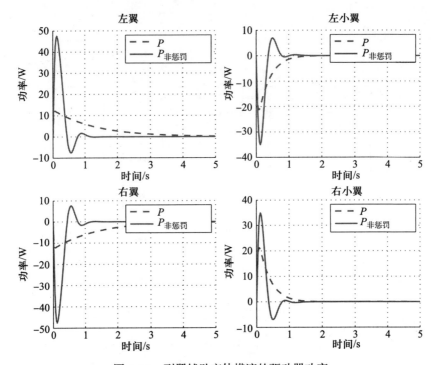

图 5.19　副翼辅助变体横滚的驱动器功率

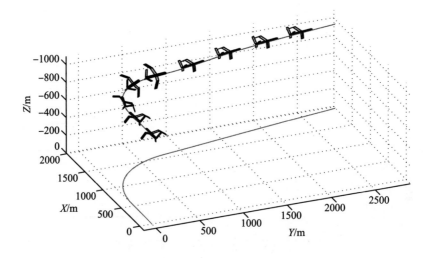

图 5.20　SAS 控制转弯的飞行器轨迹

(注意为了可视, 飞行器的大小不成比例)

在产生滚转力矩时的效率为鸥翼变体的两倍, 即使是高功率 – 惩罚的飞行器仍然更多地依靠变体而不是副翼; 然而, 虽然对变体的依赖在不同层次的功率惩罚原则下始终存在, 但是变体率会急剧下降。这并不奇怪, 由于驱动器功率与驱动偏转角速率非常接近线性关系, 这种线性关系是一个大的接近常数气动力矩分量的结果。平面变体可以最小化这个分量。如图 5.21 所示, 在小的功率惩罚原则 (高功率) 下, 控制系统使用了一个高变体偏转率和无副翼偏转。当最大允许功率下降时, 变体驱动器偏转速率下降, 并通过增加副翼偏转率来补偿。这样在低驱动器功率条件下, 副翼成为快速响应控制面, 而变体驱动器提供稳定的状态控制, 如果驱动器功率并不是问题时, 飞机纯粹依赖变体来实现快速响应和稳定状态控制。

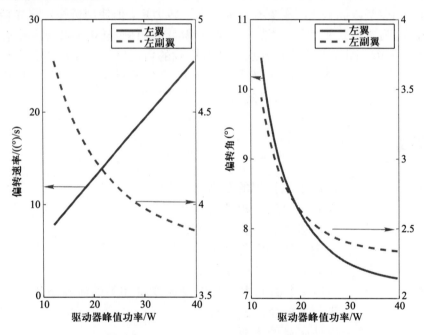

图 5.21 最大驱动器功率对驱动器偏转和偏转速率峰值的影响

5.7 小结

我们已经讨论了一组完整的模型以及一种变体飞行器的高计算效率仿真方法。空气动力学建模采用非稳定的涡格模型, 并考虑变体翼的运动。为了高效地进行飞行动力学仿真, 我们介绍了一种称为扩展刚体动力学的新方法 (ERBD)。ERBD 方法考虑到了变体的动力学影响, 而仅比纯刚体动力学的计算量高出少许。此外, 这种方法可同时用于连接翼和柔性机翼。它通过加入动态变体所需考虑的变体力和变体力矩作为校正项实现对刚体动力学的扩展。ERBD 还可以用于建立解析表达式 (对于足够简单的几何体)。同样也可以使用全数值解法。前者的例子是弯曲机翼飞行器, 后者的例子是鸥翼 (连接) 飞行器。

由于 ERBD 是基于使用伺服约束来建立驱动器和变体的模型, 动态驱动器负载必须作为一个逆问题求解。我们提供一个计算全驱动器负载的计算框架, 并将驱动器负载分为气动、惯性及变体诱导等几类, 最后还研究了鸥翼飞行器的驱动器功效。我们注意到在相同诱导阻力情况下, 变体能够比副翼更有效地产生滚转力矩。但使用折叠机翼能耗极大, 为了防止驱动器负载过大, 副翼偏转与变体偏转需要找到一个合适的平衡。同样也要注意到从驱动器负载的角度来看鸥翼结构具有很大的挑战性, 因为即使是在准静态变形的情况下驱动器也必须抵抗很大的气动载荷, 因此平面内的几何变形更为可取。

附录

F	作用于飞行器的合力
F_1	与 CM 加速度相关的变体力
F_2	与科里奥利力相关的变体力
F_3	与横向相关的变体力
F_4	与离心力相关的变体力
$[H_i]$	与第 i 个面元中心相应变体变量相关的海赛矩阵
h	飞行器的角动量
$[J]$	惯性张量的力矩
τ_{ext}	作用于飞行器的外力矩
m	飞行器的质量
M_j	变体力矩 $j(j \in \{1, 4\})$
$\hat{n}_i$	第 i 个面元的法向向量
P^j	第 j 个驱动器的相关的广义动量
Q_{CM}	与 CM 运动相关的广义驱动器力矩

Q_{panel}	与面元运动相关的广义驱动器力矩
$Q_{\mathrm{CM-rate}}$	与 CM 运动速率相关的广义驱动器力矩
$Q_{\mathrm{panel-rate}}$	与面元运动速率相关的广义驱动器力矩
r	机体框架内质量单元的位置
$\tilde{r}$	表示 r 的斜对称矩阵
r_{cm}	机体坐标内飞行器质心的位置
R_{f}	相对惯性系机体系坐标原点的位置
R_{cm}	飞行器 CM 在惯性系中的位置
Δr_{cm}	飞行器 CM 相对机体系原点的位移
V_{f}	飞行器机体系坐标原点的速度
v'	机体坐标系质量单元的速度 (机体坐标向量 r 的导数)
x_i	机体坐标系第 i 个飞行器面元的中心位置
Φ	总体速度势
Φ_{∞}	自由流体速度势
ϕ_i	由第 i 个面元诱导速度势
Γ_i	第 i 个涡格单元的诱导涡度
ω	机体系相对惯性系的角速度
$[\tilde{\omega}]$	代表 ω 的斜对称矩阵
ρ	密度 (空气或飞行器的密度, 根据上下文确定)

参考文献

[1] Bertin J and Smith M 1979 *Aerodynamics for Engineers*. Prentice-Hall, Inc, Englewood Cliffs, New Jersey.

[2] Blajer W 1997 Dynamics and control of mechanical systems in partly specified motion. *Journal of the Franklin Institute*, 334(3): 407–421.

[3] Chakravarthy A, Grant D and Lind R 2009 Time-varying dynamics of a micro air vehicle with variable-sweep morphing. *AIAA Guidance, Navigation, and Control Conference*.

[4] Davidson J, Chwalowski P and Lazos B 2003 Flight dynamic simulation assessment of a morphable hyper-elliptic cambered span winged configuration. *AIAA-2003-5301*.

[5] Fox B, Jennings LS and Zomaya A 2000 *Constrained Dynamics Computations: Models and Case Studies*. vol. 16 edn. World Scientific Series in

Robotics and Intelligent Systems, Singapore.

[6] Goldstein H 2001 *Classical Mechanics*. Addison-Wesley: New York, NY.

[7] Grant D, Chakravarthy A and Lind R 2003 Modal interpretation of time-varying eigenvectors of morphing aircraft. *AIAA Atmospheric Flight Mechanics Conference*.

[8] Grant D and Lind R 2007 Effects of time-varying inertias on flight dynamics of an asymmetric variable-sweep morphing aircraft. *AIAA Atmospheric Flight Mechanics Conference and Exhibit*.

[9] Kane TR and Levinson DA 1985 *DYNAMICS: Theory and Applications* 1 edn. McGraw-Hill, New York.

[10] Katz J and Plotkin A 2001 *Low-Speed Aerodynamics* 2 edn. Cambridge University Press, New York, NY.

[11] Merson RH 1957 An operational method for the study of integration processes. *Proc. Symp. Data Processing, Weapons Res. Establ. Salisbury*.

[12] Moon FC 2008 *Applied Dynamics* 1 edn. WILEY-VCH, Singapore.

[13] Nelson RC 1998 *Flight Stability and Automatic Control* 2 edn. McGraw-Hill, New York.

[14] Niksch A, Valasek J, Strganac T and Carlson L 2008 Morphing aircraft dynamical model: Longitudinal shape changes. *Atmospheric Flight Mechanics Conference*, Honolulu, HI.

[15] Niksch A, Valasek J, Strganac T and Carlson L 2009 Six degree-of-freedom dynamical model of a morphing aircraft. *AIAA Guidance, Navigation, and Control Conference*, Chicago, IL.

[16] Obradovic B 2009 Modeling and simulation to the flight dynamics of morphable wing aircraft. Master's thesis. The University of Texas at Arlington.

[17] Obradovic B and Subbarao K 2006 Modeling and simulation to study flight dynamics of a morphable wing aircraft, *AIAA Modeling and Simulation Technologies Conference*, Chicago IL.

[18] Scarlet JN, Canfield RA and Sanders B 2006 Multibody dynamic aeroelastic simulation of a folding wing aircraft. *47th AIAA/ASME/ASCE/AHS/ASC Structures, Structural Dynamics, and Materials Conference*.

[19] Shabana AA 2005 *Dynamics of Multibody Systems* 3 edn. Cambridge University Press, New York, NY.

[20] Stevens BL and Lewis FL 2003 *Aircraft Control and Simulation*, 2 edn. John Wiley and Sons, New York.

[21] Valasek J, Lampton A and Marwaha M 2009 Morphing unmanned air vehicle intelligent shape and flight control. *AIAA Infotech@Aerospace Conference*, Seattle, Washington.

[22] Wittenburg J 2002 *Dynamics of Multibody Systems* 2 edn. Springer Verlag, New York.

[23] Yechout TR and Morris SL 2003 *Introduction to Aircraft Flight Mechanics: Performance, Static Stability, Dynamic Stability and Classical Feedback Control*. AIAA Education Series.

[24] Yue T and Wang L 2009 Multibody dynamic modeling and simulation of a tailless folding wing morphing aircraft. *AIAA Atmospheric Flight Mechanics Conference*.

第 6 章

仿鸟飞行器的飞行动力学建模

Jared Grauer and James Hubbard Jr
马里兰大学和美国国家航天研究所

6.1 简介

变体飞行器定义为一个可以承受彻底形状改变的飞行器,改变飞行器构型的能力可以使一个飞行器实现几种不同的飞行器功能。如可以在大的飞行包线内实现优化飞行,而不是仅仅只有一个飞行状态。但是有几个问题对变体飞行器构成了较大挑战:用于执行大尺度形状变化的驱动器,往往增加了飞行器的质量,从这点看,变体提升的性能被附加载荷引起的性能下降所抵消。变体增加了系统的自由度,并对飞行器的稳定性和操控有巨大的影响。在很多配置中一个任意稳定的飞行器在变体时或者变体速度太快也会变得不稳定。附加变体,改变一些离散的构造变量,如翼展、上反角以及一些其他的配置变量包括升力和弦向分布,使得建模和控制过程变得复杂。

有一类有趣的变体飞行器是中 – 大尺寸的扑翼飞行器,这类飞行器使用大的扑翼利用非定常的气动力来产生升力和推力,使得飞行器穿行于空气当中。目前,商业上可获得的扑翼飞行器只有一个变体的自由度,如翼角。当前的研究方向主要在于应用不同控制的全变体机翼(Tummala et al., 2010),使得扑翼飞行器变成一个更加机动、敏捷的飞行平台。然而,即使只有一个变体自由度,扑翼飞行器所展现的变体飞行器的几个特征给设计、飞行和操控方式也带来了明显冲击,如机翼占有相当一部分飞行器的质量,所以机翼的拍动引起了质心的移动和周期性的质量分布变化。

无人飞行器,如扑翼飞行器,具备填补一些空白应用领域的潜质。在民用领域这些飞行器常作为玩具、业余爱好者的飞行器和飞行研究平台。它们也已经在包括野生种群监测、大气数据采集、机场野生动物控制等领域使用,并且有望应用到包括商业调查和搜救等其他领域中。这类飞行器在军事领域也有应用,它们可以应用于自动情报监视、侦察领域。它们也有望在一些其他的任务中如化学烟雾探测中扮演一定的角色。

在无人飞行器类型中一个具有吸引力的选择是扑翼。随着飞行器尺寸减小,由于扑翼产生的三维非定常空气动力比定常翼型更能提高气动效率。最近的研究结果表明,小尺寸的扑翼飞行器比固定翼和旋翼飞行器的效率更高 (Malhan et al., 2010; Pesavento and Wang, 2009)。可以期望扑翼飞行器能复制自然界中的飞行动物的高效和敏捷性,并可作为具备高度伪装能力,完成特定任务剖面的飞行机器平台。

在完成这个目标的道路上有几个障碍,扑翼飞行器扑翼产生的非定常空气动力,即使利用现代计算流体动力学工具也难以建模 (Shyy et al., 2007)。解析模型利用了扑翼飞机器基本机理,包括叶元体、准静态回归、薄翼理论等,但仍然不足以完整描述扑翼现象 (Dickinson et al., 1999);扑翼飞行器的飞行运动受机翼抖动的影响是振荡的,并且振幅较大,使得飞行器飞行动力学模型的分析复杂化。此外,像所有的微型飞行器一样,扑翼飞行器的载荷能力受到具有高噪声、需要随机参数校准的MEMS 的机载电子系统和质量小、惯性小导致的高阵风敏感性的限制。

本章主要介绍一种可以应用于仿真、系统辨识、控制设计的扑翼飞行器飞行动力学模型开发。其中的每一个步骤对研制具备在真实场景下完成任务的自主扑翼飞行器都是有必要的。尽管要适用于大范围的扑翼飞行器设计,为了完成试验并得出结论,我们对一个特定的扑翼飞行器配置进行研究。最终目的是获得一个满足以下要求的飞行动力学模型:

(1) 提供系统动力学的物理视角,用于更好地设计飞行器;

(2) 可以转化成合适的形式,如状态空间形式,便于综合到现代控制算法;

(3) 具备足够的效率可实现高精度的系统辨识;

(4) 阶数较低,可实现实时控制算法。

本章中给出了扑翼飞行器飞行动力学建模工作,通过采集多体效应、从飞行数据到计算机模拟进行系统辨识和便于设计的非线性控制律来完成。典型的扑翼式飞行器是根据六自由度模型的传统飞行方程进行建模的，空气动力学模型通常是将扑翼飞行器固定在风洞中的测压单元中，通过测量力的时间平均值来进行验证。这些方法需要采用硬件实现航路点导航飞行，而室内飞行和悬停带来了更多的挑战，需要更为精确的模型来监测飞行动作。越来越多的研究表明多体模型对于扑翼飞行器的飞行动力学有效建模十分必要。

本章中，首先介绍扑翼飞行和试验研究用的扑翼飞行器研究平台。随后介绍了空气动力学特性、飞行动作、质量分布等试验，并由此引出飞行动力学的非线性多体模型。这些动力学方程采用基于能量的方法导出，并变换成标准形式应用于非线性自动机械和航天器的控制当中。基于实际飞行数据，采用系统辨识法建立驱动器的动态模型和空气动力，随后对模型进行仿真，并演示简单控制律的有效性。

6.2 扑翼飞行的特性

扑翼飞行方式明显区别于固定翼飞行器和旋翼飞行器的飞行。本节主要介绍扑翼飞行器的特性，并描述了用于建立扑翼飞行器模型的试验特性。首先介绍了进行试验研究的扑翼飞行器研究平台；随后，给出对扑翼飞行器机翼形状和动力生成的研究结果，并对飞行器构型的质量分布变化进行了测试；最后，给出了自由飞行的惯量测量值。本章以建议采用非线性多体模型和准定常空气动力学模型建立扑翼飞行动力学方程作为结论。

6.2.1 飞行平台试验研究

本章的研究工作要适用于任何扑翼飞行平台，从某种意义上说应具有普遍性。为满足试验工作，采用并改进了一种飞行平台。一种称为"Slow-Hawk"(Kinkade 于 2010 年制造) 的扑翼飞行器，如图 6.1 所示，该飞行器以其持续飞行能力、易于操控、具备传感器的装载能力被我们选中。这个扑翼飞行器翼长 1.2 m、质量约 0.446 kg，这种特定的扑翼飞行器尺寸与鹗相近。

该平台的机身由薄碳纤维板构成。翼帆和翼尾是由一种聚酯织物膜的纤维胶带构成、并采用涤纶胶带加固，以薄碳纤维杆来维持机翼形状。主翼梁安装在机翼前缘，并与拍动传输器相连接。次翼梁翼根尾部延伸到翼尖。

　　该扑翼飞行器采用与传统的模型飞机和直升机一样的标准无线电装置。操控员发射扑翼飞行器,运用发射机发送指令到机载接收器,该接收器将经过处理后的指令送到相应的驱动器上。油门操纵杆控制直流电动机的预定转速,该直流电动机通过齿轮箱、四连杆机构来拍打机翼。电动机旋转得越快,机翼拍打得越快,进而产生更大的升力和推力。升降舵操纵杆控制一个安装在机身尾部的的伺服电动机,控制尾部机构实现俯仰。副翼操纵杆控制着第二个伺服电动机偏转襟翼,相对机身转动襟翼用于在飞行器上产生气动控制力矩,用于控制飞行器指向预定方向。

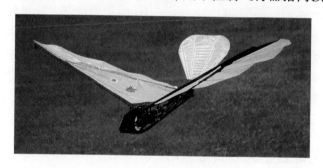

图 6.1　试验用扑翼飞行平台

6.2.2　非定常空气动力学

　　扑翼飞行具有翼冲程的特点,并分为下行冲程和上行冲程部分。下行冲程是较长的冲程阶段,大部分的升力和推力在此阶段产生。此阶段机翼以正攻角向下移动,产生升力和推力。同样地,在恢复向上冲程时,攻角为负,机翼可能产生负升力,但通常仍能产生正推力。下行冲程比上行冲程所需时间短,或者说飞机需要以净正攻角飞行,这样有助于利用下行冲程产生的升力平衡上行冲程中产生的有害力。这种飞行器具有 1.18 的冲程率,并且通常以小攻角进行飞行。

　　机翼高速运动会产生的非定常空气动力,在稳定飞行条件下的传统飞行器模型中通常不会遇到。众所周知,除雷诺效应外,在扑翼飞行空气动力学、前缘涡、动态失速、快速上仰运动和柔性结构等机制也扮演了重要的角色。采用计算技术进行数值研究 (Shyy et al., 2007) 已经演示了基本的流体现象。风洞试验 (Krashanitsa et al., 2009) 和悬停试验 (Dickinson et al., 1999) 同样通过试验展现了一些流动的物理特征,并定量说明了每种机理对产生升力的贡献程度。

由于按照第一个准则直接建立的模型, 当前并不能足够精确地模拟扑翼飞行器的空气动力学特性, 还需要试验研究来测试空气动力学方程。在扑翼飞行器机翼安装大约 100 个直径 1 mm 的反光标志, 采用由 8 个照相机构成的威康视觉跟踪系统以 350 Hz 速率记录测量每个标志的空间方位。此外, 扑翼飞行器固定在一个六自由度的测量单元上来测量升力和推力。

升力和推力的测量与标志位置的测量同步进行, 由此获得机翼位置和气动力的数据集。位置数据作为雷诺平均的纳维 – 斯托克求解 UMTURNS (Sitaraman and Baeder, 2003) 的规定输入。这个解能够阐明流场并展示前缘和后缘涡系, 预测升力、推力的时间历程 (Roget et al., 2009)。升力可以精确被预测, 但是推力存在明显的误差, 这主要是由于共振现象采集分析不了。位置数据也被运用于基于准定常空气动力学的叶元解析模型中 (Harmon et al., 2008), 这些分析结果表明准定常空气动力学足以建立升力和推力模型。

6.2.3 与配置相关的质量分布

对于固定翼飞机, 由于活动部分通常是较小的质量和偏转角度, 因此飞机的质量分布近似认为是不变的。此外, 在较短的时间内, 燃料消耗不会明显地改变质量分布变化。而对于旋翼飞机, 旋转叶片的质量远小于飞机的其他部分, 而且其旋转速率远远高于飞机刚体的动态变化。因此, 对于稳定性分析和控制分析, 刚体动力学可以运用到飞行动力学建模当中。

但是这一点明显不适用于扑翼飞行器。对于扑翼飞行器的机翼和尾部占据了机身质量的约 23.5%, 且位于机体的末端, 并以与相应的刚体运动模式具有可比性的速率拍击。为了计算扑翼飞行器结构的质量分布变化, 可以计算质心及关于质心的惯性张量。对于这项工作, 部分可以通过 CAD 程序包实现。可以发现, 尾部的运动对质心和惯性张量不会产生明显的影响, 然而, 机翼的翼角则对二者都有显著的影响。图 6.2(a) 说明了扑翼飞行器总体质心位置相对机身质心的变化。随着机翼的运动, 质心随着机翼在垂直方向上移动。惯性张量的变化如图 6.2(b) 所示, 离轴的惯量乘积变化相对较小, 而同轴的惯性力矩则有明显的变化, 尤其是在俯仰轴和偏航轴上。

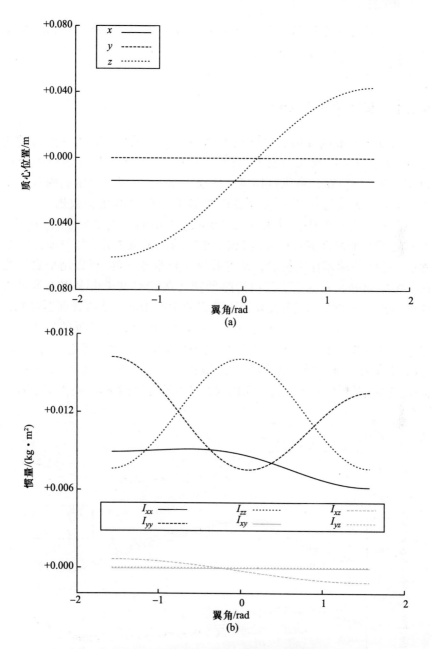

图 6.2 机翼位置变化的质量分布变化

(a) 全机质心相对机身质心的位置变化; (b) 全机质心的惯性张量变化。

为了充分采集质量分布变化的影响, 要对姿态相关性进行建模, 这可以使用具有变化质量分布的单体模型, 也可以采用包含几个刚体的多体模型来实现。

6.2.4 非线性飞行运动

大量的不断增加的文献描述了风洞中扑翼飞行器升力和推力的研究, 但在空气中扑翼飞行器的自由飞行动力学相关的研究内容则相对较少。为了研究在自由飞行环境中的动力学, 设计了一个定制的电子设备, 用来测量并记录扑翼飞行器直线水平飞行时的相关数据。

该电子设备整机尺寸大约为 0.044 m×0.070 m, 质量为 0.028 kg。板上安装了一个惯性测量单元, 集成了正交的三轴磁力计、加速度计和陀螺仪。这些传感器在飞机的自动驾驶仪中是很普遍的, 可以用来测量航向、线加速度和角速率。其他传感器安装在航空电子板上用来测量驱动器的指令和响应, 电路板采用可编程的 PIC 18F8722 微处理器控制。

以 146 Hz 的速率记录一段 6.4 s, 包含了 28 个完整冲程的匀速直线水平飞行数据。由于记录信号随机翼振动频率呈周期性变化, 统计平均方法可应用于确定特征波形和波形数据的统计。图 6.3 给出了在一个标准冲程阶段中, 一些飞行数据的统计平均值和两个标准差界限。第一

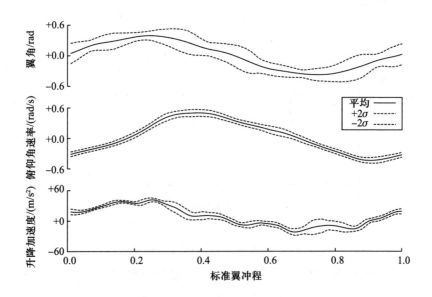

图 6.3　两个标准差的飞行数据统计平均

幅子图显示了翼角剖面, 接近频率为 4.7 Hz 的正弦波形。第二幅子图显示机身俯仰角速率, 振荡至 322 rad/s。最后一幅子图显示垂直升降加速度, 最高为 46.11 m/s²。

这些测量值是在最有利的直线水平稳定飞行条件下记录的, 所得到的快速运动并不是传统飞行器的特点, 快速和高振幅振动源自机翼拍动, 使用传统飞行器模型是得不到的, 建议采用非线性多体飞行动力学模型。此外, 高加速度不适于使用传统姿态估计方法, 如 TRIAD 算法和 QUEST 算法, 而需要一个基于模型的状态估计器来估算飞行器的姿态。在机翼冲程的过渡阶段附近方差值增加, 意味着存在非定常空气动力学效应。

6.3 飞行器运动方程

6.3.1 传统飞行器模型

很多飞行器的动力学常常近似采用单个刚体的动力学方程。一般的飞行器采用单个刚体进行建模如图 6.4 所示。本章中向量用黑体小写符号, 下标表示向量的起点和终点, 上标表示向量在哪个坐标系。矩阵用大写黑体字母表示。惯性坐标系被放在地球 C_I 表面任意一个点上, 其坐标系的 "NED" 单位向量 $\boldsymbol{K}_I = \{e_{xI}, e_{yI}, e_{zI}\}$ 分别指向北、东和

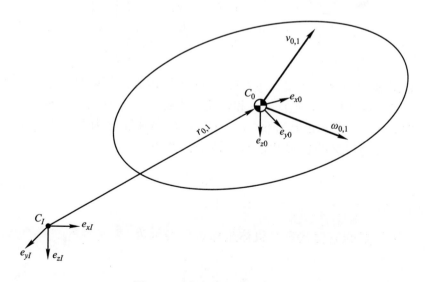

图 6.4   一般刚体飞行器示意图

地这 3 个方向。机体坐标系放在了飞机质心 C_0 点上，其坐标系的单位矢量 ($K_0 = \{e_{x0}, e_{y0}, e_{z0}\}$) 分别指向飞机的机头、右翼和机体下方。惯性坐标系假定为一个真实的惯性坐标系，固定在一个空间位置上，而机体坐标系与飞行器固联，并随之一起运动。

向量 $r_{0,\text{I}}$ 描述飞机质心的对于惯性坐标系空间位置。向量 $\eta_{0,\text{I}}$ 是一个 3 或 4 个元素的向量，描述飞行器相对惯性坐标系的方位。在本章中，运用一个单位四元数将方位参数化，即

$$\eta_{0,\text{I}}^{\text{I}} = \begin{bmatrix} \chi \sin(\gamma/2) \\ \cos(\gamma/2) \end{bmatrix} = \begin{bmatrix} \varepsilon \\ \delta \end{bmatrix} \tag{6.1}$$

式中：四元数的向量部分 ε 和标量部分 δ，由绕欧拉轴 χ 转动一个角度 γ 导出 (Hughes, 2004)，使用四元数的原因是因为其全局有效，而传统的欧拉角公式在一些特定的旋转角度上会出现奇异点 (Kuipers, 1998)。飞行器的姿态角可以用于定义一个惯性坐标系中的向量 (如重力) 到机体坐标系的旋转矩阵：

$$\boldsymbol{R}^{0,\text{I}} = \left(\delta^2 - \varepsilon^{\text{T}}\varepsilon\right) \mathbb{I} + 2\varepsilon\varepsilon^{\text{T}} - 2\delta S(\varepsilon) \tag{6.2}$$

式中斜算子定义为

$$S(\boldsymbol{x})\boldsymbol{y} = \boldsymbol{x} \times \boldsymbol{y} = \begin{bmatrix} 0 & -x_3 & x_2 \\ x_3 & 0 & -x_1 \\ -x_2 & x_1 & 0 \end{bmatrix} \begin{bmatrix} y_1 \\ y_2 \\ y_3 \end{bmatrix} \tag{6.3}$$

也就是表示为两个向量 $\boldsymbol{x}, \boldsymbol{y} \in \mathbf{R}^{3 \times 1}$ 的叉乘运算的矩阵形式。

飞行器具有平动速度 $v_{0,\text{I}}$ 和转动角速度 $\omega_{0,\text{I}}$，这些向量通常在机体系中表示，平动速度记为 $[u \quad v \quad w]^{\text{T}}$，转动角速度记为 $[p \quad q \quad r]^{\text{T}}$。

飞行器广义的位置状态在惯性坐标系为

$$\boldsymbol{p} = \begin{bmatrix} r_{0,\text{I}}^{\text{I}} \\ \eta_{0,\text{I}}^{\text{I}} \end{bmatrix} \tag{6.4}$$

飞行器的速度状态在机体坐标系中表示为

$$\boldsymbol{v} = \begin{bmatrix} v_{0,\text{I}}^{0} \\ \omega_{0,\text{I}}^{0} \end{bmatrix} \tag{6.5}$$

由于位置和速度状态向量在不同的参考坐标系中, 描述位置状态变化的运动学微分方程是非平面关系, 并表示为

$$\begin{bmatrix} \dot{r}_{0,\mathrm{I}}^{\mathrm{I}} \\ \dot{\eta}_{0,\mathrm{I}}^{\mathrm{I}} \end{bmatrix} = \begin{bmatrix} R^{\mathrm{I},0} & 0 \\ 0 & J_\eta \end{bmatrix} \begin{bmatrix} v_{0,\mathrm{I}}^0 \\ \omega_{0,\mathrm{I}}^0 \end{bmatrix} \tag{6.6}$$

或者更简洁地表示为

$$\dot{p} = \Phi v \tag{6.7}$$

式中: Φ 取决于速度方向, 并且具有矩阵 Ψ 定义的逆关系。

对于一个使用四元数参数化的姿态, 姿态的雅可比矩阵为

$$J_\eta = \frac{1}{2} \begin{bmatrix} \delta\, \mathrm{II} - S(\varepsilon) \\ -\varepsilon^{\mathrm{T}} \end{bmatrix} \tag{6.8}$$

动力学微分方程描述了作为状态变量和作用于系统上力函数的速度状态变化, 对于一个单刚体, 这些方程可以非常容易由牛顿 – 欧拉方程推导出来, 即

$$\frac{\mathrm{d}}{\mathrm{d}t} \begin{bmatrix} m v_{0,\mathrm{I}}^{\mathrm{I}} \\ I^{\mathrm{I}} \omega_{0,\mathrm{I}}^{\mathrm{I}} \end{bmatrix} = \begin{bmatrix} f_0^{\mathrm{I}} \\ \tau_0^{\mathrm{I}} \end{bmatrix} \tag{6.9}$$

这些可以在任何一本飞行动力学的书上找到 (Klein and Morelli, 2006; McRuer et al., 1973; Stevens and Lewis, 2003)。在式 (6.9) 中, m 是飞行器质量, I 为飞行器惯性张量, 相应的 f_0 和 τ_0 表示作用于飞行器上的力和力矩。

采用微分算子和代数处理形式, 式 (6.9) 可以写为

$$\begin{bmatrix} m\mathrm{I} & 0 \\ 0 & I_0^0 \end{bmatrix} \begin{bmatrix} \dot{v}_{0,\mathrm{I}}^0 \\ \dot{\omega}_{0,\mathrm{I}}^0 \end{bmatrix} + \begin{bmatrix} mS(\omega_{0,\mathrm{I}}^0) & 0 \\ 0 & S(I_0^0 \omega_{0,\mathrm{I}}^0) \end{bmatrix} \begin{bmatrix} v_{0,\mathrm{I}}^0 \\ \omega_{0,\mathrm{I}}^0 \end{bmatrix} = \begin{bmatrix} f_0^0 \\ \tau_0^0 \end{bmatrix} \tag{6.10}$$

或者更为简洁地写为

$$M(p)\dot{v} + C(p,v)v = \tau \tag{6.11}$$

这是欧拉 – 拉格朗日系统的仿真与非线性控制设计时的规范形式 (Ortega and Loria, 1998; Slotine and Li, 1991)。矩阵 $M(p)$ 描述了作为位置函数的广义质量和系统惯性。矩阵 $C(p,v)$ 包括由向心加速度和科里奥利加速度引起的非线性作用力。向量 τ 描述外部作用力, 如说由重力、气动力和输入控制的作用力。

从这方面看, 式 (6.7) 和式 (6.11) 构成了一组 13 个全局有效的常微分方程 (ODE), 该方程可以得出刚体飞行器的位置和速度状态变量。运用位置和速度状态变量的模型对于传统飞行器的飞行动力学参数化是足够的。然而, 对于扑翼飞行器或者其他变体飞行器的飞行动力学建模这种模型存在很多缺陷。例如, 这些方程根据质量分布不变的单个刚体假设导出的。放宽这个假设, 推导产生了一个新的耦合矩阵:

$$C(\boldsymbol{p}, \boldsymbol{v}) = \begin{bmatrix} mS(\boldsymbol{\omega}_{0,\mathrm{I}}^0) + \dot{m}\,\mathbb{I} & \boldsymbol{0} \\ \boldsymbol{0} & -S(\boldsymbol{I}_0^0 \boldsymbol{\omega}_{0,\mathrm{I}}^0) + \dot{\boldsymbol{I}}_0^0 \end{bmatrix} \tag{6.12}$$

这个矩阵加入了因质量改变产生的加速度和因质量重心移动产生惯性张量的变化, 这些取决于飞行器的构形。这个扩充抓住了因扑翼产生质量分布变化, 而引起的总效应; 但是没有抓住拍动机翼产生的内部反作用力。可以用多体模型表征这个可能引起严重俯仰运动和高度振荡的内部反作用力。

6.3.2　多体模型的配置

由于传统飞机模型的局限性, 需要使用多体模型来近似拍动机翼的扑翼飞行器飞行动力学。有许多方法可以建立多体模型的运动方程, 设计者必须根据建模目标来选择合适的方法。例如说, 建模过程可以运用计算机化多体编码自动进行 (Masarati, 2010)。这些编码在仿真和分析中较为有效, 它们通常完全在惯性坐标系中建立, 在参数化气动力和用于稳定性、控制分析的模型建模中比较困难。

另外, 解析模型建立很困难, 但是它可以根据稳定性和控制的特定目标自由地对模型进行裁剪。动力学建模可以分成经典方法和能量方法。经典方法是根据牛顿 – 欧拉方程 (式 (6.9)) 建立多体系统中的每一个刚体的刚体运动方程。代数约束方程用于连接个体的联动装置, 得到一个微分代数方程, 并同时求解。这个方法很普遍, 也很直接, 通常应用于多体编码中, 但是会产生许多多余的状态变量和一组微分代数方程。为了进行稳定性和控制分析, 必须应用一些小技巧减少微分代数方程的数量。

另一类动力学方程是基于能量的方法。这些方法包括哈密尔顿方程、麦基方程和拉格朗日方程, 这 3 种方程式都源于 d'Alembert 的虚功原理。这些方法中, 建立了系统全部的标量能量, 使用几个微分算子来获得运动的动力学方程。此外, Gibbs-Appell 方程 (Greenwood, 2003) 和凯恩方程 (Kane and Levinson, 1985) 运用的类似方法, 使用了一个 "加速能量" 的标量。然而, 这些方法需要冗长的状态相关的能量标量计算和几个微分, 在这里使用这些方法进行飞行动力学建模, 允许常微分方程使用最少的状态变量, 满足控制系统设计要求的小而准确的模型。此外, 这个过程不需要特别的技巧, 代数计算机软件如 Mathematica 可以用于自动生成这些方程。系统的能量标量还可以用于生成设计非线性控制系统的李雅普诺夫方程 (Slotine and Li, 1991)。

如图 6.5 所示, 扑翼飞行器的多体配置包括 5 个刚体, 机身、每个机翼和每个尾部机构活动部分作为一个刚体。下标 ij 用来标示每个刚体, 其中, i 为联动装置号, j 为链号。每个刚体都有一个原点在局部质心 C_{ij} 上的坐标系 K_{ij}, 与刚体固联的向量 $\boldsymbol{l}_{ij}$ 和 $\boldsymbol{r}_{ij}$ 表示体内、体外的旋转副 (链接装置) 相对局部重心位置。这些向量经过了轴 $\boldsymbol{z}_{ij}$ 和 $\boldsymbol{z}_{(i+1)j}$。θ_{ij} 角度为刚体 ij 绕 $\boldsymbol{z}_{ij}$ 轴相对与之相邻刚体的旋转角度。

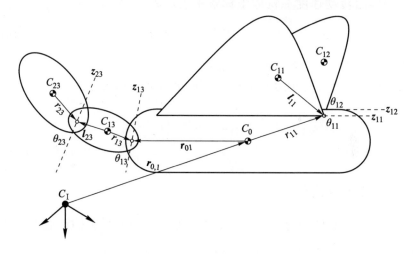

图 6.5 多体扑翼飞行器示意图

6.3.3 运动学方程

扑翼飞行器状态变量的选取与文献中关于飞行器和机器人的操控器选取的一致: 位于中心的机身和驱动的连接装置。位置状态为

$$\boldsymbol{p} = \begin{bmatrix} \boldsymbol{r}_{0,\mathrm{I}}^{\mathrm{I}} \\ \boldsymbol{\eta}_{0,\mathrm{I}}^{\mathrm{I}} \\ \boldsymbol{\theta} \end{bmatrix} \tag{6.13}$$

式中: $r_{0,\mathrm{I}}^{\mathrm{I}}$ 为机身质心的惯性位置; $\eta_{0,\mathrm{I}}^{\mathrm{I}}$ 为机身姿态的四元数; 向量 $\boldsymbol{\theta}$ 为连接在铰接接头上机翼的角度 $\theta_{11}, \theta_{12}, \theta_{13}$ 和 θ_{23}。

扑翼飞行器的速度向量为

$$\boldsymbol{v} = \begin{bmatrix} \boldsymbol{v}_{0,\mathrm{I}}^{0} \\ \boldsymbol{\omega}_{0,\mathrm{I}}^{0} \\ \dot{\boldsymbol{\theta}} \end{bmatrix} \tag{6.14}$$

式中: $\boldsymbol{v}_{0,\mathrm{I}}^{0}, \boldsymbol{\omega}_{0,\mathrm{I}}^{0}$ 分别为机身的平动速度和转动速度; $\dot{\boldsymbol{\theta}}$ 为铰链的转动速率。

链接 j 上和链接 i 上质心位置在惯性坐标系中的位置向量为

$$\boldsymbol{r}_{ij,\mathrm{I}}^{\mathrm{I}} = \boldsymbol{r}_{0,\mathrm{I}}^{\mathrm{I}} + \boldsymbol{R}^{\mathrm{I},0}\boldsymbol{r}_{0j}^{0} + \sum_{k=1}^{i-1} \boldsymbol{R}^{\mathrm{I},kj}\left(\boldsymbol{r}_{kj}^{kj} - \boldsymbol{l}_{kj}^{kj}\right) - \boldsymbol{R}^{\mathrm{I},ij}\boldsymbol{l}_{ij}^{ij} \tag{6.15}$$

刚体的转动速度在机体坐标系中表示为

$$\boldsymbol{\omega}_{ij,\mathrm{I}}^{\mathrm{IJ}} = \boldsymbol{R}^{ij,0}\boldsymbol{\omega}_{0,\mathrm{I}}^{0} + \boldsymbol{Z}_{ij}^{ij}\dot{\boldsymbol{\theta}} \tag{6.16}$$

式中: 矩阵 $\boldsymbol{Z}_{ij}$ 对应链接的旋转轴。

对位置向量 (式 (6.15)) 进行微分得出机体坐标系中的平动速度为

$$\boldsymbol{v}_{ij,\mathrm{I}}^{0} = \boldsymbol{v}_{0,\mathrm{I}}^{0} + S(\boldsymbol{\omega}_{0,\mathrm{I}}^{0})\boldsymbol{r}_{0j}^{0} + \sum_{k=1}^{i-1} S(\boldsymbol{\omega}_{kj}^{0})\boldsymbol{R}^{0,kj}\left(\boldsymbol{r}_{kj}^{kj} - \boldsymbol{l}_{kj}^{kj}\right) - S(\boldsymbol{\omega}_{ij}^{0})\boldsymbol{R}^{0,ij}\boldsymbol{l}_{ij}^{ij}$$
$$\tag{6.17}$$

6.3.4 动力学方程

运用每个刚体的速度表达式 (6.17) 和式 (6.16), 系统的动能可以利用 König 理论表示为

$$T(\boldsymbol{p}, \boldsymbol{v}) = \frac{1}{2}\sum_{i=0}^{n_i}\sum_{j=0}^{n_j} m_{ij}(\boldsymbol{v}_{ij,\mathrm{I}}^{0})^{\mathrm{T}}(\boldsymbol{v}_{ij,\mathrm{I}}^{0}) + (\boldsymbol{\omega}_{ij,\mathrm{I}}^{ij})^{\mathrm{T}}\boldsymbol{I}_{ij}^{ij}(\boldsymbol{\omega}_{ij,\mathrm{I}}^{ij}) \tag{6.18}$$

式中: n_j 为运动链的总数; n_i 为链 j 上链接装置的数量。

此外, 系统势能表示为

$$U(\boldsymbol{p}) = -\sum_{i=0}^{n_i}\sum_{j=0}^{n_j} m_{ij}(\boldsymbol{r}_{ij,\mathrm{I}}^{\mathrm{I}})^{\mathrm{T}}\boldsymbol{g}^{\mathrm{I}} \tag{6.19}$$

式中: $\boldsymbol{g}$ 为当地重力加速度向量。在本章中, 飞行条件假定为标准海平面条件, 重力场强度为 $9.81\,\mathrm{m/s^2}$。

Boltzmann-Hamel 等式用于导出系统的动力学方程。这是一个用于解决位置向量和速度向量在不同的参考坐标系表示时的拉格朗日方程泛化形式。采用矩阵形式表示为

$$\frac{\mathrm{d}}{\mathrm{d}t}\left[\frac{\partial T}{\partial \boldsymbol{v}}\right]^{\mathrm{T}} + \left(\sum_{k=1}^{n_v} \frac{\partial T}{\partial v_k}\boldsymbol{\Gamma}_k\right)\boldsymbol{v} - \boldsymbol{\Phi}^{\mathrm{T}}\left[\frac{\partial T}{\partial \boldsymbol{p}}\right]^{\mathrm{T}} = \boldsymbol{\tau} \tag{6.20}$$

式中: n_v 为速度向量的数量, 同时, Hamel 系数矩阵定义为

$$\boldsymbol{\Gamma}_k = \boldsymbol{\Phi}^{\mathrm{T}}\boldsymbol{\Lambda}_k\boldsymbol{\Phi} \tag{6.21}$$

其中: 单个矩阵元素为

$$\{\boldsymbol{\Lambda}_k\}_{mn} = \frac{\partial \Phi_{km}}{\partial p_n} - \frac{\partial \psi_{kn}}{\partial p_m} \tag{6.22}$$

式 (6.20) 可以用代数代换的方法转换成规范形式 (式 (6.11)), 特别地, 动能可以写成二次形式, 即

$$T(\boldsymbol{p}, \boldsymbol{v}) = \frac{1}{2}\boldsymbol{v}^{\mathrm{T}}\boldsymbol{M}_{\mathrm{b}}(\boldsymbol{p})\boldsymbol{v} \tag{6.23}$$

将式 (6.23) 代入式 (6.20) 进行微分, 可以重新组合为

$$\boldsymbol{M}_b\dot{\boldsymbol{v}} + \left(\dot{\boldsymbol{M}}_b + \sum_{k=1}^{n_v} \frac{\partial T}{\partial v_k}\boldsymbol{\Gamma}_k - \frac{1}{2}\boldsymbol{\Phi}^{\mathrm{T}}(\mathrm{II} \otimes \boldsymbol{v}^{\mathrm{T}})\left[\frac{\partial \mathrm{M}_b}{\partial \boldsymbol{p}}\right]^{\mathrm{T}}\right)\boldsymbol{v} = \boldsymbol{\tau} \tag{6.24}$$

式中: $\otimes$ 为克罗内克积算子 (Brewer 1978)。

刚体质量矩阵 $\boldsymbol{M}_{\mathrm{b}}(\boldsymbol{p})$ 为每个独立刚体的质量矩阵的和。具有相同联动装置号 i 的刚体质量矩阵具有相同的形式。矩阵通过使用代数操作将每个刚体的动能转化成式 (6.23) 的形式来建立, 式 (6.23) 中, 质量矩阵的形式已经很明显了。机身体 $i=0$ 的质量矩阵为

$$\boldsymbol{M}_{\mathrm{b}}(\boldsymbol{p}) = \begin{bmatrix} m_0\mathrm{II} & \mathbf{0} & \mathbf{0} \\ \mathbf{0} & \boldsymbol{I}_0^0 & \mathbf{0} \\ \mathbf{0} & \mathbf{0} & \mathbf{0} \end{bmatrix} \tag{6.25}$$

与传统的刚体飞行器的形式一致。同样地, 对于联动装置号 $i=1$ (如机翼) 和联动装置号 $i=2$ (如平尾) 的刚体质量矩阵可以用同一方法建立。

一旦质量矩阵确定后, 可以建立动力学耦合矩阵 $\boldsymbol{C}(\boldsymbol{p}, \boldsymbol{v})$。当乘积 $\boldsymbol{C}(\boldsymbol{p}, \boldsymbol{v})\boldsymbol{v}$ 是唯一时, 矩阵 $\boldsymbol{C}(\boldsymbol{p}, \boldsymbol{v})$ 并不是唯一的, 而且可以有几种形式。

在欧拉 - 拉格朗日系统非线性控制中, 有一个特定形式的耦合矩阵, 满足 $\dot{M}(p,v) - 2C(p,v)$ 是一个斜对称矩阵的条件。这个条件通常用无源性控制方法设计非线性控制器, 有不抵消非线性系统动力学的潜在好处。式 (6.24) 建立的耦合矩阵并不满足这个条件, 而是通过 (Lewis et al., 2004) 扩展, 使耦合矩阵为

$$C(p,v) = \frac{1}{2}\dot{M}_{\mathrm{b}} + \left(\sum_{k=1}^{n_v}\frac{\partial T}{\partial v_k}\boldsymbol{\Gamma}_k\right) + \frac{1}{2}\left[\frac{\partial M_{\mathrm{b}}}{\partial p}\right](v\otimes\mathrm{II})\boldsymbol{\Phi} - \frac{1}{2}\boldsymbol{\Phi}^{\mathrm{T}}(\mathrm{II}\otimes v^{\mathrm{T}})\left[\frac{\partial M_{\mathrm{b}}}{\partial p}\right]^{\mathrm{T}} \tag{6.26}$$

由于式 (6.26) 的形式便于实现这些特性, 所以作为本章使用的形式。全部的刚体扑翼飞行器的动力学方程表示为

$$M_{\mathrm{b}}(p)\dot{v} + C_{\mathrm{b}}(p,v)v + g(p) + a(p,v) = \tau \tag{6.27}$$

式中: τ 为广义力; $g(p)$ 为重力加速度产生的力和力矩; $a(p,v)$ 为飞行产生的气动力和气动力矩。

重力效应包括

$$g(p) = \boldsymbol{\Phi}^{\mathrm{T}}\left[\frac{\partial U}{\partial p}\right]^{\mathrm{T}} \tag{6.28}$$

气动效应向量 $a(p,v)$ 将在后面章节中讨论。

6.4 系统辨识

上面提到的刚性, 多体运动方程是由第一条准则导出来的。在很多情况下, 采用系统辨识技术进行动态系统建模是必要的, 或者说是有益的。系统辨识是一个在特定条件下通过对输入输出的观测确定行为类似于物理系统数学模型的过程。关于系统辨识的完整描述可以在 (Klein and Morelli, 2006; Tischler and Remple, 2006; Ljung, 1999) 的著作中找到。本章中的系统辨识主要应用于获得先前未知的驱动器动力学和空气动力学模型。

通过试验获取原始数据后, 系统辨识有两个重要步骤, 即确定模型结构和参数估计。模型结构的确定是结合动态模型、相关输入和输出的过程。模型结构可以通过先验知识或者设计要求确定, 也可以用统计方法来确定, 如逐步回归、正交回归因子方法 (Klein and Morelli, 2006)。

参数估计是确定模型内部参数的过程。例如, 基于数据的稳定性与

控制导数。参数估计 ϕ 用于使代价函数式 (6.29) 最小, 即

$$J(\phi) = \frac{1}{2}(z - y)^{\mathrm{T}}R^{-1}(z - y) \tag{6.29}$$

式中: z 为量测值; y 为模型输出; R 为加权矩阵。

极大似然估计的两种常用的简化方法是方程误差法和输出误差法。在方程误差方法中, 假定过程误差, 量测值指定为加速度, 输出误差法中, 假定量测误差, 量测通常为位置、速度和 (或) 加速度。方程误差法通常是一个线性估计问题, 具有解析解。而输出误差法通常是一个非线性估计问题, 通常需要迭代求解, 然而, 它假设更为真实, 且更为准确。总之, 两种估计方法都可以在时域和频域上进行。

6.4.1 耦合的驱动器模型

实验室测试和飞行视频回放, 表明用在扑翼飞行器上的标准业余驱动器不具备良好的研究性能, 具有非理想动态性能, 会降低闭环性能, 例如延迟。系统辨识用于确定这些驱动器的简单动态模型, 提高系统模型的逼真度。

扑翼飞行器上安装有一个无刷直流电动机和两个 hobby 伺服电动机。试验将驱动器约束在给定输入的力矩单元中, 测量位置和速度输出 (Grauer and Hubbard, 2009a)。模型结构测定采用并获得一个简单线性模型结构:

$$M_a\dot{v} + C_a v + G_a \tau + K_a p = B_a u \tag{6.30}$$

式中: τ 为铰链力矩; u 为操控员输入; 矩阵 M_a 为驱动器电枢的惯性; 矩阵 C_a 模拟由黏性摩擦、电抗和反电磁力所引起的线性阻尼, 矩阵 G_a 对角线上为连接齿轮比率的平方的倒数; 矩阵 K_a 描述了在伺服电动机控制板上的比例反馈产生的合成稳定性; 矩阵 B_a 为控制输入耦合增益。

使用其他类型的模型和附加的控制增益不能获得额外的模型准确度。

每个驱动器的参数估计是在时域和频域通过方程误差法和输出误差法来获得的。如图 6.6 所示, 使用时域的输出误差方法, 在 95% 的置信水平条件下获得的模型与真实数据的对比。这个模型与数据非常匹配, 对相应参数都具有较低的误差界限, 参数估计是准确的。

求解刚体动力学方程 (式 (6.27)) 的 τ, 代入驱动器动力学方程 (式 (6.30)), 结合运动学方程, 得

$$[G_a M_b + M_a]\dot{v} + [G_a C_b + C_a]v + [G_a g + G_a a + K_a p] = B_a u \tag{6.31}$$

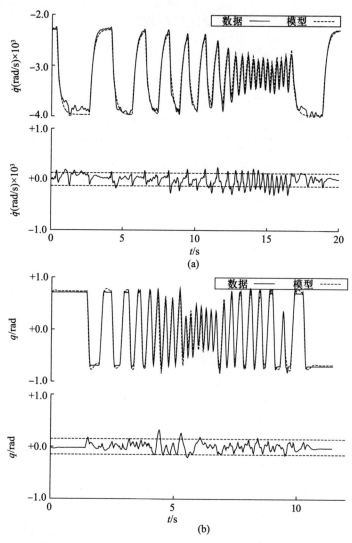

图 6.6   使用时域的输出误差方法的驱动器参数估计

(a) 直流电动机; (b) 伺服电动机。

仍然保持了非线性控制设计的规范形式:

$$M(p)\dot{v} + C(p,v)v + w(p,v) = B_a u \tag{6.32}$$

6.4.2 尾翼空气动力学

尾翼空气动力学模型采用传统稳定的风洞测试方法确定。扑翼飞行器固定在测压元件上, 并置于喷流式风洞的测试段中进行试验。循环改变尾翼攻角和侧滑角, 记录升力和阻力的测量值。

应用正交回归因子的方法 (Klein and Morelli 2006) 根据数据确定模型结构中的上升和阻力系数, 即

$$C_{\mathrm{L}} = C_{\mathrm{L}_0} + C_{\mathrm{L}_\alpha}\alpha + C_{\mathrm{L}_{\alpha\beta}}\alpha\beta + C_{\mathrm{L}_{\alpha^3}}\alpha^3 + C_{\mathrm{L}_{\alpha^2\beta^2}}\alpha^2\beta^2 \qquad (6.33)$$

$$C_{\mathrm{D}} = C_{\mathrm{D}_0} + C_{\mathrm{D}_{\alpha^2}}\alpha^2 \qquad (6.34)$$

使用方程误差法在时域和频域进行参数估计。频域上的模型符合度分析如图 6.7 所示。这个模型与数据匹配良好, 参数估计具有较小的误差边界。

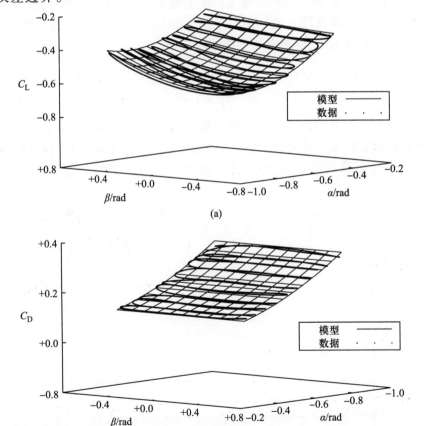

图 6.7 尾部空气动力学模型

(a) 升力系数; (b) 阻力系数。

6.4.3 机翼空气动力学

在运动的动力学方程中 (式 (6.31)),唯一的未知项为空气动力分布 $a(p, v)$,这些项可独立出来为

$$a(p, v) = G_a^{-1}[Bu - M(p)\dot{v} - C(p, v)v - G_a g(p) - K_a p] \qquad (6.35)$$

式 (6.35) 左边为由机翼和尾部产生的气动力和气动力矩,而右边的变量可以在地面上和飞行测试中进行测量。

飞行测试用于应用系统辨识方法确定剩下的机翼气动力分布。位置和速度状态量测值通过视觉跟踪系统采集的数据来进行估计,这个视觉跟踪系统提供安装在扑翼飞行器上的大量反光标志的空间位置数据。将这些量测值代入式 (6.35),得到气动力的量测值,如升力和推力。

在时域采用逐步测定法导出模型结构:

$$C_L = C_{L_0} + C_{L_{v_x}} v_x + C_{L_{v_z}} v_z + C_{L_{\omega_y}} \omega_y + C_{L_{\dot{\theta}_{11}}} \dot{\theta}_{11} \qquad (6.36)$$

$$C_T = C_{T_0} + C_{T_{\dot{\theta}_{11}}} \dot{\theta}_{11} + C_{T_{\theta_{11}^2}} \theta_{11}^2 + C_{T_{\dot{\theta}_{11}^2}} \dot{\theta}_{11}^2 \qquad (6.37)$$

这是一个升力的准定常模型和阻力的抛物线模型。采用误差方程法在时域和频域计算参数的估计。时域的结果如图 6.8 所示。这个模型采用十分简单的气动力模型,且与推力和升力趋势吻合得很好。

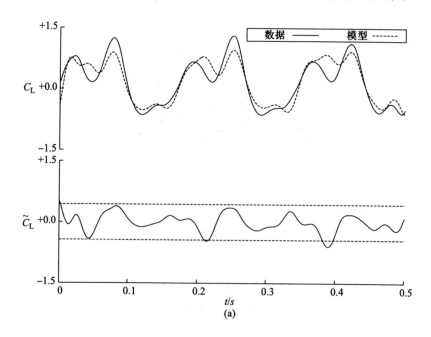

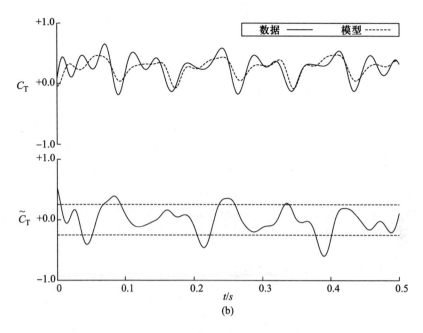

图 6.8 机翼空气动力学模型

(a) 升力系数; (b) 推力系数。

系统辨识方法为建立扑翼飞行器飞行动力学模型提供了一个关键工具。刚体动力学可以用第一准则导出,而气动力模型和驱动器模型则需要试验和分析。通过系统辨识获得的模型对于集成包括非定常空气动力学、膜翅动力学和气动弹性效应一系列复杂现象的控制系统来说,精度是足够的。

6.5 仿真与反馈控制

现在,采用解析建模和试验数据系统辨识的组合方法构建了扑翼飞行器飞行动力学完整的非线性模型,用编程实现的计算机模型来构建飞行仿真器,研究飞行动力学和测试反馈控制的设计。对运动方程式(6.7) 和式 (6.23) 用 MATLAB 编程,从初始参数和控制律开始使用隐式求解器 ode15s 的数值进行积分。

扑翼飞行器和其他传统飞行器一个明显的区别是它们的平衡状态不是单个点,而是在状态空间中的闭轨线。

因拍动机翼产生的周期变化产生了俯仰角和俯仰速率的振荡,同样还有纵向速度和升降速度的振荡。图 6.3 中的试验数据可以明显地看到这种现象,同时几种飞行动力学模型 (Bolender 2010; Dietl and Garcia 2008) 的仿真结果也证实了这种现象。图 6.9 所示为采用固定控制设置的扑翼飞行器水平直线飞行的仿真。目前, 一种试差法用于寻找可以使扑翼飞行器位于状态空间的稳定流形区的初始条件。扑翼飞行器被调整到飞行速度为 $7.79\,\mathrm{m/s^2}$,平均俯仰角为 $0.06\,\mathrm{rad}$, 机翼拍动频率为 $5.8\,\mathrm{Hz}$ 的状态。图 6.9 所示为扑翼飞行的刚体运动动画的画面, 拍摄的时间间隔为 $0.125\,\mathrm{s}$。飞行动作与飞行测试的视频是一致的,并采集到了扑翼飞行器的俯仰和升降运动的相位变化。状态变量如图 6.9(b) 所示,振幅的数据与机载电子硬件采集的测量值是一致的 。

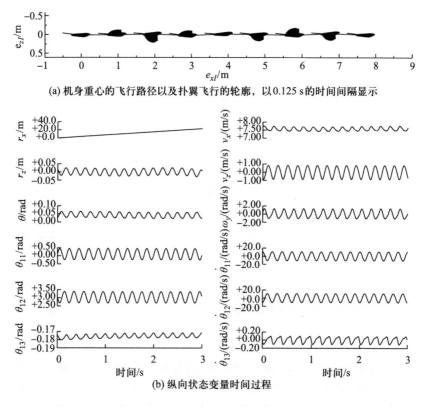

(a) 机身重心的飞行路径以及扑翼飞行的轮廓, 以 0.125 s 的时间间隔显示

(b) 纵向状态变量时间过程

图 6.9   扑翼飞行器在水平直线飞行的计算机仿真

计算机仿真为硬件实现之前的反馈控制器测试与调整提供了一个很好的工具。反馈控制器的简单目标就是减弱扑翼式飞机俯仰运动。

这一点对改进整体的飞行效率,或提高机载摄影机图像的质量十分有用。机身俯仰角速率(可采用陀螺仪测量),结合操控员控制输入,有

$$u_2 = u_2^* + k_{\mathrm{p}}\omega_y \tag{6.38}$$

式中:k_{p} 为一个向纵向运动引入阻尼的比例系数。控制增益的选择要保证驱动器角度指令很大,但还在硬件设备的限制之内。

使用这种简单的比例控制的计算机仿真结果如图 6.10 所示,包括纵向俯仰角 θ,机身俯仰角速率 ω_y,纵尾角位置 θ_{13}。这些图表明了俯仰角振荡从 0.0419 rad 到 0.0128 rad 逐渐减弱,俯仰角速度振荡从 1.3921 rad/s 到 0.4029 rad/s 减弱。扑翼式飞机飞行更接近平直,安装到机身上的摄像机的振动也就减少。

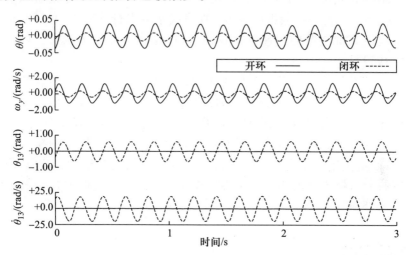

图 6.10 使用混合机身的俯仰率与纵尾指令比例控制律的水平直线飞行仿真结果

6.6 小结

本章主要介绍了扑翼飞行器的飞行动力学建模。目前我们对扑翼飞行器产生兴趣的原因,是因为我们可以设计制造,并让它们飞起来。而且它们可以用较小的尺寸完成很多有用的任务。相对固定翼飞机和旋翼飞机这些传统上的小型飞行器,扑翼飞行器由于具有非定常的、低雷诺数的扑翼飞行特征,展现了在小尺寸的条件下潜在的高敏捷性和高效的飞行能力。

与大多数小型飞机一样,目标就是基于建模第一准则、风洞测试以及飞行数据的系统辨识等技术来建立常微分方程的飞行动力学模型。然后设计飞行控制系统,进行软件仿真,并用硬件实现。最终目标是研制一个完全自主的扑翼式飞行器平台。这个平台可以完成简单的特技,如稳定飞行和航线飞行。或者一些复杂的飞行任务,如通过凌乱的室内环境、停留在树杈上。本章在扑翼飞行器飞行动力学建模的研究方向上迈开了第一步。

飞行动力学模型是基于一个具有代表性的扑翼飞行器飞行平台进行试验建立的。大的质量分布变化、快速的飞行动作和变体飞行器的特征,使得有必要使用多体模型。这个模型通过使用 Boltzman-Hamel 方程的能量法构建,并代入便于非线性控制的形式。驱动器模型和空气动力模型从飞行测试数据中提取。在直线水平飞行仿真中,采用简单的比例反馈来抑制俯仰角速度的振荡,这些结果可以用于未来工程化的控制律设计。

未来还会对这个模型进行深入探讨。运用机翼空气动力学的叶元模型,飞行器权衡设计研究可以通过软件实现。这些研究可以在硬件实现前,通过仿真指导优化设计。扑翼飞行器飞行动力学模型的降阶,可以得到实时控制所需可快速计算的小模型。关于飞行模态的模型线性化,可以提供用于稳定飞行和航线飞行等任务的简单模型。未来,硬件实现的卡尔曼滤波器和无源性飞行控制律可以插入定制的自动驾驶仪来演示扑翼飞行器系统。

参考文献

[1] Bolender M 2010 Open-loop stability of flapping flight in hover number 2010-7552. In *Guidance, Navigation, and Control Conference*, AIAA, Toronto, Ontario.

[2] Brewer J 1978 Kronecker products and matrix calculus in system theory. *IEEE Transactions on Circuits and Systems*, 25(9): 772–781.

[3] Dickinson M, Lehmann F and Sane S 1999 Wing rotation and the aerodynamic basic of insect flight. *Science*, 284: 1954–1960.

[4] Dietl J and Garcia E 2008 Stability in ornithopter longitudinal flight dynamics. *Journal of Guidance, Control, and Dynamics*, 31: 1157–1162.

[5] Grauer J and Hubbard J 2009a Identification and integration of ornithopter

actuator models number 2009-5937. In *Atmospheric Flight Mechanics Conference*, AIAA, Chicago, IL.

[6] Grauer J and Hubbard J 2009b Inertial measurements from flight data of a flapping-wing ornithopter. *Journal of Guidance, Control, and Dynamics*, 32(1), 326–331.

[7] Greenwood D 2003 *Advanced Dynamics*. Cambridge University Press, Cambridge.

[8] Harmon R, Grauer J, Hubbard J, Conroy J, Humbert S, Sitaraman J and Roget B 2008 Experimental determination of ornithopter membrane wing shapes used for simple aerodynamic modeling number 2008-6237. AIAA.

[9] Hughes P 2004 *Spacecraft Attitude Dynamics*. Dover Publications, New York.

[10] Kane T and Levinson D 1985 *Dynamics: Theory and Applications*. McGraw-Hill, New York.

[11] Kinkade S 2010 Hobby technik. www.hobbytechnik.com.

[12] Klein V and Morelli E 2006 *Aircraft System Identification: Theory and Practice*. American Institute of Aeronautics and Astronautics, Reston, VA.

[13] Krashanitsa R, Silin D and Shkarayev S 2009 Flight dynamics of a flapping-wing air vehicle. *International Journal of Micro Air Vehicles*, 1(1), 35–49.

[14] Kuipers J 1998 *Quaternions and Rotation Sequences*. Princeton University Press, Princeton, NJ.

[15] Lewis F, Dawson D and Abdallah C 2004 *Robot Manipulator Control: Theory and Practice*. Marcel Dekker, New York.

[16] Ljung L 1999 *System Identification: Theory for the User*. Prentice Hall, Englewood Cliffs, NJ.

[17] Malhan R, BenedictMand Chopra I 2010 Experimental investigation of a flapping wing concept in hover and forward flight for micro air vehicle applications. 66th Annual Forum American Helicopter Society.

[18] Masarati P 2010 Mbdyn - multibody dynamics software. www.aero.polimi.it/mbdyn/index.html.

[19] McRuer D, Graham D and Ashkenas I 1973 *Aircraft Dynamics and Automatic Control*. Princeton University Press, Princeton, NJ

[20] Ortega R and Loria A 1998 *Passivity-Based Control of Euler-Lagrange Systems*. Springer, New York.

[21] Pesavento U andWang Z 2009 Flapping wing flight can save aerodynamic

power compared to steady flight. *Physical Review Letters*, 103(11), 1–4.

[22] Roget B, Sitaraman J, Harmon R, Grauer J, Hubbard J and Humbert S 2009 Computational study of flexible wing ornithopter flight. *Journal of Aircraft*, 46(6), 2016–2031.

[23] Shyy W, Lian Y, Tang J, Viieru D and Liu H 2007 *Aerodynamics of Low Reynolds Number Flyers*. Cambridge University Press, Cambridge.

[24] Sitaraman J and Baeder J 2003 On the field velocity approach and geometric conservation law for unsteady flow simulations number 2003-3835. AIAA.

[25] Slotine J and Li W 1991 *Applied Nonlinear Control*. Prentice Hall, Englewood Cliffs, NJ.

[26] Stevens B and Lewis F 2003 *Aircraft Control and Simulation*. Wiley, New York.

[27] Tischler M and Remple R 2006 *Aircraft and Rotorcraft System Identification*. American Institute of Aeronautics and Astronautics, Reston, VA.

[28] Tummala Y, Wissa A, Frecker M and Hubbard J 2010 Design of a passively morphing ornithopter wing using a novel compliant spine number 3637. In *Conference on Smart Materials, Adaptive Structures, and Intelligent Systems*. ASME, Philadelphia, PA.

第 7 章

具有时变惯量的变体飞行器飞行动力学

Daniel T. Grant, Stephen Sorley, Animesh Chakravarthy and Rick Lind
美国佛罗里达大学

7.1 概述

机体的转动惯量对于动力学方程和机体相关的运动明显有重要的影响。当然,具有多自由度的平动和转动的航空航天系统,为了正确建立动力学模型,必须在一个较高的精度上考虑惯量的影响。惯量的时变必须使用同样的精度进行考虑,以突出系统的几何和质量变化的影响。

对于空间系统,对诸如燃料消耗、多体旋转等引起惯量时间变化的传统原因进行了广泛而严格的评估。在简谐运动假设下导出空间站内的质量平移效应,并应用于计算平衡稳定性 (Spenny and Williams, 1991)。具有太阳帆的飞行器上也包括了移动质量,可用于通过移动来实现控制的作用。通过库伦系绳控制机体间相对距离和质量分布的双机体系统中,对其动力学和时变惯量进行了建模 (Natarajan and Schaub, 2006)。另一项研究优化了具有双机体系统的设计,这种系统拥有一个可以改变惯量的可移动附件 (Oliver and Asokanthan, 1997)。推进器在推进过程中消耗整个系统的质量,因而也改变了系统的惯量,推进器的影响可以通过反馈和前馈的方式来消除 (Thurman and Flashner, 1996)。另一项空间飞行器动力学测试中,将推进器引起的时变惯量同液体流动造成的影响联合起来进行讨论 (Hill et al., 1998)。

这些传统影响因素及其相应影响在航空飞行器中也进行了广泛的测试,虽然测试的程度没必要像测试航天器那样严格。燃料燃烧的因素通常被忽略掉了,因为它的时间常数比大多数飞行器的飞行动力参数要慢。但是,要进行时变惯量的影响研究,因为空中加油中,质量会很快地从加油机转移到受油机 (Venkataramanan and Dogan n.d.)。在机体较小时,一个微型扑翼飞机的动力学必须在考虑机翼运动的因素下进行计算 (Vest and Katz n.d.)。

飞行器中引入变体机制会改变机体的形状和质量分布,从而导致惯量的时变特性。许多关于变体飞行器的研究,都关注对诸如燃料的消耗 (Bowman n.d.)、航程与续航时间 (Gano and Renaud n.d.)、费用与保障 (Bowman and Weisshar n.d.)、驱动器能耗 (Prock and Crosssley, 2002)、操纵性能 (Rusnell and Batill, 2004)、翼型的要求等 (Secanell and Gamboa, 2005) 问题,以及改变配置对提高稳定性的优势。此外,最大横滚角速度 (Khot and Kolonay, 1997; Gern and Kapania, 2002; Bae and Lee, 2005) 和驱动器负载 (Love and Chase, 2004) 相关的气动弹性效应也被广泛研究。

在微型空中飞行器中也引入了变体的概念,用于实现机动控制。Grant 和 Ling 等特别设计了一种飞行器,该飞行器的左右翼都采用了可向内侧和外侧变化的掠翼。该飞行器通过变形来改变机体的空气动力学特性并且实现了与传感器指向相关的性能指标。机翼可在秒级时间层面改变翼角,因此变形的过渡性必须加以考虑。

本章研究了可变掠翼飞行器的时变惯量影响。特别地,为了突出变体和相关惯量变化的作用,在具有代表性的机动动作中,对飞行动力学进行了说明。时变极点的概念被用于恰当地说明飞行器变体的影响。

7.2 飞行器

7.2.1 设计

设计了一种具有多关节特征的飞行器,基本结构使用预浸双向碳纤维骨架构件与尼龙纤维胶带编织物,机身和机翼完全由这种编织物构成,而尾部采用覆盖了尼龙的碳管。这种结构具有耐久性和重量轻的特点。

机翼实际上由一些独立部件构成,这些部件之间及与机身之间通过杆和关节系统连接。关节如图 7.1 所示, 这些关节类似肘关节和腕关节功能, 用于实现向内侧和向外侧的伸缩, 这些关节的水平运动范围允许接近 ±30°。

图 7.1 机翼上的关节

需要注意的是, 飞行器最终设计中没有传统的副翼控制面。这个特性是变体配置动态范围产生的展向不一致性产生的直接结果。所以, 腕关节设计既可水平伸缩, 又可横滚弯曲 (Abdulrahim and lind, 2005)。这个运动通过制造一个活动接头来模仿汽车上万向接头可达到的不同范围动作来实现, 如图 7.2 所示。

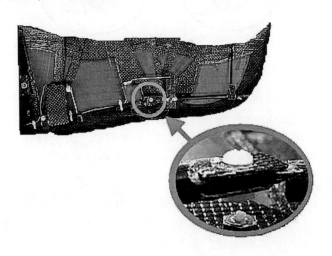

图 7.2 活动肘关节

翼面必须在任何伸展状态下保持光滑, 以避免不希望出现的空气动力学问题。飞行器通过在关节内重叠起来的类羽毛结构来保证这种光滑性, 如图 7.3 所示。当机翼内侧和外侧回掠时这些结构在机翼下互相层叠, 相反地, 当内侧收缩, 外侧伸展时, 它们产生一种像折扇的层叠来提供间隙。这种结构产生表面平滑的收缩和伸展, 通过在每个部分的外侧区域安装的一个轨道和转轮系统来实现, 如图 7.4 所示。

图 7.3　类羽毛单元

由中空碳纤维构成的桅杆, 沿着每个机翼前缘放置。这些桅杆既用于维持前缘的曲线, 又作为每个独立翼上关节的连接。内侧杆通过机身内的一个伺服驱动的线性驱动器实现水平移动。内侧杆在位于机身外部的肘关节处连接内侧机翼段。内侧杆与外侧杆在腕关节处连接, 位置大概位于 1/4 翼展处。外侧机翼区通过腕关节处的伺服机构, 独立于内侧机翼区活动。桅杆的配置及相应的附着点, 如图 7.5 所示。

整体上, 该飞行器质量 596 g, 机身长度为 48 cm。参考参数, 如翼展、弦长, 取决于掠角配置。表 7.1 中给出了这类参数具有代表性的一组数据。表中数据是在左右机翼为指定掠角且对称的限制下获得的。

图 7.4　轨道与转轮系统

图 7.5　翼下的杆结构

　　这种飞行器具备实现大范围掠角配置能力, 这些配置中包括了左右机翼沿内侧段、外侧段可以具有不同的掠角值的配置情况。但是在本章中, 限制只能变体到内侧段和外侧段具有相同的掠角的对称配置形式, 如图 7.6 所示。这是为了将自由度减少到可控数量, 并便于飞行动力学表示。

表 7.1 对称掠角的参考参数

内侧/(°)	外侧/(°)	参考翼展/cm	参考弦长/cm	参考面积/cm²
−15	−30	66.17	14.68	1028.11
−10	−20	73.97	13.12	1003.45
−5	−10	78.81	12.38	976.25
0	0	80.39	11.84	947.11
5	10	78.61	11.62	916.68
10	20	73.61	11.69	885.66
15	30	65.72	12.13	854.76

图 7.6 MAV 的不同掠角配置

7.2.2 建模

飞行动力学运用 Athena 涡格法 (AVL) 估计气动力 (Drela and Youngren n.d.)。在这种低阶的代码中假定流体是非黏性的不可压缩流, 并广泛运用于这类飞行器中, 在薄翼微型飞行器的分析中具有特别的精度 (stanford et al., 2007; Traub, 2009; Gopalarathnam and Norris, 2009; Cox and Hall, 2009; Boschetti et al., 2010; Leong et al., 2010; Royer and Jones, 2010; Stewart and Evers, 2006; Stewart and Salichon, 2007; Stewart and Abate, 2008)。机翼的气动力通过沿流线型机体 (如机身) 相关的流体进行估计。

AVL 假设为准稳定流体, 因此, 不稳定的脱落涡被忽略。更确切地, 它设定了一个较小的衰减频率限制, 也就意味着任何振荡运动, 都必须足够慢, 使得振荡周期都远远长于流体流过机翼弦长的时间, 这种假设对于虚拟任何期望的飞行机动都是有效的。同时运算中使用的横滚、俯仰和偏航角速率必须足够低,保证相对气流角与无量纲转动速率参数判定值一样小。

7.3 运动方程

7.3.1 机体坐标系中的状态

飞行器飞行参数都是基于地球固连或机体固连坐标系系统。所有坐标系系统使用右手法则,并遵守正交法则。如图 7.7 所示,为一个具有代表性的坐标系。

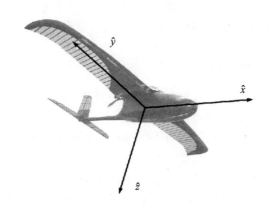

图 7.7 机体固连坐标系

机体固连坐标系的原点位于飞行器的质心,各坐标轴的指向为 x 轴指向机头部分,y 轴指向右翼方向,z 轴指向下。

机体坐标系的平动速度定义为:沿 x 轴的前向速度 u,沿 y 轴的水平速度 v,以及沿 z 轴的垂直速度 w。

飞行器姿态角对于变体翼飞行器建模特别重要。横滚角 ϕ 描述绕 x 轴的旋转,俯仰角 θ 描述绕 y 轴的旋转,偏航角 ψ 描述绕 z 轴的旋转。这些姿态角速率同样重要,横滚角速率 p,表示 x 轴上的角速度,俯仰角速率 q 表示 y 轴上的角速度,偏航角速率 r 表示 z 轴上的角速度。

总之,状态向量包括 3 个姿态角 (ϕ, θ, ψ),3 个角速率 (p, q, r),位置向量 $([x \quad y \quad z])$ 和速度矢量 $([u \quad v \quad w])$。

7.3.2 时变惯量的影响

在很多书籍 (Etkin and Reid, 1996; Nelson, 1998; Roskam, 2001) 和报告 (Duke and Krambeer n.d.) 的严格推导中, 我们可以知道飞行动力学本质上服从与姿态、速度、作用力和力矩相关的 4 个方程组。基本运动方程是基于牛顿定律的, 这样可以适用于有固定和变体几何形状。然而, 描述在一个飞行条件附近的线性化的动力学简化表达式会有一些变化, 特别要考虑到变体将会使得惯量发生变化, 惯量变化不会影响力的方程但是必定会影响力矩方程。

变体飞行器的表达式可以从适用于任何飞行器的角动量基本表达式开始推导, 一些保留项在传统飞机可以忽视, 但是变体飞行器中必须考虑。力的表达式不需要类似的附加项, 例如若不考虑不稳定空气动力学, 升力会随着掠角变化而变化, 而与掠角变化率无关。

7.3.3 力矩的非线性方程

根据牛顿第二定律, 力矩总和与角动量矩总的变化率相等。除非特别说明, 假设推导得出的表达式的所有向量均在机体坐标系中表示, 并用 B 下标表示。例如, 在地球坐标系观察的角动量向量在机体坐标系进行表达, 则记为 $\boldsymbol{H}$。

传统上, 角动量是通过机体坐标系的量测进行计算的。为了恰当地表示地球系上的角动量矢量, 需要转换到地心惯性坐标系, 转换通过式 (7.1) 中的转换定律实现, 即

$$\frac{\mathrm{d}\boldsymbol{H}}{\mathrm{d}t} = \frac{\mathrm{d}\boldsymbol{H}}{\mathrm{d}t}\bigg|_{\mathrm{B}} + {}^{\mathrm{E}}\omega^{\mathrm{B}} \times \boldsymbol{H} \tag{7.1}$$

角动量 $\boldsymbol{H}$ 为惯性张量和角速度向量的乘积。这个张量用在机体坐标系中的传统惯性矩变量表示, 而角速度使用在机体坐标系变量表示, 即

$$\boldsymbol{H} = \begin{bmatrix} I_{xx} & -I_{xy} & -I_{xz} \\ -I_{yx} & I_{yy} & -I_{yz} \\ -I_{xz} & -I_{yz} & I_{zz} \end{bmatrix} \begin{bmatrix} p \\ q \\ r \end{bmatrix} \tag{7.2}$$

$$= \begin{bmatrix} pI_{xx} - qI_{xy} - rI_{xz} \\ qI_{yy} - rI_{zz} - pI_{xy} \\ rI_{zz} - pI_{xz} - qI_{yz} \end{bmatrix} \tag{7.3}$$

对 $\boldsymbol{H}_E$ 关于时间求导计算力矩。该导数可表示为

$$\frac{\mathrm{d}H}{\mathrm{d}t}\bigg|_B = \begin{bmatrix} \dot{p}I_{xx} - \dot{q}I_{xy} - \dot{r}I_{xz} + p\dot{I}_{xx} - q\dot{I}_{xy} - r\dot{I}_{xz} \\ \dot{q}I_{yy} - \dot{r}I_{yz} - \dot{p}I_{xy} + q\dot{I}_{yy} - r\dot{I}_{zz} - p\dot{I}_{xy} \\ \dot{r}I_{zz} - \dot{p}I_{xz} - \dot{q}I_{yz} + r\dot{I}_{zz} - p\dot{I}_{xz} - q\dot{I}_{yz} \end{bmatrix} \tag{7.4}$$

注意, 地心系定义的角动量向量的变化率在机体坐标系中观测, 并在机体坐标系中表示。

把式 (7.4) 带入式 (7.1) 中表示角动量的变化速率, 并引入式 (7.3) 的角动量和角速率的向量积。得到的向量为

$$\frac{\mathrm{d}\boldsymbol{H}}{\mathrm{d}t} = \begin{bmatrix} \dot{p}I_{xx} - \dot{q}I_{xy} - \dot{r}I_{xz} + p\dot{I}_{xx} - q\dot{I}_{xy} - r\dot{I}_{xz} \\ \dot{q}I_{yy} - \dot{r}I_{yz} - \dot{p}I_{xy} + q\dot{I}_{yy} - r\dot{I}_{zz} - p\dot{I}_{xy} \\ \dot{r}I_{zz} - \dot{p}I_{xz} - \dot{q}I_{yz} + r\dot{I}_{zz} - p\dot{I}_{xz} - q\dot{I}_{yz} \end{bmatrix}$$

$$+ \begin{bmatrix} qrI_{zz} - qpI_{xz} - q^2I_{yz} - qrI_{yy} + r^2I_{yz} + rpI_{xy} \\ rpI_{xx} - qrI_{xy} - r^2I_{xz} - rpI_{zz} + p^2I_{xz} - qpI_{yz} \\ pqI_{yy} - rpI_{yz} - p^2I_{xy} - pqI_{xx} + q^2I_{xy} + rqI_{xz} \end{bmatrix} \tag{7.5}$$

用来描述飞机力矩的标准定义与角动量的变化速率相关, 即

$$\frac{\mathrm{d}\boldsymbol{H}}{\mathrm{d}t} = \begin{bmatrix} L \\ M \\ N \end{bmatrix}_E \tag{7.6}$$

用来描述飞机力矩完整的非线性方程组是通过将式 (7.6) 与式 (7.5) 等价起来获得的公式如下:

$$L = \dot{p}I_{xx} - qrI_{yy} + qrI_{zz} + (pr - \dot{q})I_{xy} - (pq + \dot{r})I_{xz}$$
$$+ (r^2 - q^2)I_{yz} + p\dot{I}_{xx} - q\dot{I}_{xy} - r\dot{I}_{xz} \tag{7.7}$$

$$M = rpI_{xx} + \dot{q}I_{yy} - rpI_{zz} - (qr - \dot{p})I_{xy} + (p^2 - r^2)I_{xz}$$
$$+ (qp - \dot{r})I_{yz} + q\dot{I}_{yy} - r\dot{I}_{yz} - p\dot{I}_{xy} \tag{7.8}$$

$$N = -pqI_{xx} + pqI_{yy} + \dot{r}I_{zz} + (q^2 - p^2)I_{xy} + (rq - \dot{p})I_{xz}$$
$$- (rp + \dot{q})I_{yz} + r\dot{I}_{zz} - p\dot{I}_{xz} - q\dot{I}_{yz} \tag{7.9}$$

7.3.4 力矩方程的线性化

力矩方程是通过在平衡状态下考虑扰动来进行线性化的。在某一时刻和状态下展开参数, 如俯仰力矩 M 是平衡状态下总的俯仰力矩

M_0 与扰动 ΔM 的和, 结果分别为

$$L = L_0 + \Delta L \tag{7.10}$$
$$= (r_0\Delta q + q_0\Delta r)(I_{zz} - I_{yy}) + (p_0\Delta r + r_0\Delta p - \Delta\dot{q})I_{xy}$$
$$-(p_0\Delta q + q_0\Delta p + \Delta\dot{r})I_{xz} + (2r_0 - 2q_0\Delta q)I_{yz}$$
$$+\Delta\dot{p}I_{xx} + \Delta p\dot{I}_{xx} - \Delta q\dot{I}_{xy} - \Delta r\dot{I}_{xz} \tag{7.11}$$

$$M = M_0 + \Delta M \tag{7.12}$$
$$= (r_0\Delta p + p_0\Delta r)(I_{xx} - I_{zz}) + (q_0\Delta r + r_0\Delta q - \Delta\dot{p})I_{xy}$$
$$+(2p_0\Delta p - 2r_0\Delta r)I_{xz} + (q_0\Delta p + p_0\Delta q - \Delta\dot{r})I_{yz}$$
$$+\Delta\dot{q}I_{yy} + \Delta q\dot{I}_{yy} - \Delta p\dot{I}_{xy} - \Delta r\dot{I}_{yz} \tag{7.13}$$

$$N = N_0 + \Delta N \tag{7.14}$$
$$= (p_0\Delta q + q_0\Delta p)(I_{yy} - I_{xx}) - (2q_0\Delta q - 2p_0\Delta q)I_{xy}$$
$$+(r_0\Delta q - q_0\Delta r - \Delta\dot{p})I_{xz} - (r_0\Delta p + p_0\Delta r - \Delta\dot{q})I_{yz}$$
$$+\Delta\dot{r}I_{zz} + \Delta r\dot{I}_{zz} - \Delta p\dot{I}_{xz} - \Delta q\dot{I}_{yz} \tag{7.15}$$

表示与平衡状态扰动相关力矩的线性化运动方程如下:

$$I_{xx}\Delta\dot{p} - I_{xy}\Delta\dot{q} - I_{xz}\Delta\dot{r} = \Delta L - \dot{I}_{xx}\Delta p + \dot{I}_{xy}\Delta q + \dot{I}_{xz}\Delta r \tag{7.16}$$

$$-I_{xy}\Delta\dot{p} + I_{yy}\Delta\dot{q} - I_{yz}\Delta\dot{r} = \Delta M + \dot{I}_{xy}\Delta p - \dot{I}_{yy}\Delta q + \dot{I}_{yz}\Delta r \tag{7.17}$$

$$-I_{xz}\Delta\dot{p} - I_{yz}\Delta\dot{q} - I_{zz}\Delta\dot{r} = \Delta N + \dot{I}_{xz}\Delta p + \dot{I}_{yz}\Delta q - \dot{I}_{zz}\Delta r \tag{7.18}$$

在这种情况下, 平衡条件限定为匀速直线水平飞行。注意, 惯量变化率 ($\dot{I}$) 仍保留在线性力矩方程中。保留这些项主要是考虑到飞行器能够变形的事实。一般形式的方程组如下, 同样采用包含一阶导数的微分方程进行表示, 即

$$\Delta\dot{p} = \frac{P_p}{D}\Delta p + \frac{P_q}{D}\Delta q + \frac{P_r}{D}\Delta r + \frac{P_L}{D}\Delta L + \frac{P_M}{D}\Delta M + \frac{P_N}{D}\Delta N \tag{7.19}$$

$$\Delta\dot{q} = \frac{Q_p}{D}\Delta p + \frac{Q_q}{D}\Delta q + \frac{Q_r}{D}\Delta r + \frac{Q_L}{D}\Delta L + \frac{Q_M}{D}\Delta M + \frac{Q_N}{D}\Delta N \tag{7.20}$$

$$\Delta\dot{r} = \frac{R_p}{D}\Delta p + \frac{R_q}{D}\Delta q + \frac{R_r}{D}\Delta r + \frac{R_L}{D}\Delta L + \frac{R_M}{D}\Delta M + \frac{R_N}{D}\Delta N \tag{7.21}$$

式 (7.19) ~ 式 (7.21) 中扰动项的系数表示为惯性矩的积和速率的函数, 表示如下:

$$P_p = -I_{yz}^2 \dot{I}_{xx} + I_{zz}I_{yy}\dot{I}_{xx} - I_{xy}I_{zz}\dot{I}_{xy} - I_{xy}I_{yz}\dot{I}_{xz}$$
$$-I_{xz}I_{yz}\dot{I}_{xy} - I_{xz}I_y\dot{I}_{xz} \tag{7.22}$$

$$P_q = I_{xy}I_{zz}\dot{I}_{yy} - I_{xy}I_{yz}\dot{I}_{yz} + I_{xz}I_{yz}\dot{I}_{yy} - I_{xz}I_{yy}\dot{I}_{yz}$$
$$-I_{zz}I_{yy}\dot{I}_{xy} + I_{yz}\dot{I}_{xy} \tag{7.23}$$

$$P_r = -I_{xy}I_{zz}\dot{I}_{yz} + I_{xy}I_{yz}\dot{I}_{zz} + I_{yz}^2\dot{I}_{xz} + I_{xz}I_{yy}\dot{I}_{zz}$$
$$-I_{xz}I_{yz}\dot{I}_{yz} + I_{yy}I_{zz}\dot{I}_{yz} \tag{7.24}$$

$$P_L = I_{yz}^2 + I_{zz}I_{yy} \tag{7.25}$$

$$P_M = -I_{xy}I_{zz} - I_{xz}I_{yz} \tag{7.26}$$

$$P_N = -I_{xy}I_{yz} - I_{xz}I_{yy} \tag{7.27}$$

$$Q_p = -I_{xx}I_{zz}\dot{I}_{xy} - I_{xx}I_{yz}\dot{I}_{xz} - I_{xz}I_{xy}\dot{I}_{xz} + I_{yz}I_{xz}\dot{I}_{xx}$$
$$+I_{xz}^2\dot{I}_{xy} + I_{xy}I_{zz}\dot{I}_{xx} \tag{7.28}$$

$$Q_q = I_{xx}I_{zz}\dot{I}_{yy} - I_{xx}I_{yz}\dot{I}_{yz} - I_{xz}I_{xy}\dot{I}_{yz} - I_{yz}I_{xz}\dot{I}_{xy}$$
$$+I_{xz}^2\dot{I}_{yy} - I_{xy}I_{zz}\dot{I}_{xy} \tag{7.29}$$

$$Q_r = -I_{xx}I_{zz}\dot{I}_{yz} + I_{xx}I_{yz}\dot{I}_{zz} + I_{xz}I_{xy}\dot{I}_{zz} - I_{yz}I_{xz}\dot{I}_{xz}$$
$$+I_{xz}^2\dot{I}_{yz} - I_{xy}I_{zz}\dot{I}_{xz} \tag{7.30}$$

$$Q_L = -I_{yz}I_{xz} - I_{xy}I_{zz} \tag{7.31}$$

$$Q_M = -I_{xx}I_{zz} + I_{xz}^2 \tag{7.32}$$

$$Q_N = -I_{xx}I_{yz} - I_{xz}I_{xy} \tag{7.33}$$

$$R_p = I_{xy}^2\dot{I}_{xz} + I_{xz}I_{yy}\dot{I}_{xx} - I_{xx}I_{yz}\dot{I}_{xy} + I_{yz}I_{xy}\dot{I}_{xx}$$
$$-I_{xz}I_{xy}\dot{I}_{xy} - I_{xx}I_{yy}\dot{I}_{xz} \tag{7.34}$$

$$R_q = -I_{xz}I_y\dot{I}_{xy} + I_{xy}^2\dot{I}_{yz} + I_xI_{yz}\dot{I}_y - I_{yz}I_{xy}\dot{I}_{xy}$$
$$+I_{xz}I_{xy}\dot{I}_y - I_xI_y\dot{I}_{yz} \tag{7.35}$$

$$R_r = -I_{xz}I_y\dot{I}_{xz} - I_{xy}^2\dot{I}_z - I_{yz}I_{xy}\dot{I}_{xz} + I_xI_y\dot{I}_z$$
$$-I_{xz}I_{xy}\dot{I}_{yz} - I_xI_{yz}\dot{I}_{yz} \tag{7.36}$$

$$R_L = -I_{xz}I_y - I_{yz}I_{xy} \tag{7.37}$$

$$R_M = -I_{xz}I_{xy} - I_xI_{yz} \tag{7.38}$$

$$R_N = -I_xI_y + I_{xy}^2 \tag{7.39}$$

分母项 D 影响微分方程式 (7.19) ~ 式 (7.21) 中所有的项, 可表示为

$$D = -I_{xx}I_{yy}I_{zz} + I_{xz}^2I_{yy} + I_{zz}I_{xy}^2 + I_{xx}I_{yz}^2 + 2I_{yz}I_{xy}I_{xz} \tag{7.40}$$

7.3.5　飞行动力

1. 运动方程

用一组线性化方程组描述平衡状态下飞行器的飞行动力学方程。这 12 个方程包括 3 个在式 (7.19) ~ 式 (7.21) 中描述的力矩方程, 此外还有 3 个包含 3 个方程的方程组。

一组方程由相关的作用于质量上的力和加速度确定。

一组等式通过力和质量、加速度的联系来确定。在这一情况下, 质量的大小认为是恒定的, 因为, 变体仅仅是几何变化。最终的方程如下:

$$\Delta \dot{u} = \frac{1}{m} \Delta X - g \cos \theta_0 \Delta \theta \tag{7.41}$$

$$\Delta \dot{v} = \frac{1}{m} \Delta Y + g \cos \theta_0 \Delta \phi - u_0 \Delta r \tag{7.42}$$

$$\Delta \dot{w} = \frac{1}{m} \Delta Z - g \sin \theta_0 \Delta \theta + u_0 \Delta q \tag{7.43}$$

与姿态相关的动力学构成了另一组方程。这些方程将飞行器在平衡状态的变量与飞行器横滚角、俯仰角与偏航角相关联起来, 即

$$\Delta \dot{\theta} = \Delta q \tag{7.44}$$

$$\Delta \dot{\phi} = \Delta p + \tan \theta_0 \Delta r \tag{7.45}$$

$$\Delta \dot{\psi} = \sec \theta_0 \Delta r \tag{7.46}$$

剩下的一组微分方程与飞机位置变化有关。这些方程表明了机体坐标系中速度与方向的影响, 即

$$\Delta \dot{x} = \cos \theta_0 \Delta u - u_0 \sin \theta_0 \Delta \theta + \sin \theta_0 \Delta w \tag{7.47}$$

$$\Delta \dot{y} = u_0 \cos \theta_0 \Delta \psi + \Delta v \tag{7.48}$$

$$\Delta \dot{z} = - \sin \theta_0 \Delta u - u_0 \cos \theta_0 \Delta \theta + \cos \theta_0 \Delta w \tag{7.49}$$

2. 气动力

线性化方程组描述了在平衡条件附近, 受力和力矩影响的状态扰动。然而, 与力和力矩有关的扰动也可以被描述为状态扰动的函数。泰勒级数展开适用于使用导数获得这种关系, 导数一般是通过使用风洞试验和计算机算法获得。

力的扰动如为状态和控制面扰动的函数, 可表示如下:

$$\Delta X = \frac{\partial X}{\partial u}\Delta u + \frac{\partial X}{\partial v}\Delta v + \frac{\partial X}{\partial w}\Delta w + \frac{\partial X}{\partial q}\Delta q + \frac{\partial X}{\partial p}\Delta p + \frac{\partial X}{\partial r}\Delta r$$
$$+ \frac{\partial X}{\partial \delta_a}\Delta\delta_a + \frac{\partial X}{\partial \delta_r}\Delta\delta_r + \frac{\partial X}{\partial \delta_e}\Delta\delta_e \tag{7.50}$$

$$\Delta Y = \frac{\partial Y}{\partial u}\Delta u + \frac{\partial Y}{\partial v}\Delta v + \frac{\partial Y}{\partial w}\Delta w + \frac{\partial Y}{\partial q}\Delta q + \frac{\partial Y}{\partial p}\Delta p + \frac{\partial Y}{\partial r}\Delta r$$
$$+ \frac{\partial Y}{\partial \delta_a}\Delta\delta_a + \frac{\partial Y}{\partial \delta_r}\Delta\delta_r + \frac{\partial Y}{\partial \delta_e}\Delta\delta_e \tag{7.51}$$

$$\Delta Z = \frac{\partial Z}{\partial u}\Delta u + \frac{\partial Z}{\partial v}\Delta v + \frac{\partial Z}{\partial w}\Delta w + \frac{\partial Z}{\partial q}\Delta q + \frac{\partial Z}{\partial p}\Delta p + \frac{\partial Z}{\partial r}\Delta r$$
$$+ \frac{\partial Z}{\partial \delta_a}\Delta\delta_a + \frac{\partial Z}{\partial \delta_r}\Delta\delta_r + \frac{\partial Z}{\partial \delta_e}\Delta\delta_e \tag{7.52}$$

同样地, 力矩的扰动用状态和控制面的扰动表示, 即

$$\Delta L = \frac{\partial L}{\partial u}\Delta u + \frac{\partial L}{\partial v}\Delta v + \frac{\partial L}{\partial w}\Delta w + \frac{\partial L}{\partial q}\Delta q + \frac{\partial L}{\partial p}\Delta p + \frac{\partial L}{\partial r}\Delta r$$
$$+ \frac{\partial L}{\partial \delta_a}\Delta\delta_a + \frac{\partial L}{\partial \delta_r}\Delta\delta_r + \frac{\partial L}{\partial \delta_e}\Delta\delta_e \tag{7.53}$$

$$\Delta M = \frac{\partial M}{\partial u}\Delta u + \frac{\partial M}{\partial v}\Delta v + \frac{\partial M}{\partial w}\Delta w + \frac{\partial M}{\partial q}\Delta q + \frac{\partial M}{\partial p}\Delta p + \frac{\partial M}{\partial r}\Delta r$$
$$+ \frac{\partial M}{\partial \delta_a}\Delta\delta_a + \frac{\partial M}{\partial \delta_r}\Delta\delta_r + \frac{\partial M}{\partial \delta_e}\Delta\delta_e \tag{7.54}$$

$$\Delta N = \frac{\partial N}{\partial u}\Delta u + \frac{\partial N}{\partial v}\Delta v + \frac{\partial N}{\partial w}\Delta w + \frac{\partial N}{\partial q}\Delta q + \frac{\partial N}{\partial p}\Delta p + \frac{\partial N}{\partial r}\Delta r$$
$$+ \frac{\partial N}{\partial \delta_a}\Delta\delta_a + \frac{\partial N}{\partial \delta_r}\Delta\delta_r + \frac{\partial N}{\partial \delta_e}\Delta\delta_e \tag{7.55}$$

7.4 时变极点

7.4.1 定义

线性时变系统的极点概念来源于因子化方法 (Kamen, 1988), 并与使用并行 D 谱和串行 D 谱的算法相关 (Zhu, 1995)。该概念主要为 n 阶系统, 但是在二阶系统中沿用, 对于介绍极点也十分有用。

对于如式 (7.56) 所示的线性时变系统, 采用算子符号 $D = \mathrm{d}/\mathrm{d}t$, 可

以写成式 (7.57) 的形式:

$$0 = \ddot{y} + a_1(t)\dot{y} + a_0(t)y(t) \tag{7.56}$$

$$= \left(D^2 + a_1(t)D + a_0(t)\right)y(t) \tag{7.57}$$

如果存在函数 $p_1(t)$ 和 $p_2(t)$, 式 (7.57) 还可变为

$$0 = (D - p_1(t))\left\{(D - p_2(t))y(t)\right\} \tag{7.58}$$

式 (7.58) 加入一个非交换的多项式乘法, o, 可以写为

$$0 = \left\{(D - p_1(t))o(D - p_2(t))\right\}y(t) \tag{7.59}$$

用于确定 $p_2(t)$ 的方程可以通过定义 $Dop_2(t) = p_2(t)D + \dot{p}_2(t)$ 来获得, 即

$$p_2^2(t) + \dot{p}_2(t) + a_1(t)p_2(t) + a_0(t) = 0 \tag{7.60}$$

相应地, 得

$$p_1(t) + p_2(t) = -a_1(t) \tag{7.61}$$

$(p_1(t), p_2(t))$ 构成了一个极点集, 其中, $p_2(t)$ 称为右极点, 注意这是一个有序的极点集, $p_1(t), p_2(t)$ 的极点可能是复数, 但通常不是共轭复数, 此外, 可以通过规定时变极点 $t = 0$ 时的初始值等于线性时不变极点, 强制极点为单值。

模态与时变极点相关, 对于右极点, 该模态为

$$\phi_{p2}(t,0) = e^{\int_0^t p_2(\tau)\mathrm{d}\tau} \tag{7.62}$$

系统实际存在一对右极点和一对左极点, 右极点对通过使用这些极点的一对不同的初始条件求解式 (7.60) 来获得。这对初始条件可以为变体开始前的时不变动力学的复数极点相关的 $p_2(0)$ 和与该极点复共轭相关的 $p_2(0)$。不管怎样, 由于左极点与右极点基本一致, 如式 (7.61) 所示, 右极点足以描述系统。

每个极点都有一组相关的特征向量, 每个特征向量 $\boldsymbol{v}_i$ 及其极点 p_{2i} 必须满足

$$(A(t) - p_{2i}(t))\boldsymbol{v}_i(t) = \dot{\boldsymbol{v}}_i(t) \tag{7.63}$$

同样地, 对每个极点定义一个模态 ϕ_i, 有

$$\phi_{2i}(t) = e^{\int_0^t p_{2i}(\tau)\mathrm{d}\tau} \tag{7.64}$$

最终, 状态响应可以写成采用这些时变参数项构成的形式, 即

$$x(t) = C_1 \phi_{21}(t, 0) + C_2 \phi_{22}(t, 0) \tag{7.65}$$

注意, 这个响应取决于模态, 而模态与极点积分相关, 而不是直接取决于极点。

将状态分解成式 (7.65) 的形式, 表明时变参数基本上对角化了系统。考虑如 $\boldsymbol{V}(t) = [\boldsymbol{v}_1(t) | \boldsymbol{v}_2(t)]$ 的一个矩阵, 只要 $\boldsymbol{V}(t)$ 是可逆有界的, 该矩阵将对角化系统矩阵。

系统的稳定性可以由式 (7.65) 的关系来确定。本质上系统具有趋向平衡的渐近稳定性, 当且仅当随着时间的增长, 模态的幅值变为 0。该条件可以表示为对于 $i = 1, 2$, 当 $t \to \infty$ 时, $|\phi_{2i}| \to 0$, 等效于极点的实部为 $\int_0^\infty p_R(\tau) \mathrm{d}\tau < 0$。

7.4.2 讨论

Kamen 的方法包括计算一个具有时变系数的输入 – 输出差分方程。该差分方程是基于系统线性时变动力学的, 从该方程可以计算一对有序的左、右特征值。右特征值可用于描述系统的过渡性能和稳定性。Kamen 方法的优点如下:

(1) 右极点集 $p_{21}(t), p_{22}(t)$ 可以通过初始状态 (将时间特征值冻结在 $t = t_{\text{desired}}$) 与时不变系统关联起来。

(2) 当 Vandermonde 矩阵 $\boldsymbol{V}(t)$ 是可逆有界时, 该矩阵可以对角化系统矩阵。

(3) 对于几乎所有的初始条件, 计算的 LTV 极点是唯一的。

(4) 右极点集的积分可以影响系统的稳定性。

Kamen 方法的缺点如下:

(1) LTV 极点有时具有一个有限时间奇点, 导致 $p_{21}(t), p_{22}(t) \to -\infty$。

(2) 高阶系统很难转换成一个输入 – 输出的常微分方程。

7.4.3 模态解释

模态参数的概念用于动力学领域, 按照一些共同特性来传递系统的行为。自然频率和阻尼的参数通常用作线性时不变系统的特征; 对于时变系统则不能直接使用这些一样的定义。但是周期性和衰减包线的相关概念本质上是类似的, 并且可以直接使用。

考虑最初由式 (7.65) 给出的一个二状态系统的振荡响应,为了在式 (7.66) 中便于说明,对系数进行规范化。式 (7.62) 代入式 (7.66) 得到式 (7.67),同时假设广义极点为复共轭的,如式 (7.68) 中的 $p_{21} = p_{22}^* = p_R + Jp_I$,复指数可以表示成式 (7.69) 中 sin 和 cos 项的形式,并联立获得式 (7.70)。

$$x(t) = \phi_1(t) + \phi_2(t) \tag{7.66}$$

$$= 2e^{\int_0^t p_R(\tau)d\tau} \cos\left(\int_0^t p_I(\tau)d\tau\right) \tag{7.67}$$

$$= e^{\int_0^t (p_R(\tau) + Jp_I(\tau))d\tau} + e^{\int_0^t (p_R(\tau) - Jp_I(\tau))d\tau} \tag{7.68}$$

$$= \left[e^{\int_0^t p_R(\tau)d\tau} \cos\left(\int_0^t p_I(\tau)d\tau\right) + Je^{\int_0^t p_R(\tau)d\tau} \sin\left(\int_0^t p_I(\tau)d\tau\right)\right]$$
$$+ \left[e^{\int_0^t p_R(\tau)d\tau} \cos\left(\int_0^t p_I(\tau)d\tau\right) - Je^{\int_0^t p_R(\tau)d\tau} \sin\left(\int_0^t p_I(\tau)d\tau\right)\right] \tag{7.69}$$

$$= 2e^{\int_0^t p_R(\tau)d\tau} \cos\left(\int_0^t p_I(\tau)d\tau\right) \tag{7.70}$$

式 (7.70) 为一个由一对复共轭极点产生的衰减振荡响应。这种振荡与衰减的都由极点实部和虚部的积分决定。由于这两个极点的虚部符号相反,意味着式 (7.70) 的响应为式 (7.69) 中模态的实部的两倍。

响应的衰减特性,与线性时不变系统中的阻尼比是类似的,取决于式 (7.70) 中变化的指数的幅值,结果包络由式 (7.71) 给出,仅仅使用了极点的实部,并可通过增加复共轭极点获得等价的式 (7.72)。

$$\text{envelope}(x(t)) = e^{\int_0^t p_R(\tau)d\tau} \tag{7.71}$$

$$= e^{\int_0^t \frac{p_{21}(\tau) + p_{22}(\tau)}{2}d\tau} \tag{7.72}$$

一定频率的振荡与时变极点的虚部相关。时变等同于特征频率 $\omega(t)$,它是通过将式 (7.70) 的 cos 项写成标准形式 $\cos(\omega t)$ 获得的,通过这种比较获得时变特性与自然频率的等价关系结果,即

$$\omega(t) = \frac{\int_0^t p_I(\tau)d\tau}{t} \tag{7.73}$$

注意,任何稳定的系统随着时间的增加,$\omega \to 0$。

振荡的周期可以直接通过式 (7.73) 中的频率取倒数获得, 如式 (7.74) 所示。振荡的周期也可以简单地通过观察 cos 项中的角度周期性的重复来得到, 如式 (7.75) 所示。

$$T(t) = \frac{2\pi t}{\displaystyle\int_0^t p_{\mathrm{I}}(\tau)\mathrm{d}\tau} \tag{7.74}$$

$$= \max_{T>0\in\mathbf{R}}\left\{\frac{2\pi}{2T} : \int_0^t p_{\mathrm{I}}(\tau)\mathrm{d}\tau = \int_0^{t+T} p_{\mathrm{I}}(\tau)\mathrm{d}\tau = 0\right\} \tag{7.75}$$

同样地, 与时变等价的阻尼比可以通过联立式 (7.71) 中包络和式 (7.73) 中的频率来计算。本质上, 包络等同于 $-\xi\omega$, 频率为 $\omega_n\sqrt{1-\xi^2}$。阻尼比的结果为

$$\xi(t) = \sqrt{\cfrac{1}{1 + \left(\cfrac{\displaystyle\int_0^t p_{\mathrm{I}}(\tau)\mathrm{d}\tau}{\displaystyle\int_0^t p_R(\tau)\mathrm{d}\tau}\right)^2}} \tag{7.76}$$

7.5 时变变体的飞行动力学

7.5.1 变体

本节对图 7.6 所示的飞行器从后掠到无掠角的对称变体过程飞行动力学进行分析。具体来说, 在 1 s 内, 掠角从 30° 变到 0°, 之后每个机翼维持 0° 的掠角; 这种变体类似于海鸥和老鹰, 在由俯冲向水平直线飞行的转换中十分有用。特别是在类似于城市等有密集障碍物的环境中, 还可能伴随阵风干扰的情况下, 需要对位置进行快速操纵的过渡中, 变体过程的飞行动力学显得至关重要。

变体的状态响应如图 7.8 所示, 飞行器在初始的 1 s 是一个线性时变系统。但是响应仍然类似线性时不变系统传统模态。俯仰角速率和垂直速度表现为具有大阻尼的高频率响应, 并且类似短周期模态。相反, 空速和俯仰角则由低阻尼的低频响应主导, 类似一个长周期模态。

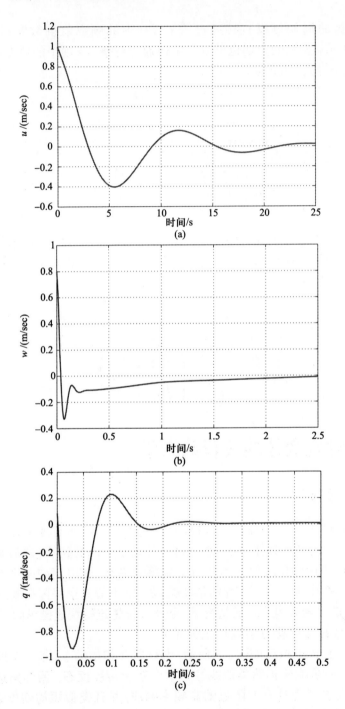

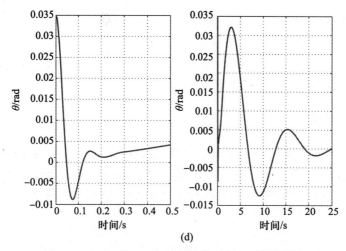

图 7.8 在 1 s 从 +30° ~ 0° 变体过程中的纵向状态

(a) 向速度; (b) 垂直速度; (c) 俯仰速率; (d) 俯仰角。

7.5.2 模型

建立表示飞行动力学的状态空间模型, 该模型通过联立力矩方程, 式 (7.19) ~ 式 (7.21); 作用力方程, 式 (7.41) ~ 式 (7.43); 姿态方程, 式 (7.44) ~ 式 (7.46) 以及式 (7.50) ~ 式 (7.52) 中作用力的泰勒展开式和泰勒式 (7.53) ~ 式 (7.55) 的力矩获得。注意动力学建模是重点, 由于飞行动力学与位置无关, 所以位置方程, 式 (7.47) ~ 式 (7.49) 可以忽略。

变体限制为每个机翼掠角相同的变体, 因此飞行器的形状是关于机身对称的。由于 $I_{xy} = 0, I_{yz} = 0$, 这种对称简化了惯性张量, 因而也简化了运动方程。因纵向动力学与横侧向动力学无关, 作用力和力矩的表达式可以进一步简化, 纵向扰动 $\Delta X, \Delta Y, \Delta M$ 关于横侧向状态 $\Delta v, \Delta p, \Delta r, \Delta \phi$ 的导数为 0; 同样的横侧向扰动 $\Delta Y, \Delta L, \Delta N$ 关于纵向状态 $\Delta u, \Delta w, \Delta q, \Delta \theta$ 的导数也为 0。

最终, 运动方程可以表示为状态空间形式的式 (7.77), 这个表达式使用了传统的稳定性导数和控制导数的术语, 如将 $M_q = \dfrac{1}{I_{yy}} \dfrac{\partial M}{\partial q} - \dfrac{\dot{I}_{yy}}{I_{yy}}$ 视作一项。

$$\begin{bmatrix} \dot{u} \\ \dot{w} \\ \dot{q} \\ \dot{\theta} \end{bmatrix} = \begin{bmatrix} X_u & X_w & X_q & -g\cos\theta_0 \\ Z_u & Z_w(\mu) & u_0 & -g\sin\theta_0 \\ M_u(\mu) & M_w(\mu) & M_q(\mu) & 0 \\ 0 & 0 & 1 & 0 \end{bmatrix} \begin{bmatrix} u \\ w \\ q \\ \theta \end{bmatrix} \tag{7.77}$$

同样地, 直接可以看到主要依赖于变体的项是式 (7.77) 中使用的 μ; 变体影响每个稳定导数, 但是有几项可以忽略这种影响; 只有 4 项由于变体会发生明显变化。这种不相关的关系多少可以预测到, 因为低空速下升力和阻力受掠角的影响不大。

7.5.3 极点

与图 7.8 相关的时变极点, 与忽略变体时变效应的时不变极点一同计算, 如图 7.9 所示。这些结果表明了时变极点的几个特征。考虑到与短周期模态相关的时不变极点对于任何变体值保持几乎不变, 时变极

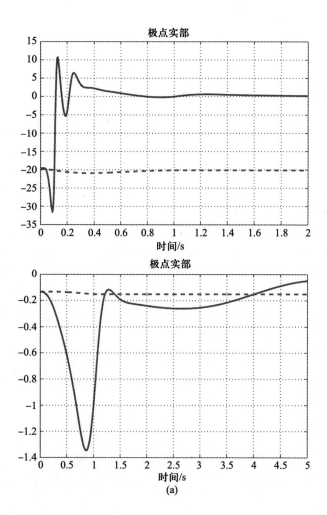

(a)

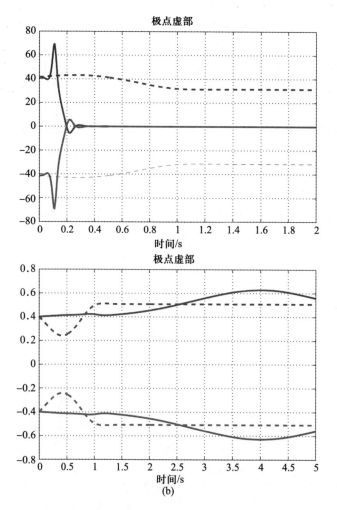

图 7.9 在 1 s 从 30° 到 0° 变体过程中线性时变极点 (—) 和线性时不变极点 (– – –): p_{41}, p_{42} 的实部 (a), 虚部 (b); p_{43}, p_{44} 的实部 (a), 虚部 (b)。

点 p_{41} 和 p_{42} 最初与短周期极点值接近, 但以与由于阻尼存在出现的状态响应衰减速率相同的衰减速率衰减到 0。同样注意到极点 p_{43} 和 p_{44} 具有与长周期模态相关的低幅值和慢衰减, 但是这些极点在短周期响应主导的初始响应中发生变化。由此, 时变极点与时不变极点有本质的不同, 因为短周期模态与长周期模态有所不同, 但并非完全不同, 且极点的幅值随响应的衰减而衰减。

在式 (7.64) 中定义的与图 7.9 中每个极点相关的模态如图 7.10 所

示。与时变极点相反, 响应的分解实质上依赖于特征向量和这些模态, 在求取飞行动力学时必须考虑。短周期模态与长周期模态模糊的区别在极点和模态中都很明显。模态 ϕ_{41} 和 ϕ_{42} 显示了短周期响应的初始变化, 但是这些模态在因短周期阻尼出现的衰减后仍然十分显著, 并且显示了符合长周期模态的变化。模态 ϕ_{43} 和 ϕ_{44}, 在最初的 1 s 左右表现出与长周期模态不一致, 但是随后与长周期模态符合得很好。实际上, ϕ_{43} 和 ϕ_{44} 的实部与主要受到长周期模态影响的前向速度响应十分相近, 如图 7.8 所示。

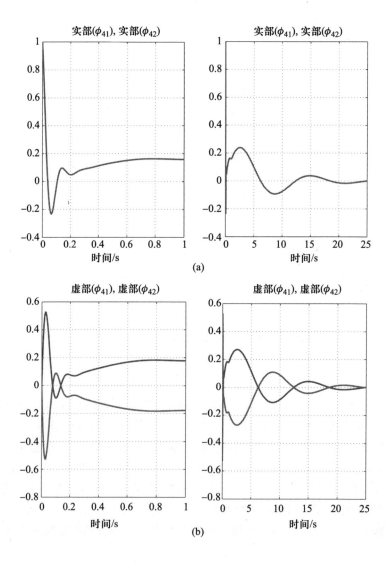

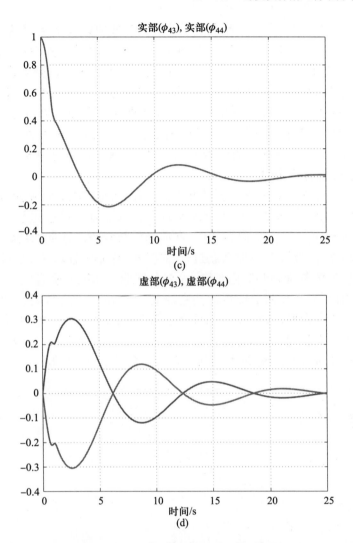

图 7.10　在 1 s 从 30° 到 0° 变体过程中与时变极点相关的模态: ϕ_{41}, ϕ_{42} 的实部 (a), 虚部 (b); ϕ_{43}, ϕ_{44} 的实部 (c), 虚部 (d)。

　　模型的本质服从与响应和极点相关的数学性质。图 7.8 的响应是振荡的, 图 7.9 中的极点是复共轭, 因此, 图 7.10 中的模态也是复共轭。式 (7.69) 中注明了模态实部和虚部具有 90° 的相差。事实上, 这种相位差在 ϕ_{43} 的长周期响应的全过程中都可以看到, 在 ϕ_{41} 的短周期响应的时刻也可以看到, 直达 0.2 s 时阻尼开始引起响应衰减为止。同时, 状态响应与式 (7.70) 中注明的模态的实部是成比例的, 这可以通过图 7.8 中的

与实部 ϕ_1 匹配的垂直速度和与实部 ϕ_3 匹配的前向速度来说明。

稳定性的问题可以直接通过图 7.10 的模态表明。这些模态表明在变体的航迹中系统是渐近稳定的, 因为, 每个模态的幅值都随着时间增长逐渐衰减到了 0。这个结果是与图 7.8 明显恢复到保持平衡状态的响应是对应的。注意渐近稳定的一个保证条件是具有负实部的时变极点。图 7.9 中极点的实部主要与长周期模态相关, 并且一直为负。但是, 与主要的短周期模态相关的极点实部有时是正的, 因此这种模态必须通过计算来判明稳定性。

最后, 与图 7.10 中每个模态相关的特征向量在图 7.11 中描绘出来, 用于显示用垂直速度进行规范化处理后的每个速度状态的相对响应。这些特征向量与极点和模态类似, 都具有短周期和长周期的特征, 但是, 每一个特征向量只有一种动态过程占主导。特征向量 v_1 最初显示短周期运动, 在前向速度上变化非常小, 并与俯仰速率和和垂直速度之间有 90° 的相位差, 直到阻尼使得运动衰减, 长周期模态才变得明显。特征向量 v_2 稳定过渡到主要运动为前向速度及与之成 90° 相位差俯仰角的长周期响应。而且, 注意到这些特征向量差不多都收敛于相近的幅值和相位, 除了在 v_1 和 v_2 俯仰角之间存在 90° 的相位差的情况。

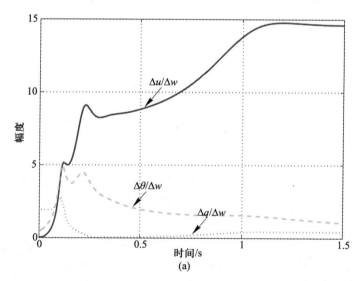

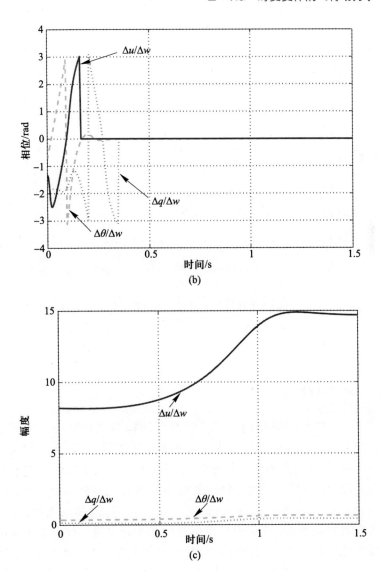

(b)

(c)

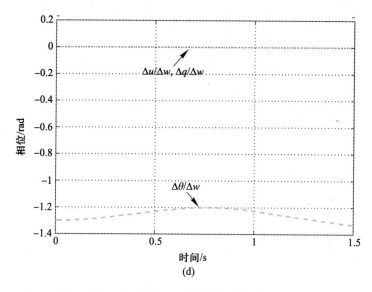

图 7.11　在 1 s 从 30° 到 0° 变体过程中与时变极点相关的归一化特征向量: v_1 的幅值 (a) 和相位 (b), v_2 的幅值 (c) 和相位 (d)

7.5.4　模态解释

图 7.9 中模态的解释用于将这些数学结构与飞行动力学的标准参数联系起来。这些参数是直接从时不变极点计算得到的, 而它们对应的时变极点则从与响应相关的特征的解释获得。图 7.12 所示的自然频率有一些共性, 但是当对比时变极点和时不变极点也有些明显的不同。当考虑与长周期模态相关的极点时, 对于整个航迹, 值是相当接近的, 但是当考虑短周期模态, 这些值只在短时间内十分接近。对于短周期模态自然频率的差异是由于时变极点与状态的关系造成的。本质上, 短周期极点最初是与响应的振荡行为相关的, 但是由于阻尼引起的响应幅值的明显下降实质上是由时变极点衰减到 0 来反映的。

限制响应的包络线如图 7.13 所示。对于长周期模态参数是相近的, 但是与自然频率一样, 对于短周期模态的时变极点和时不变极点, 参数是不同的。这种情况下, 包络线限制了主导短周期响应的俯仰角速率和垂直速度响应, 但是, 这个模态渐次衰减后, 包络线反映出俯仰角的边界。

时变极点和时不变极点的阻尼比如图 7.14 所示, 对于两种类型极点阻尼比都很小, 并且相当接近。

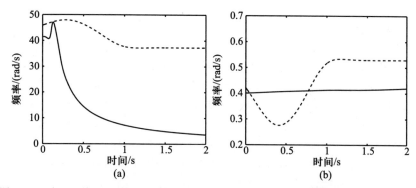

图 7.12　在 1 s 从 30° 到 0° 变体过程中与时变极点 (—) 和时不变极点 (– – –) 相关的自然频率: 极点 1 和极点 2 (a), 极点 3 和极点 4 (b)

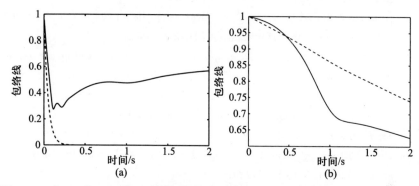

图 7.13　在 1 s 从 30° 到 0° 变体过程中与时变极点 (—) 和时不变极点 (– – –) 相关的包络线: 极点 1 和极点 2 (a), 极点 3 和极点 4 (b)

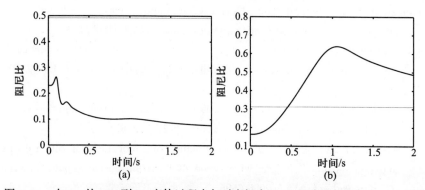

图 7.14　在 1 s 从 30° 到 0° 变体过程中与时变极点 (—) 和时不变极点 (– – –) 相关的阻尼比: 极点 1 和极点 2 (a), 极点 3 和极点 4 (b)

参考文献

[1] Abdulrahim MHG and Lind R 2005 Flight characteristics of shaping the membrane wing of a micro air vehicle. *Journal of Aircraft*, 42(1), 131–137.

[2] Bae J, STID and Lee I 2005 Aerodynamic and aeroelastic considerations of a variable-span morphing wing. *Journal of Aircraft*, 42(2), 528–534.

[3] Boschetti P, Cardena E and Arevalo A 2010 Stability and performance of a light unmanned airplane in ground effect *AIAA Aerospace Sciences Meeting*, AIAA–2010–293.

[4] Bowman J n.d. Affordability comparison of current and adaptive and multifunctional air vehicle systems. *AIAA-2003-1713*.

[5] Bowman JBS and Weisshar T n.d. Evaluating the impact of morphing technologies on aircraft performance. *AIAA-2002-1631*.

[6] Cox AG and Hall C 2009 Development of stable automated cruise flap for an aircraft with adaptive wing. *Journal of Aircraft*, 46(1), 301–311.

[7] Drela M and Youngren H n.d. AVL-aerodynamic analysis, trim calculation, dynamic stability analysis, aircraft configuration development. *Athena Vortex Lattice v3.15*.

[8] Duke ELRA and Krambeer K n.d. Derivation and definition of a linear aircraft model. *NASA-RP-1207*.

[9] Etkin B and Reid L 1996 *Dynamics of Flight*. John Wiley and Sons, Inc, New York.

[10] Gano S and Renaud J n.d. Optimized unmanned aerial vehicle with wing morphing for extended range and endurance. *AIAA-2002-5668*.

[11] Gern FHID and Kapania R 2002 Structural and aeroelastic modeling of general planform wings with morphing airfoils. *AIAA Journal*, 40(4), 628–637.

[12] Gopalarathnam A and Norris R 2009 Ideal lift distributions and flap angles for adaptive wings. *Journal of Aircraft*, 46(2), 562–571.

[13] Grant DT and Lind R n.d. Flight dynamics of a morphing aircraft utilizing independent multiple-joint wing sweep *AIAA Atmospheric Flight Dynamics Conference, vol.* AIAA-2006-6505.

[14] Hill DE, Baumgarten JR and Miller JT 1988 Dynamic simulation of spin-stabilized spacecraft with sloshing fluid stores. *Journal of Guidance, Control and Dynamics*, 11(6), 597–599.

[15] Kamen E 1988 The poles and zeros of a linear time varying system. *Linear Algebra and its Applications*, 98: 263–289.

[16] Khot NS, EF and Kolonay R 1997 Method for enhancement of the rolling maneuver of a flexible wing. *Journal of Aircraft*, 34(5), 673–678.

[17] Leong HIR Jager SK and Colgren R 2010 Development of a pilot training platform for UAVs using a 6dof nonlinear model with flight test validation *AIAA Modeling and Simulation Conference*, AIAA-2008-6368.

[18] Love MH, Zink PS, Stroud RL, Bye DR and Chase C 2004 Impact of actuation concepts on morphing aircraft structures, vol. AIAA-2004-1724.

[19] Natarajan A and Schaub H 2006 Linear dynamics and stability analysis of a two-craft coulomb tether formation. *Journal of Guidance, Control and Dynamics*, 29(4), 831–838.

[20] Nelson R 1998 *Flight Stability and Automatic Control*. McGraw-Hill, New York.

[21] Oliver R and Asokanthan S 1997 Control/structure integrated design for flexible spacecraft undergoing on-orbit maneuvers. *Journal of Guidance, Control and Dynamics*, 20(2), 313–319.

[22] Prock BC, Weisshaar TA and Crossley WA 2002 Morphing airfoil shape change optimization with minimum actuator energy as an objective. AIAA-2002-5401.

[23] Roskam J 2001 *Airplane Flight Dynamics and Automatic Flight Controls*. DARcorporation, Lawrence, KS.

[24] Royer DA, Keshmiri S and Jones V 2010 Modeling and sensitivity analysis of the meridian unmanned aircraft *AIAA Infotech@Aerospace*, pp. AIAA-2010-3468.

[25] Rusnell MT, Gano SE, Pérez VM, Renaud JE and Batill SM 2004 Morphing uav pareto curve shift for enhanced performance.

[26] Secanell, M. SA and Gamboa P 2005 Design of a morphing airfoil for a light unmanned aerial vehicle using high-fidelity aerodynamic shape optimization, vol. AIAA-2005-1891.

[27] Spenny C andWilliams T 1991 Librational instability of rigid space station due to translation of internalmass. *Journal of Guidance, Control and Dynamics*, 14(1), 31–35.

[28] Stanford B, Abdulrahim M, Lind R and Ifju P 2007 Investigation of membrane actuation for roll control of a micro air vehicle. *Journal of Aircraft*,

44(3), 741–749.

[29] Stewart KGA and Evers J 2006 Flight mechanics and control issues for micro air vehicles. *AIAA Atmospheric Flight Mechanics Conference* AIAA-2006-6638.

[30] Stewart KJ, Wagener GA and Salichon M 2007 Design of the Air Force Research Laboratory micro aerial vehicle research configuration. *AIAA Aerospace Sciences Meeting* AIAA-2007-667.

[31] Stewart KK, Blackburn JWJC and Abate G 2008 Development and initial flight tests of a single-jointed articulatedwing micro air vehicle. *AIAA Atmospheric Flight Mechanics Conference* AIAA-2008-6708.

[32] Thurman S and Flashner H 1996 Robust digital autopilot design for spacecraft equipped with pulse-operated thrusters. *Journal of Guidance, Control and Dynamics*, 19(5), 1047–1055.

[33] Traub L 2009 Experimental investigation of annular wing aerodynamics. *Journal of Aircraft*, 46(3), 988–996.

[34] Venkataramanan S and Dogan A n.d. Dynamic effects of trailing vortex with turbulence and time-varying inertia in aerial refueling. *AIAA-2004-4945*.

[35] Vest M and Katz J n.d. Aerodynamic study of a flapping-wing micro UAV. *AIAA-99-0994*.

[36] Zhu J 1995 A unified spectral theory for linear time-varying systems - progress and challenges In *Proceedings of the 34th IEEE Conference on Decision and Control*, pp. 2540–2546.

第 8 章

关于变体飞行器在做栖息运动时的最佳轨迹控制问题

Adam M. Wichenheiser[1] and Ephrahim Garcia[2]

[1] 美国乔治·华盛顿大学

[2] 美国康奈尔大学

8.1 简介

自莱特兄弟成功设计了第一架飞机开始, 机翼变形便成为确保飞行稳定的关键, 莱特兄弟的飞机模仿鸟类动作, 利用扭转改变机翼的弯度, 使两翼间产生不同的升力, 从而实现滚转。它不仅是世界上的第一架飞机, 也是飞机应用变体能力的第一次实践。随着飞机质量的增加, 副翼取代了扭转的机翼。本章中, 将把变体看成是飞机关键部分 —— 机翼、尾翼和机身的重构。通过给飞机定义新的自由度 —— 机翼迎角, 尾桁角和尾翼迎角 —— 我们可以改变飞机在飞行中的结构, 使其具备持续可变的机械和空气动力学特性, 从而提高机动性。

20 世纪 90 年代后期, 美国国防部高级研究计划局资助了 "智能材料试验项目" (Sanders et al., 2004)。智能材料是一类可以被多种形式的能量如电、热甚至是光所激励的材料。在此项目中, Kudva 等发明了一架具有无缝机翼的飞机。这种机翼具备按照翼展的函数连续改变后缘的能力 (Kudva, 2004), 这是史无前例的。它的变体并非形状记忆合金或压电材料等转换器所产生的微小变形, 而是由排列于机翼后缘的轻量超声电动机结合形成产生巨大变形的机制来实现的。早前提出的轻微改变几何形状的方法对于提升空气动力性表现虽然具有一定作用，但却并未带来革命性的、能够确保完成新任务的能力。

2002 年，美国国防部高级研究计划局支持创建了"变体飞行器结构"项目。在项目开始前，NASA 兰利研究中心曾对材料研发做过一次尝试。美国国防部高级研究计划局的项目所关注的是机翼的巨大变化，希望能够革命性地提高飞机在多种条件下的飞行表现。早前的研究成果表明，变体能够极大地提高飞行器的空中表现 (Bowman et al., 2002)。虽然这一概念提出要对飞行器整体进行变形，但第一个要实现的目标却是机翼变形。

在这个项目中，洛克希德·马丁公司 (Bye and McClure, 2007) 和 NextGen 航空公司 (Flanagan et al., 2007) 对制造的原型机进行了前所未有的变体试验。NextGen 航空公司甚至对其革命性的设计进行了飞行测试。飞机机械翼在根部展开、收缩，改变机翼的展弦比和面积。两家公司致力于完全不同的设计：洛克希德·马丁公司制造的是折叠机翼，而 NextGen 航空公司研发的是伸展装置。然而，两家公司的目标都是制造能够执行猎人杀手任务的飞机。这种变体飞机的一种结构适用于长距离巡航飞行，而另一种结构则通过减小机翼展弦比将机翼变得更短，使飞机更加适用于对地攻击。更短的机翼在高速时能减少阻力，因此能够实现对潜在目标区域的高速俯冲。这些设计较任何单一设计来说优势明显，强调通过重构改变飞机形状以执行多种任务。

在这些项目论证变体可行性的过程中，科研人员缺乏分析手段和研究基础对新的飞机结构进行建模、设计和开发。很多发表的论文提出利用逻辑法来建模，并通过变体为飞行器赋予新的性能 (Wichenheiser and Garcia, 2006a; Wichenheiser and Garcia, 2007a; Wichenheiser and Garcia, 2007b)。这些论文在空气动力性上使用了升力线模型，使变体变成了相对易于处理的最佳飞行轨迹问题 (Wichenheiser and Garcia, 2006b)。有重要发现表明，通过变体使飞行控制面与相迎的气流平行，可以提高飞机的操控性 (Wichenheiser and Garcia, 2007a)。在研究变体飞行器的动态问题时，需要特别注意一点，那就是如果飞行器变形过快，即便是从一种稳定状态到另一种稳定状态，都可能使系统变得不稳定 (Wichenheiser and Garcia, 2007a)。

栖息 (Wichenheiser and Garcia, 2007b) 是作者仅利用升力和阻力，模仿鸟类完成定点着陆所构想的。起初，这一概念的提出是用于保护在火星大气做短暂飞行的 "空中区域测量飞行器" (AERS)。人们构想,如果 ARES 飞行器搭载几个使用类似形状记忆合金材料、可以实现变体的驱动装置,那么这种结构就能使飞行器像鸟类一样着陆,并在可控的机动方式下利用空气动力来耗散动能 (Wichenheiser and Garcia, 2007b; McGahan, 1973)。

栖息的概念也同样可以应用于情报、监视和侦察 (ISR) 任务。对于 ISR 任务来说,在战区持续滞空对于任务的完成至关重要,特别是在非对称性战争中,敌人的行动和行为习惯必须处于持久监视下,就像法律上监视犯罪嫌疑人一样。而在执行 ISR 任务中,将燃料消耗降到最低是确保持久性的关键。因此,如果飞行器能够着陆对敌活动展开监视,那么飞行器执行任务的时限将由几小时延长至几天。栖息于电线、建筑物边缘甚至是树枝上都可以实现战区持续性存在,从而使空中飞行仅占任务过程的一小部分。

尽管栖息看起来是解决战区持续性存在问题的有效方法,但是之前却少有相关的论文发表。早期, (Crowther, 2000) 曾写过一篇关于栖息的论文,对固定结构飞机的定点着陆做过试验。试验中设计的飞行航迹利用接近地面的失速机动使一架小型飞机从较低的高度撞向地面。这种方法是一次有趣的探索,但是飞机并没有实现真正的定点着陆。此外,它仅研究了固定机构飞机,并没有使用变体来提高飞机的机动性。

本章,我们将首先展示使用变形固定翼结构来完成定点着陆的飞行器设计。我们通过建模来说明变体飞行器在纵向平面上移动时的动力学性能。这个空气动力模型是利用修改后的机翼和尾翼升力线理论建立的,可以用于说明来自于机翼,作用于尾翼的下洗流和失速等瞬时效应。随后,栖息的飞行轨迹优化问题将用公式严格表示,为执行前面提到的 ISR 任务所必须的实用机动提供基础。这样可以在保证飞行器性能的前提下,减小了飞行轨迹所需的空间。本章介绍了点质量、固定配置和变形机身分别使用最优程序后产生的结果。最后,结合此问题涉及几个重要参量以及 3 种情况最优方案的差异,我们给出几点结论。

8.2　飞行器的描述

用于试验栖息动作的特型机是在 ARES 火星侦察机的基础上制造的。ARES 火星侦察机是从 "海盗" 附加减速伞包中展开,在火星表面飞行约 81 min, 收集火星大气中的化学成分和地质、地磁数据 (Levine et al., 2003)。该机包括翼身融合机体 (BWB), 并通过尾桁与 V 形尾翼相连。研究栖息的想法源于一项 ARES 侦察机挑战任务: 该任务要求在不依靠会降低气动性能并减少留空时间的附加高推力情况下, 在完成任务后的撞击着陆时保护 ARES 侦察机不受损。我们计划通过改变飞行器结构来提升气动性能, 将固定结构飞行器从根本上改造为变体飞行器。下面的试验将会证明, 低推重比的有效栖息机动需要高迎角来实现空气动力制动。不过, 虽然高迎角时气流引起的巨大阻力能让飞机迅速减速, 但是控制面失效将极大地降低飞机的可操控性。因此, 需要建立额外的自由度 (DOF), 通过不同飞行状态在飞行器表面同时产生附着流和分离流区域, 从而利用空气动力制动实现栖息。这些额外自由度为可变的机翼迎角、尾桁角和尾翼迎角, 如图 8.1 所示。

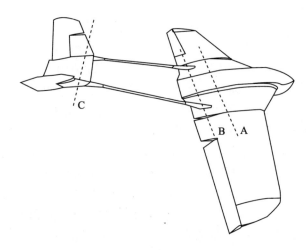

图 8.1　3 类关于俯仰轴的变体驱动器

A – 以机身为轴, 机翼的迎角旋转; B – 尾桁旋转; C – 水平安定面旋转。

　　这种飞机在机翼后缘有副翼, 尾翼上有方向升降舵。当对称偏转时, 方向升降舵成为升降舵, 当反对称偏转时, 方向升降舵则成为方向舵。因此, 为了保持副翼上的附着流, 当机翼向下旋转时, 机身 (相当于 BWB 舷内部分) 保持大攻角。另外, 尾翼向下旋转, 可使其不受机身产生的不稳定尾流影响, 同时, 水平安定面随尾桁旋转而上抬, 保持尾翼面水平状态。当拉起机身进入分离流态时, 这种变化能够保持机翼和尾翼上的附着流, 如图 8.2 所示。

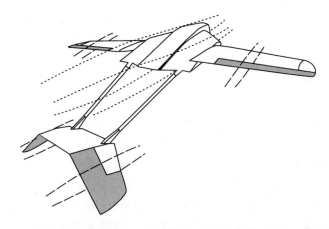

图 8.2 变形后,飞机上的附着流区域 (虚线) 和分离流区域 (点线), 以及高迎角时的控制面 (阴影)

因此, 与固定结构设计相比, 副翼和方向升降舵面能够在多种飞行条件下进行有效的调整和控制 (Wichenheiser and Garcia, 2006b)。

8.3　飞行器运动方程

该研究使用的飞行器模型为翼身融合体, 具有外置旋转翼部分, 通过旋转尾桁与 V 形尾翼相连, 如图 8.1 所示。机身和机翼被看作一个升力体, 尾翼则作为另一个升力体, 其气流条件受机翼后部的下洗流影响 (这些对气动的假设结果在 8.4 节中将会涉及)。假设飞行器各部件为刚体, 飞行器在着陆时不会因负载产生变形。此外, 假设包括变形控制和标准控制的所有控制面角度和推力能够随时设定, 因此, 驱动装置的动力学特性就不需要建模。作为条件, 所有的飞行器操控都必须限定在一定范围和一定驱动速率内, 这个问题将在 8.5 节中做进一步讨论。因此, 尽管忽略驱动装置的动力特性可以简化飞行器运动方程 (EOM), 但这些对于最优化问题的限制排除了使用不切实际的驱动器速率问题。最后, 在这项研究中, 假设推力矢量与机身翼弦平行。虽然推力矢量对飞机栖息来说很有用, 但不在本研究范围内。

本研究中, 飞行器的运动被限定在纵向面上, 原因是可用的气动数据和选择的计算方法仅在纵向面上可用。横向的大规模运动需要全三维的气动分析, 抵消了升力线方法可能减小计算量的作用。虽然启发式和经验式方法能够纠正微小的横向偏离, 但仅适用于标准结构的飞行器 (Hoak 1978); 这是因为无论结构如何变化, 飞行器仍然会保持左右对称, 且方向升降舵只能对称使用, 所以飞行器只有在纵向面上才不受面外的力或力矩的干扰。当然, 这种分析必须忽略风扰动和飞行器布局不对称的影响。同时, 这种简化要想获得最优轨迹还必须设定所有干扰和建模误差均为零均值且相对小的非线性, 这样可作为加性摄动项建模 (Stengel 1994)。这些约束还限制了纵向面的候选轨迹, 这一限制具有现实意义, 因为纵向机动更易实现, 且航向角可以通过独立控制器进行调整。对于较为复杂的着陆机动来说, 飞行器可能会选择与栖息点成直线而不是从空中随机选择位置接近栖息点。而且, 该研究关注的是栖息机动的独特性, 不考虑与问题无关的航向、滚转和偏航控制。

建立飞行器的 EOM 考虑如图 8.3 所示的横截面图。定义速度 V 是运动方向上的飞行路径 (也就是飞行轨迹) 的切线, 升力 L 指向上方 (在飞行器的局部框架中), 并与 V 垂直, 阻力 D 与 V 反向平行。假设推力 T 与对称平面内的飞行器弦线平行。攻角 α 是速度矢量和飞行器弦线的夹角, 因此可以确定飞行器相对于气流的方位角。飞行航迹角 γ 是速度矢量和水平面的夹角, 表示飞行器正在俯冲或爬升的程度。使用该几何关系就得到 x 轴和 z 轴方向上的力平衡关系:

$$m\ddot{x} = T\cos\theta - L\sin\gamma - D\cos\gamma \tag{8.1a}$$

$$m\ddot{z} = T\sin\theta + L\cos\gamma - D\sin\gamma - mg \tag{8.1b}$$

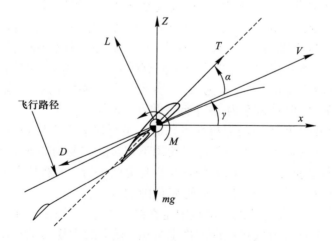

图 8.3 飞机运动方程的状态变量

式中: $\theta \equiv \alpha + \gamma$ 为俯仰角; m 为飞行器质量; g 为重力加速度。

在这个方程式中, (x, z) 是飞行器质心的点坐标, 因此解耦了转动自由度。使用关系式 $V^2 = (\dot{x})^2 + (\dot{z})^2$ 和 $\gamma = \arctan(\dot{z}/\dot{x})$, 式 (8.1a)、式 (8.1b) 可以写成 V 和 γ 的形式:

$$m\dot{V} = T\cos\alpha - D - mg\sin\gamma \tag{8.2a}$$

$$mV\dot{\gamma} = T\sin\alpha + L - mg\cos\gamma \tag{8.2b}$$

$$\dot{x} = V\cos\gamma \tag{8.2c}$$

$$\dot{z} = V\sin\gamma \tag{8.2d}$$

关于飞行器质心 (c.g.) 的力矩平衡写为

$$I_y\dot{q} = M - \dot{I}_y q \tag{8.3}$$

式中: $q \equiv \dot{\theta}$ 为俯仰率; I_y 为根据质心计算的关于 y 轴的惯量。注意, 因为飞行器在变形时惯量会改变, 所以式 (8.3) 中的最后一项是必须有的。在这个公式中, 俯仰角 θ 在一般变体情况下不会相对于飞行器的任何构件固定; 当飞行器变体时, 它会沿着惯量矩阵的主轴相对于机身弦转动 (因此, 与 θ 相关的推力矢量角必须随之调整。)。

飞行器的气动载荷分解为以重心为中心的升力分量、阻力分量和俯仰力矩。然而, 在计算载荷的过程中, 融合的翼身 (机身和机翼) 和尾翼是分开考虑的: 升力、阻力和压力中心 (升力和阻力的作用点) 是分别计算的。这些量和主要的俯仰力矩计算如图 8.4 所示。总的升力和阻力用 $L = L_{\mathrm{bwb}} + L_{\mathrm{t}}$ 和 $D = D_{\mathrm{bwb}} + D_{\mathrm{t}}$ 表示, 质量用 $m = m_{\mathrm{bwb}} + m_{\mathrm{t}}$ 表示; 由于要考虑变体的影响, 俯仰力矩和质量惯性矩的计算更加复杂。

式 (8.3) 是飞行器质心的力矩平衡方程, 在飞行器变体过程中, 质心的坐标必须不断计算。局部坐标系的原点最好设在飞行器头部的前缘 (机鼻顶端), 并让 x 轴和速度矢量反向平行。升力为 z 方向, 阻力为 x 方向。在这个坐标系中, 飞行器质心的坐标表示为

$$x_{\mathrm{cg}} = \frac{m_{\mathrm{bwb}}x_{\mathrm{cg,bwb}} + m_{\mathrm{t}}x_{\mathrm{cg,t}}}{m_{\mathrm{bwb}} + m_{\mathrm{t}}} \tag{8.4}$$

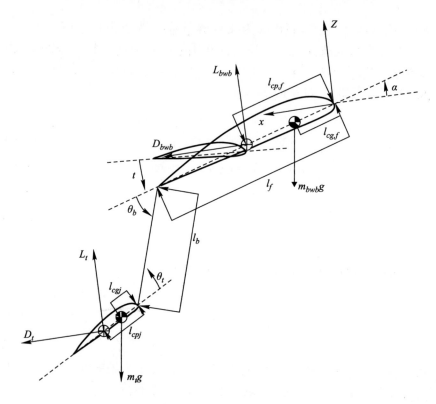

图 8.4 气动负载分解为融合翼身和尾翼部分 (未按比例绘制)

式中

$$x_{\mathrm{cg,bwb}} = \begin{bmatrix} \cos\alpha & \sin\alpha \\ -\sin\alpha & \cos\alpha \end{bmatrix} \begin{bmatrix} l_{\mathrm{cg,f}} \\ 0 \end{bmatrix}$$

$$x_{\mathrm{cg,t}} = \begin{bmatrix} \cos\alpha & \sin\alpha \\ -\sin\alpha & \cos\alpha \end{bmatrix} \begin{bmatrix} l_{\mathrm{f}} \\ 0 \end{bmatrix} + \begin{bmatrix} \cos(\alpha+\theta_{\mathrm{b}}) & \sin(\alpha+\theta_{\mathrm{b}}) \\ -\sin(\alpha+\theta_{\mathrm{b}}) & \cos(\alpha+\theta_{\mathrm{b}}) \end{bmatrix} \begin{bmatrix} l_{\mathrm{b}} \\ 0 \end{bmatrix}$$

$$+ \begin{bmatrix} \cos(\alpha+\theta_{\mathrm{b}}-\theta_{\mathrm{t}}) & \sin(\alpha+\theta_{\mathrm{b}}-\theta_{\mathrm{t}}) \\ -\sin(\alpha+\theta_{\mathrm{b}}-\theta_{\mathrm{t}}) & \cos(\alpha+\theta_{\mathrm{b}}-\theta_{\mathrm{t}}) \end{bmatrix} \begin{bmatrix} l_{\mathrm{cg,t}} \\ 0 \end{bmatrix}$$

一旦质心的坐标用式 (8.4) 计算出来, 质心的惯量可以用平行轴定理得到:

$$I_y = I_{y,\mathrm{bwb}} + m_{\mathrm{bwb}} (x_{\mathrm{cg}} - x_{\mathrm{bwb}})^2 + I_{y,\mathrm{t}} + m_{\mathrm{t}} (x_{\mathrm{cg}} - x_{\mathrm{t}})^2 \qquad (8.5)$$

为了计算质心的俯仰力矩, 首先必须计算出 BWB 和尾翼的压力中

心 (c.p.) 的坐标, 这与质心的计算类似:

$$x_{cp,bwb} = \begin{bmatrix} \cos\alpha & \sin\alpha \\ -\sin\alpha & \cos\alpha \end{bmatrix} \begin{bmatrix} l_{cp,f} \\ 0 \end{bmatrix}$$

$$x_{cp,t} = \begin{bmatrix} \cos\alpha & \sin\alpha \\ -\sin\alpha & \cos\alpha \end{bmatrix} \begin{bmatrix} l_f \\ 0 \end{bmatrix} + \begin{bmatrix} \cos(\alpha+\theta_b) & \sin(\alpha+\theta_b) \\ -\sin(\alpha+\theta_b) & \cos(\alpha+\theta_b) \end{bmatrix} \begin{bmatrix} l_b \\ 0 \end{bmatrix}$$

$$+ \begin{bmatrix} \cos(\alpha+\theta_b-\theta_t) & \sin(\alpha+\theta_b-\theta_t) \\ -\sin(\alpha+\theta_b-\theta_t) & \cos(\alpha+\theta_b\theta_t) \end{bmatrix} \begin{bmatrix} l_{cp,t} \\ 0 \end{bmatrix}$$

得到俯仰力矩:

$$M = L_{bwb}\left(x_{cg}-x_{cp,bwb}\right) + L_t\left(x_{cg}-x_{cp,t}\right)$$
$$-D_{bwb}\left(z_{cg}-z_{cp,t}\right) - D_t\left(z_{cg}-z_{cp,t}\right) \tag{8.6}$$

这样, 可以将式 (8.5) 和式 (8.6) 代入式 (8.4), 来进行飞行器 EOM 的积分。

虽然我们假设变体 DOF – 机身、机翼、尾桁和尾翼之间的相关角 – 能被描述为时间函数, 但是在变体的驱动下必须计算出每个部件与俯仰角 θ 相关的动作。让 $\Delta\theta_1$ 和 $\Delta\theta_2$ 作为与 θ 相关的两个连接部件的夹角。因为外部扭矩只影响 θ 本身, 所以这两个变量的动力学由角动量守恒决定 (式 (8.4))。因此, 两个连接部件 (如机翼和机身、机身和尾桁) 的关联转动可由这两个连接部分之间的铰链轴的力矩平衡控制, 即

$$\frac{\left[I_{y,1} + \dfrac{m_1 m_2}{m_1+m_2}l_1^2 - \dfrac{m_1 m_2}{m_1+m_2}l_1 l_2 \cos\left(\Delta\theta_1-\Delta\theta_2\right)\right]\Delta\ddot{\theta}_1 + \dfrac{1}{2}\dot{I}_{y,1}\Delta\dot{\theta}_1}{\left[I_{y,2} + \dfrac{m_1 m_2}{m_1+m_2}l_2^2 - \dfrac{m_1 m_2}{m_1+m_2}l_1 l_2 \cos\left(\Delta\theta_1-\Delta\theta_2\right)\right]\Delta\ddot{\theta}_2 + \dfrac{1}{2}\dot{I}_{y,2}\Delta\dot{\theta}_2} = 1 \tag{8.7}$$

式中: $I_{y,i}$ 为成员 i 的质量惯性矩; m_i 为成员 i 的质量; l_i 为重心和成员 i 的铰链轴之间的垂直距离。

因此, 如果 $\Delta\theta_1 - \Delta\theta_2$ 用时间 t 表示, 那么式 (8.7) 可以求积分得出 $\Delta\theta_1(t)$ 和 $\Delta\theta_2(t)$。

因为 EOM 是在最佳飞行航迹中求积分, 那么每种状态都使用相同的量级就十分重要。恰当的缩放比例有助于最大化最优方案的收敛速度和最小化最优算法中矩阵条件所导致的数值误差 (Betts, 2001)。因

此, 纵向 EOM (式 8.2(a) ∼ 式 (8.3)) 转换为下面的无因次形式:

$$\dot{V} = T\cos\alpha - C_{\mathrm{D}}V^2\sin\gamma \tag{8.8a}$$

$$\dot{\gamma} = \frac{T}{V}\sin\alpha + C_{\mathrm{L}}V - \frac{\cos\gamma}{V} \tag{8.8b}$$

$$\dot{q} = \frac{kC_{\mathrm{m}}V^2 - \dot{I}_y q}{I_y}, \quad k = \frac{2\bar{c}m^2}{\rho S} \tag{8.8c}$$

$$\dot{x} = V\cos\gamma \tag{8.8d}$$

$$\dot{z} = V\sin\gamma \tag{8.8e}$$

式中: V 单位为 $\sqrt{gl}$, t 单位为 $\sqrt{g/l}$, T 的单位为 mg; x, h 的单位为 l; $l = 2m/\rho S$ 是特征长度; ρ 为大气密度; $\bar{c}$ 为 BWB 的气动弦的平均值; S 为 BWB 的面积, 角度采用弧度单位, 飞行器的所有状态目前都是同一数量级的。

8.4 空气动力学

根据本研究的目的, 飞行器不考虑滚转、偏航和侧滑动力学特性, 只在纵向面上进行仿真。这一假设虽然极大地简化了空气动力学和飞行器动力学, 但仍可为研究栖息机动的多样化动作和定性行为提供条件。正如将要谈到的, 这一限制使 3D 气动问题解耦为基于预先计算翼型数据的有限耦合 2D 问题。

在栖息机动过程中, 飞行器表面会有附着流和分离流区。实际上, 这种结合正是该变体飞行器设计要研究的现象。虽然薄翼在小攻角时可使用快速简便的计算工具, 但是升力面上的过失速气流却很难计算。所以, 为了建立一个能够包含最优航迹、足够经济、在大范围攻角下都精准的低阶气动模型, 我们提出了混合数值/经验法。此方法混合了小攻角时的数字势流法和大攻角时的经验翼型数据。借鉴 (Goman and Khrabrov, 1994) 的独立点计算法, 这种混合形式可用下式概括为

$$C_X(\alpha, \dot{\alpha}) = C_{X,\mathrm{att}}(\alpha) \cdot p(\alpha, \dot{\alpha}) + C_{X,\mathrm{sep}}(\alpha) \cdot [1 - p(\alpha, \dot{\alpha})] \tag{8.9}$$

式中: C_X 可以代表升力、阻力和俯仰力矩系数。下标 att 表示分析附着流态 (低攻角) 获得的结果, 下标 sep 表示分析分离流态 (高攻角) 获得的结果。

式 (8.9) 中, 由于气流在机身、机翼和尾翼的分离程度都有所不同, 所以机身、机翼和尾翼必须分别计算。

式 (8.9) 中参数 p 在 $0 \sim 1$ 之间变化, 表示附着和分离流的气动系数之间的相对权重: 0 表示完全分离, 1 表示完全附着。当攻角不变, 参数 p 关于 α 的变化由 $p_0(\alpha)$ 表示, 由下式得

$$p_0(\alpha) = \operatorname{sech}\left[\left(\frac{15\alpha}{\pi}\right)^3\right] \tag{8.10}$$

该式表示附着流和分离流的准稳态转换。该函数如图 8.5(a) 所示。由图可知, 在低攻角时, 函数值接近 1, 表示附着流起支配作用, 在高攻角时函数值接近 0, 表示分离效应占据优势。由于函数 $p_0(\alpha)$ 在某个特定攻角时是固定的, 它指定了升力面上的气流分离程度, 所以称为静态混合参数。

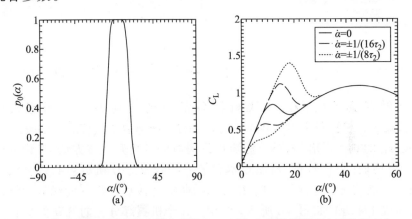

图 8.5 作为攻角函数的静力混合参数 (a)、正负攻角率机翼升力系数的变化 (b)

当升力面随来向气流转动时, 由于扰动通过流场时对流速度有限, 固体边界的运动和流动边界运动之间会产生延迟。这些流体动力学产生的动力学停滞现象, 可模拟为一阶延迟状态 (Goman and Khrabrov, 1994):

$$\tau_1 \dot{p} = p_0(\alpha - \tau_2 \dot{\alpha}) - p \tag{8.11}$$

式 (8.10) 式 (8.11) 得出的混合参数模型真实地描述了静态和动态延迟影响。$(\alpha - \tau_2 \dot{\alpha})$ 项指的是由附面层对流延迟所导致的气流分离和再附着的时间延迟, 与 $\dot{\alpha}$ 大体上成比例。$\tau_1 \dot{p}$ 指的是气流对扰动的瞬时反应, 简单模拟为一个一阶动态系统。时间常数 τ_1、τ_2 大小随特征时间尺度 $\bar{c}/V$ 变化而变化。

图 8.5(b) 表示动态延迟对机翼升力系数的影响。曲线 $\dot{\alpha}=0$ 描绘了图 8.5(a) 中的静态混合参数 p_0 变化的影响。当 p_0 从 1 变为 0 时,升力系数从薄翼理论预测的线性相关变为过失速相关。当攻角角速率为正时,分离延迟,线性区域的攻角持续变大。当攻角角速率为负时,结果相反;分离流的升力系数曲线持续到较小攻角。

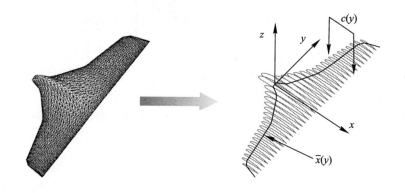

图 8.6　3D 机翼简化为 2D 机翼、升力线理论中使用的局部坐标系和几何关系

附 着 流 区 内 作 用 于 飞 行 器 各 部 分 的 气 动 力 是 使 用 修 改 版 Weissinger 方法计算的 (Weissinger, 1947),该方法由 (Wickenheiser and Garcia, 2007a) 提出,来源于势流理论提取的经典升力线方法,考虑到经验 (黏性的) 翼型数据,对该技术做了一些修改。3D 机翼被有效分解为由 1/4 弦长曲线连接的一些 2D 机翼 (曲线连接点在机翼前缘和后缘之间弦线 1/4 处),如图 8.6 所示。作用于每个机翼部分上的气动力受其他部分和机身后涡尾流产生的环流影响。

正如 Prandtl 的经典升力线理论中所述,机翼被模拟为沿着 1/4 翼弦曲线的约束涡和一团从附着涡扩展成为模拟机体尾流的 $x=\infty$ 的自由涡。根据 Biot-Savart 定律中旋涡曲线诱发的速率公式和图 8.6 中的几何图形,垂直方向 w 的速率可从 xy 平面中得到,即

$$w(x,y) = \frac{1}{2\pi}\int_{-y_0}^{y_0} \frac{\Gamma'(\bar{y})}{y-\bar{y}}\mathrm{d}\bar{y} + \frac{1}{4\pi}\int_{-y_0}^{y_0} \frac{\Gamma'(\bar{y})}{y-\bar{y}}\left[\frac{x-\bar{x}(\bar{y})}{\sqrt{(x-\bar{x}(\bar{y}))^2+(y-\bar{y})^2}}-1\right]\mathrm{d}\bar{y}$$

$$+\frac{1}{4\pi}\int_{-y_0}^{y_0}\Gamma(\bar{y})\frac{x-\bar{x}(\bar{y})+\bar{x}'(\bar{y})(\bar{y}-y)}{[(x-\bar{x}(\bar{y}))^2+(y-\bar{y})^2]^{3/2}}\mathrm{d}\bar{y} \qquad (8.12)$$

式中: $\Gamma(y)$ 为约束涡在 y 上的强度。

不失一般性并提高式 (8.12) 求解准确性, 变量可用以下等式进行无因次置换:

$$\eta = \frac{y}{y_0}, \bar{\eta} = \frac{\bar{y}}{y_0}, G = \frac{\Gamma}{y_0 U_\infty}, \bar{\xi} = \frac{\bar{x}}{c}, \alpha = \frac{w}{U_\infty} \tag{8.13}$$

根据 Pistolesi-Weissinger 条件 (Pistolesi, 1937; Weissinger, 1947), 合成风速应与机翼平面在机翼 3/4 弦线处相切。换言之, 沿此线的下洗气流角应与局部机翼攻角相等, 是机翼几何扭转与全攻角的和。因此, 式 (8.12) 中的下洗气流速度 w 应从 $x = \bar{x}(y) + c(y)/2$ 中求值, 该值是 1/4 弦线后的 1/2 弦长。将以上替换式代入式 (8.12), 得

$$\alpha(\eta) = \frac{1}{2\pi} \int_{-1}^{1} \frac{G'(\eta)}{\eta - \bar{\eta}} \mathrm{d}\bar{\eta} + \frac{1}{4\pi} \int_{-1}^{1} P(\eta, \bar{\eta}) G(\bar{\eta}) \mathrm{d}\bar{\eta}$$
$$+ \frac{1}{4\pi} \left(\frac{y_0}{c(\eta)} \right)^2 \int_{-1}^{1} R(\eta, \bar{\eta}) G(\bar{\eta}) \mathrm{d}\bar{\eta} \tag{8.14}$$

式中

$$P(\eta, \bar{\eta}) \equiv \frac{1}{\eta - \bar{\eta}} \left[\frac{\bar{\xi}(\eta) - \bar{\xi}(\bar{\eta}) + 1/2}{\sqrt{(\bar{\xi}(\eta) - \bar{\xi}(\bar{\eta}) + 1/2)^2 + (y_0/c(\eta))^2 (\eta - \bar{\eta})^2}} - 1 \right]$$

$$R(\eta, \bar{\eta}) \equiv \frac{\bar{\xi}(\eta) - \bar{\xi}(\bar{\eta}) + 1/2 + \bar{\xi}'(\eta)(\bar{\eta} - \eta)}{\left[(\bar{\xi}(\eta) - \bar{\xi}(\bar{\eta}) + 1/2)^2 + (y_0/c(\eta))^2 (\eta - \bar{\eta})^2 \right]^{3/2}}$$

为计算式 (8.14), 对未知函数 $G(\eta)$ 沿升力面区间的 m 点上的值进行参数化。此外, 还使用了典型排列法, 求得了局部攻角函数在这些点上的 $\alpha(\eta)$ 值。此方法生成了包含 m 个方程的线性方程组, 用来计算 $G(\eta_i)$ $(i = 1, 2, \cdots, m)$, 并以此重建整个 $G(\eta)$ 函数。

此分析法假设截面为理想薄翼, 具有 2π 的升力曲线斜率和零弯度。为了整合真实机翼翼型截面数据 —— 作为攻角函数的 C_l, C_d 和 C_m —— 必须计算每个截面上的有效攻角。根据 Munk 分析法 (Munk, 1921), 每个截面上的涡态产生的下洗气流角可由气流下游无限远距离上的 1/2 下洗气流角算出, 该角可取 $x \to \infty$ 时式 (8.14) 极限的 1/2 计算:

$$\alpha_i(\eta) = \frac{1}{4\pi} \int_{-1}^{1} \frac{G'(\bar{\eta})}{\eta - \bar{\eta}} \mathrm{d}\bar{\eta} \tag{8.15}$$

由 $\alpha_{\mathrm{eff}}(\eta) = \alpha(\eta) - \alpha_i(\eta)$ 可得有效攻角, 该角可用于截面气动系数部分的查表。

本研究使用的 3 种飞行器翼型选自低速翼型数据目录, 该目录由位于 Urbana-Champagne 的伊利诺斯大学提供 (McGranahan and Selig

2004)。这些翼型根据机身中心线、翼根 (BWB 机翼和机身部分的交结点) 和翼尖来选择的。在翼展上这些位置之间的地方, 机翼横截面线性抬升 (也就是内插的) (Raymer, 1999)。

图 8.7 所示这些翼型的展向位置 (对翼展规范化) 和升力系数曲线。

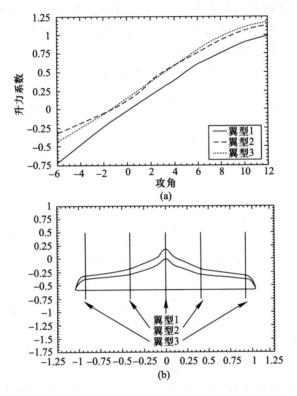

图 8.7 BWB 三种横截面的截面升力系数和攻角 (a)、3 种横截面的展向剖线 (b)

最后, BWB 对尾翼的影响必须计算在内。由于尾翼位于 BWB 的尾流内, 脱落涡在尾翼上产生了一个下洗气流角 $\alpha_{i,\mathrm{bwb}\to\mathrm{t}}$。利用 (Phillips et al., 2002) 方法, 除了可以把尾翼上的下洗气流角作为它的位置函数来计算, 还可以计算 BWB 周围的环流强度:

$$\alpha_{i,\mathrm{bwb}\to\mathrm{t}}(x,z) = \frac{k_{\mathrm{v}}k_{\mathrm{p}}k_{\mathrm{s}}}{k_{\mathrm{b}}}\frac{C_{\mathrm{L}}}{\mathrm{AR}} \tag{8.16}$$

式中: C_{L} 为 BWB 的升力系数; AR 为展弦比 (定义 $\mathrm{AR} = b^2/S$, b 为翼

展, S 为机翼平面面积)。式 (8.16) 中的系数为

$$k_{\mathrm{v}} = 1 + \sum_{n=2}^{m} \frac{a_n}{a_1} \sin\left(\frac{n\pi}{2}\right)$$

$$k_{\mathrm{b}} = \frac{1}{k_{\mathrm{v}}} \left[\frac{\pi}{4} + \sum_{n=2}^{m} \frac{na_n}{(n^2-1)a_1} \cos\left(\frac{n\pi}{2}\right) \right]$$

$$k_{\mathrm{p}} = \frac{2k_{\mathrm{b}}^2}{\pi^2(z^2+k_{\mathrm{b}}^2)} \left[1 + \frac{x(x^2+2z^2+k_{\mathrm{b}}^2)}{r^2\sqrt{r^2+k_{\mathrm{b}}^2}} \right]$$

$$k_{\mathrm{s}} = \left[1 + \frac{x-s}{t} + \frac{x(r+t)(t_0^2-x^2)}{rt(rt+r^2-xs)} \right] \left[1 + \frac{x(r^2+t_0^2-x^2)}{r^2 t_0} \right]^{-1}$$

式中: $r^2 = x^2 + z^2$; $s = k_{\mathrm{b}}\tan\Lambda$; $t^2 = (x-s)^2 + z^2 + k_{\mathrm{b}}^2$; $t_0^2 = x^2 + z^2 + k_{\mathrm{b}}^2$; 参数 Λ 为 BWB 的平均 1/4 弦的后掠角; x, z 为尾翼气动中心相对于 BWB 气动中心的坐标; 系数 $a_1, \cdots, a_m$ 为由升线分析得到的无因次环流分布 $G(\eta)$ 的正弦连续系数。

在分离流区中, 作用于飞行器各部的气动力可根据经验使用高攻角数据计算 (Sheldbl and Klimes, 1981)。任何部分的计算之所以都可使用这么一套简化的气动数据是因为在气流分离后机翼的具体形状已经变得不那么重要, 这点已被试验证实 (Sheldbl and Klimes, 1981)。全分离气流的气动模型可用以下公式概括:

$$C_{l,\mathrm{sep}} = 1.1\sin 2\alpha \tag{8.17}$$

$$C_{d,\mathrm{sep}} = 0.9(1-\cos 2\alpha) \tag{8.18}$$

$$\left(\frac{x_{\mathrm{cp}}}{c}\right)_{\mathrm{sep}} = 0.04095\alpha + 0.0857 \tag{8.19}$$

式 (8.19) 中测得的压力中心在 1/4 弦点后部。在机翼平面和尾翼平面上气流分离处求取这些截面系数的积分。

下面总结一下空气动力模型, 图 8.8 所示为在几个升降舵偏转角 δ_{e} 下攻角对应的静态 C_L 和 C_M。在附着流区域, 对每个升降舵偏角来说, C_L 和 C_M 与攻角接近线性关系, 负的 C_M 斜率表示静态俯仰的稳定性 (随着攻角增大, 就会随之产生一个力矩来减小攻角)。当失速时, 飞行器上的升力急速下降, 复原力矩开始平衡。这意味着飞行器上保持附着气流, 则只需要更少的控制就能使飞行器俯仰。当飞行器攻角角速率非 0 时, 附着气流与分离气流之间的过渡区将扩大, 并发生滞后现象, 对此, 之前已有讨论, 参见图 8.5。非线性静态气动延迟和动态延迟的影响合起来构成了本研究中使用的完整气动模型。

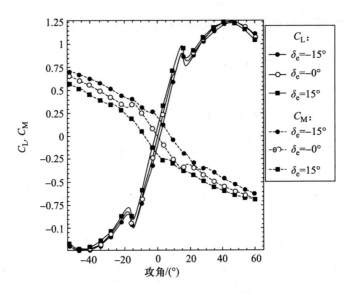

图 8.8 几个升降舵偏角的升力和俯仰力矩系数

我们为模拟飞行器运动绘制了一张查询表, 表中含有各种可能的飞行器形态的升力、阻力和力矩值。当变形参数改变时, 升力、阻力和力矩的系数也随之改变。由于飞行器运动范围大, 且参数范围具有一定的离散性, 如图 8.8 所示, 模型的排列情况超过 9500 种。

8.5 栖息的最佳飞行轨迹

下面研究的主要问题是飞行器如何从直线水平飞行状态, 也就是巡航或盘旋状态, 以 0 速度 (或很小速度) 降落在某个点上。这一问题与现存的飞行器降落方式有两点不同: ① 没有假设飞行器接地后有足够长的跑道让其完全停止; ② 没有假设有足够的推力可以使飞行器像直升机或垂直起降飞行器一样着陆。因此, 轨迹优化问题被表达为一个特定点上巡航状态和栖息状态之间的两点边界值问题, 这意味着飞行器的初始状态和最终状态是特定的, 但是飞行器如何从初始状态到达最终状态是未知的。图 8.9 是已知量和可能的飞行航迹。

在着陆点, 飞行器的位置和速度是指定的, 但其指向 (如俯仰角) 未指定。假设飞行器初始状态为巡航/盘旋, 意味着它是处于水平直线飞行的平衡状态。因为一架飞行器有无数个水平直线飞行的平衡状态, 所

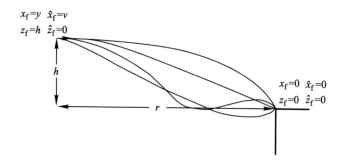

$x_f = y \quad \hat{x}_f = v$
$z_f = h \quad \hat{z}_f = 0$

h

$x_f = 0 \quad \hat{x}_f = 0$
$z_f = 0 \quad \hat{z}_f = 0$

r

图 8.9　栖息机动最优飞行航迹的边界值问题

以必须从中选择一个。虽然这一选择可以是任意的, 但是本研究中选择最大续航时间的平衡条件作为初始状态, 这在给定多种可能应用中是切实可行的。最大续航时间的速度为

$$V = \sqrt{\frac{2mg}{\rho s}\sqrt{\frac{K}{3C_{D_0}}}} \tag{8.20}$$

这里, 假设阻力系数可写成二次方程: $C_D = C_{D_0} + KC_L^2$ (Raymer, 1999)。相对于着陆点, 飞行器的初始位置 (图 8.9 中的 (r, h)) 未定, 因为无法预知飞行器开始着陆机动之前与着陆点的距离。事实上, 可以将这一距离最小化作为航迹优化目标, 这将在下面讨论。

早前的研究曾考虑通过最小化质点飞行器的开始距离而达到优化飞行航迹的目的 (Wickenheiser and Garcia, 2007b)。在这些研究中, 俯仰动力学被忽略不计, 并且攻角被看作是代替升降舵偏转角的控制参数, 间接控制攻角。由于俯仰的操控本质上是无限制的, 这一简化为解决优化问题提供了上限或最佳场景。图 8.10 所示为对最大攻角具有不同限制的质点飞行器的最佳飞行航迹图。

所有情况下, 该飞行器推重比 T/W 都设定为 0.1; 距离设定为无因次项, 使用与式 8.8(a) ~ 式 8.8(c) 相同的特征尺度。每条飞行航迹都有一个 "提前着陆" 或一个低于着陆地点高度的俯冲区。为进一步研究该现象, 式 8.8(a) 的每一项都需要验证:

$$\dot{V} = \underbrace{T\cos\alpha}_{+} + \underbrace{-C_D V^2}_{-} + \underbrace{-\sin\gamma}_{\substack{-,\gamma>0 \\ +,\gamma<0}}$$

式中: 第一项在 $-90° < \alpha < 90°$ 范围内恒正, 表示推力只能提高速度; 第二项阻力部分, 恒负, 但当飞行器减速时, 它的量级迅速减小; 最后一

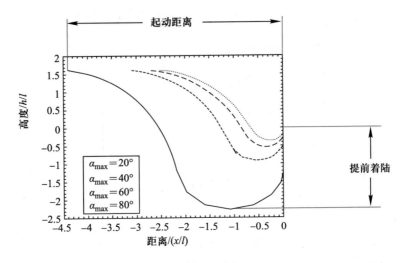

图 8.10 质点飞行器不同最大攻角的最佳飞行航迹, $T/W = 0.1$

项为重力分量, 当飞行器爬升时为负, 俯冲时为正。为了使飞行器速度迅速减为 0, 重力项必须发挥作用。而且, 当 $T < 1$ 时 (需强调的是推力已用重量规范化), 重力部分是必不可少的。因此, 对于低推重比的飞行器来说, 栖息飞行航迹中的 "提前着陆" 是一定存在的。虽然 "提前着陆" 能够解释为什么大型鸟类将巢筑在较高处 (McGahan, 1973), 但它成为轨迹初步优化的结果多少还是让人有些惊讶。

下面研究了不同末速度的影响, 因为从直观上讲, 这点对飞行航迹的最大化提前着陆有很大影响。飞行器在着陆之前的大部分爬升阶段, 速度是非常慢的, 此时, 重力而非阻力是导致飞行器动能在这个阶段减小的首要原因。要使末动能增大, 就要让重力势尽可能保持不变。如果末速度设定为 0, 由于升力和阻力也变为 0, 那么飞行器在飞行航迹的末端必须为垂直飞行。从实际应用角度讲, 这点很难做到, 因为它要求飞行器要与其要着陆的结构接近垂直飞行。反之, 如果末速度大于 0, 那么飞行器在飞行航迹的末端必须为水平飞行, 以获得最小的提前着陆。图 8.11 中绘制了具有不同初始动能 (也就是速度) 的飞行航迹来体现这种爬升。

在图 8.11 中, $V*$ 是初始速度, 要求从给定开始位置到原点达到 $V = 0$。由于这个速度的航迹位于不同初始速度航迹的性质分界点上, 从这个意义上讲, 这条航迹是边界线。如图所示, 速度过大使飞行器飞过着陆点并要做复飞, 而速度过小则使其在达到 $V = 0$ 之前失速 (也指

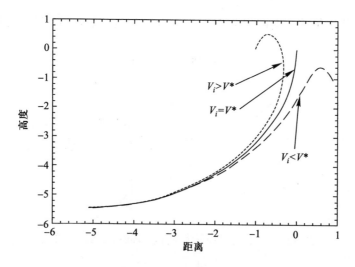

图 8.11　从水平飞行开始具有不同初始速度的飞行航迹的最后爬升阶段

开始下降)。在上述 3 种情况下, 最小速度出现在飞行航迹的最高点, 虚
线标注的飞行航迹的最小速度大于等于 0。如果所需的末速度允许大
于 0, 相对较低的线路 $(V_i < V^*)$ 可以抬升到顶点与原点重合的位置来
满足飞行航迹的最后条件, 那么此线路的提前着陆量就小于 $V_i = V^*$ 线
路。所以, 从这些简单模拟中可以看出: 在允许范围内提高着陆速度必
将减小最大提前着陆量。更进一步, 提高着陆速度将使飞行无需在着陆
点下垂直飞行。

　　研究中, 我们引入成本函数将飞行航迹的空间范围最小化, 主要解
决两个问题: 将着陆未达距离和启动着陆机动点到栖息点所需水平距
离最小化。两个目标都有很大的现实意义。由于空间限制, 着陆未达距
离最小化变得十分重要, 因为着陆点也许离地平面很近或被周围的物
体所阻挡。进一步讲, 如果飞行器能用更短的距离着陆, 那么其功能将
得到更大发挥。将机动所需距离最小化也具有十分重要意义, 因为机载
传感器如 CCD 相机、雷达或红外线搜寻器能够准确识别和跟踪着陆点
的工作范围有限。通常意义上, 提高这些传感器的工作范围就要提高它
们的大小和重量, 也就是对飞行器设计有更高的要求。缩短启动距离也
意味着飞行器在更接近着陆区时可以接受降落指令。

　　低推重比下, 飞行航迹上必定存在的提前着陆促使问题分成两部分。
在本研究中, 提前着陆量最小化是研究的主要目标, 该问题可以分解成两部分并依次解决。这两部分称为俯冲阶段和爬升阶段, 如图 8.12 所示。

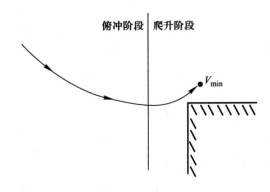

图 8.12 将栖息机动最优飞行航迹问题分为两个阶段

通过从飞行航迹最低点 (当 $\gamma = 0°$) 到着陆点 EOM 的积分, 首先得到最小提前着陆的爬升阶段解。总的 (包括所有可能的飞行航迹) 最小提前着陆仅是爬升阶段的函数, 因为只有这时候的动力学决定飞行器能以指定的末速度多快地拉起到着陆点。俯冲阶段的初速条件与爬升阶段的开始点相关, 这一命题假设爬升阶段初始条件是可实现的俯冲阶段的结束状态。俯冲阶段的目的就是将所需的水平开始距离最小化, 并获得与爬升阶段初始条件相匹配的边界条件, 而这也是规定的飞行器最大续航时间水平直线平衡状态。因此, 两个阶段的成本函数可写为

$$J_{\text{dive}} = z_i - z_{\text{f}} \tag{8.21}$$

$$J_{\text{c\,lim\,b}} = - \min_{t \in [t_0, t_{\text{f}}]} h(t) \tag{8.22}$$

对最大提前着陆量进行最小化 (式 (8.22)) 的需要决定了爬升阶段的最优飞行航迹, 这也反过来决定了俯冲阶段的结束条件。因此, 俯冲阶段的解决方案只能是与爬升阶段最佳线路相匹配的一系列飞行航迹中最优的一个。尽管俯冲阶段的解决方案或许并非是这一阶段所有可能的线路中最优的, 但受最大提前着陆量最小化这一条件限制, 总体方案是最优的。因此, 在所有可能飞行航迹中, 求出的最佳飞行航迹不仅能将提前着陆量最小化, 而且能将使得距离最小化。

表 8.1 中列出了状态和驱动装置 (控制) 的约束条件。为去除环形航迹或回转航迹, 并确保飞行器着陆时正面朝上, 我们对攻角和飞行路径角进行了限制。同时推力限制确保不产生负推力。将末速度设定为

初速度的 5%, 与图 8.9 中的保持一致。正如之前所讨论的, 初始速度设定为最大续航时间的速度。方便起见, 将坐标系原点置于着陆点处。机动过程中不设限制。

表 8.1 飞行器航迹优化中的状态与控制限制

参数	名称	状态限制范围	驱动器限制额定值	范围	最大速率
α	攻角	$-90° \sim 90°$			
γ	飞行航线角	$-90° \sim 90°$			
T	推力	> 0			
V_t	初始速度	式 (8.20)			
(x_f, z_f)	结束位置	$(0,0)$			
V_f	结束速度	$0.05 V_i$			
l	机翼迎角		0	$-90° \sim 90°$	$\pm 20(°)/s$
θ_b	尾桁角		$-15°$	$-15° \sim 90°$	$\pm 20(°)/s$
θ_t	尾翼迎角		$-15°$	$-15° \sim 90°$	$\pm 20(°)/s$
δ_e	升降舵角		0	$-20° \sim 20°$	$\pm 40(°)/s$

解决最优问题的直接打靶法可用于将非线性最优化问题转化为等价的非线性规划问题 (Enright and Conway, 1992)。这一过程包括将持续控制时间关系曲线图转化为简单的函数形式, 该函数形式可用数量较少 (相对地) 的常量进行参数化。在选择分段 Hermit 三次插值之前, 几个参数已被验证, 这种插值法可用于保持基础数据的单一性和极值, 也可以提供时间序列的持续性和持续多样性 (Fritsch and Carlon, 1980)。保持控制信号的极值非常重要, 因为根据约束条件, 最优控制策略仅趋于分段连续, 这可能会被任何内插值多项式的过调量影响。飞行器变体情况下的控制矢量为

$$\boldsymbol{u}(t) = [T(t) \quad \delta_e(t) \quad l(t) \quad \theta_b(t) \quad \theta_t(t)]^{\mathrm{T}} \tag{8.23}$$

以上分别是推力、升降舵偏角、机翼迎角、尾桁角和尾翼迎角。当优化固定结构飞行器的飞行航迹时, 后 3 个控制量参照表 8.1 上列出的额定值。

本研究中使用的非线性规划法结合了模拟退火法 (Atigullah, 2001) 和连续二次方程式规划法 (Powell, 1978)。为了平衡与局部最小值、收敛速度与鲁棒性的矛盾，这些方法要同时使用。我们考虑了几种动力学的离散和数字积分方法; 然而, 当同时存在高动态 (俯仰动力学) 与低动态 (平动动力学) 时, 选择 MATLAB 的 4~5 阶自适应 Runge-Kuttas 算法 (Dormand and Prince, 1980) 保证鲁棒性。对于由式 (8.8a) 式 (8.8e)、式 (8.11) 给出的 EOM 的动力学的状态向量为

$$\boldsymbol{x}(t) = \begin{bmatrix} V(t) & \gamma(t) & q(t) & \theta(t) & x(t) & z(t) & p_{\text{fuse}}(t) & p_{\text{wing}}(t) & p_{\text{tail}}(t) \end{bmatrix}^{\text{T}}$$
(8.24)

需注意的是, 因为局部攻角的差异性, 每个升力面 (机身、机翼和尾翼) 都具有一个分离状态。

8.6 优化结果

尽管以上描述的质点飞行器问题较为恰当地描述了栖息机动的实质动作, 但是计算出的飞行航迹 (提前着陆和启动距离) 的边界很小, 不合实际 (Wickenheiser and Garcia, 2007b)。这是由于质点飞行器能够根据最优线路需要的速度俯仰, 而无需考虑转动惯量和驱动器限制。受式 (8.11) 给出的附加俯仰动力学所限, 俯仰速率由飞行器的最大可得俯仰力矩和转动惯量决定。式 (8.8c) 中的俯仰力矩系数 C_{M} 是飞行器攻角和其变体状态的函数。附加俯仰阻尼项, 通常记为 C_{M_q}, 与俯仰角速率 q 成比例, 能有效阻尼俯仰角的快速变化。当飞行器转动时, 尾翼上的局部速度和攻角增加, 进而增加了尾翼上的阻力。这个力可以阻止尾翼转动, 在转动动力学方程上形成类似阻尼的效果。这种效果对于消除阵风干扰很有效, 但对栖息这样的快速机动却无用, 因为飞行器的控制面必须生成更大的力矩来获得俯仰状态的快速改变。

最大推重比是第一个改变的参数, 因为它对发动机尺寸和长航时飞行可用功率有极大影响。从直观上来讲, 在某种意义上推力越大, 栖息机动越容易, 因为当 $T/W > 1$ 时, 飞行器可以像 VTOL 飞行器一样垂直降落。图 8.13 和图 8.14 描述了 (Wickenheiser and Garcia, 2007b) 对不同的最大 T/W 下对质点飞行器分析的代表性结果。如图 8.13 所示, 推重比与提前着陆量成反比。从物理学角度来说, 这似乎与我们的直觉相悖 —— 毕竟我们的目的是将系统的运动能最小化, 而推力只能增大它

—— 因为在攻角非 0 时, 推力与速度矢量并不重合, 推力分量能让飞行器以更低的速度飞行 (在高攻角条件下) 并爬升。另外, 垂直于飞行航迹的推力分量能让飞行器更加敏捷地从俯冲中拉起。因此, 航迹中推力分量对飞行器做的额外功会随着所需初速度 (也就是动能) 的减小而被抵消。一旦飞行器达到了足够使重力消除其剩余动能的爬升坡度角时, 飞行航迹末端推力控制迅速降为 0。

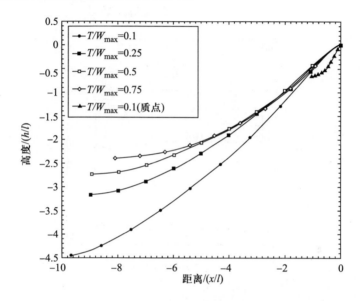

图 8.13　多种最大推重比的爬升阶段航迹图

图 8.14(a) 中展示了各种推重比最大值的完整飞行航迹。每种航迹的俯冲阶段与其相应的爬升阶段相连, 并设定爬升阶段末端为 (0,0)。对于不同的推重比, 为了达到爬升阶段起点处所需速度, 优化了俯冲阶段的最低高度。当 $T/W \geqslant 0.25$ 时, 飞行器根本不需要俯冲, 因为有足够的可用推力, 使得飞行器可以调整到开始爬升所需速度。如果推重比小于该值, 飞行器则需要通过俯冲来获得爬升所需的动能。图 8.14(b) 表示在 $T/W = 0.1$ 的情况下, 全程机动都使用了最大推力, 而在其他情况下, 高推力只会出现在飞行器爬升机动将要结束时。在着陆前推力会下降, 使飞行器向下俯仰, 使其末速度方向完全水平。将图 8.13、图 8.14 中的飞行航迹与质点飞行器飞行航迹比较可以看出俯仰动力学的影响。正如所预期的一样, 这些航迹在拥有同质外形的情况下, 具有更大的飞行空间。因为飞行器无法迅速拉起, 所以它需要更大的距离来完成爬升。

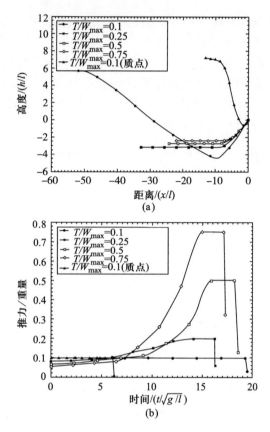

图 8.14 多种最大推重比的全部飞行航迹 (a)、飞行航迹的推力 (被重力标准化) 控制曲线图 (b)

因此, 从例证角度来说, 质点飞行器的假定没有采用产生实际机动所需的关键物理量。

图 8.15 中, 在 x 轴方向上, 质心位置相对于飞行器中立点 (n.p.) (飞行器中立点是指, 如果 c.g. 位于该点时, 飞行器能够在俯仰轴上保持临界稳定的点) 变化, 最大推重比保持不变。这些图表明相比临界稳定和稳定飞行器, 不稳定飞行器 ($x_{cg} = x_{np} - 0.1\bar{c}$) 的最优飞行航迹具有较低的费用 (所需空间更小)。因为不稳定飞行器受到抬头的扰动时, 飞行器会从平衡开始自然拉升, 所以它能以更小的升降舵偏角完成更快的俯仰。这意味着不稳定飞行器与其他飞行器相比, 能以更低的速度产生相同的力矩。因此, 它仍能以更低的速度飞行并爬升来完成机动。低飞行速度的需求直接转化为小的飞行航迹空间要求。因此, 飞行器相关的俯

仰稳定性在栖息机动能力中扮演了十分重要的角色。

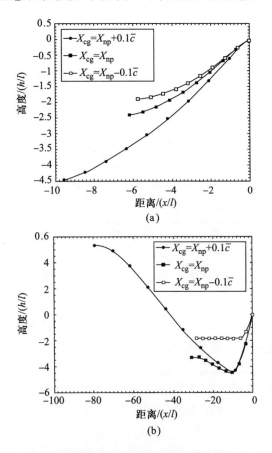

图 8.15 $T/W = 0.1$ 下，可变质心位置飞行轨迹的爬升阶段 (a)、$T/W = 0.1$ 下，可变
质心位置的全部飞行航迹 (b)

    飞行中进行的变体能够通过增大俯仰力矩使飞行器的动力学更接近质点飞行器。这是因为变体驱动装置比升降舵的作用范围更大 (表8.1)，并且占有的面积更大，所以相同的偏转角能够产生的更大俯仰力矩。因此，为产生大的俯仰力矩，升力面可以偏转到更大幅值的攻角位置。通过对比图 8.15(a) 和图 8.16 中爬升阶段的飞行航迹，变体减小提前着陆量是俯仰力矩变大带来的直接结果。

    与前面讨论的不稳定飞行器情况类似，变体驱动装置能够在较低速度下产生更大的力矩。因此，对于变体飞行器来说，机翼在大攻角时受阻力影响无法生成大力矩，所以与尾翼位置相比，机翼相对质心的位置并

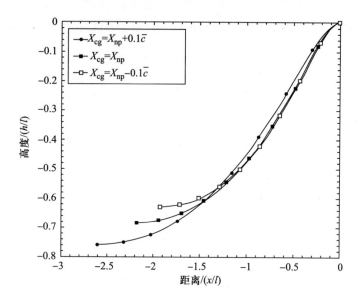

图 8.16 当 $T/W = 0.1$ 时, 变体飞行器在可变质心位置情况下的爬升阶段航迹

不重要。通过对比图 8.15(a) 和图 8.16 可知, 与固定结构飞行器相比, 变体飞行器对改变重心位置并不敏感。图 8.17(a) 给出了多种推重比下变体飞行器的全部飞行航迹。在俯冲阶段, 飞行器在最短距离内从巡航配置变为开始爬升的配置。如之前讨论的, 额外推力使飞行器能以低速飞行, 因此可以达到缩短距离的效果。图 8.17(b) 描述了这些飞行航迹中可变参数的时间关系曲线图。在这些仿真中, 升降舵偏角保持为 0, 来隔离飞行器变体所带来的影响。机翼迎角时间关系曲线图显示了为确保整个机动过程中气流附着于机翼上, 当机身抬升时, 机翼应该下倾。

这有利于保持副翼作用, 并使机翼上俯仰力矩分布最大。整个阶段, 机翼迎角和尾翼迎角单调增长, 表示飞行器从巡航时的平衡状态变为飞行航迹底端的另一种状态。为使飞行器获得爬升所需的速度, 尾桁首先下倾然后再次抬起来配合飞行器的下倾。在爬升阶段, 尾桁固定保持在下限位置, 在向下的力和尾翼阻力的作用下生成最大力矩。尾翼迎角逐渐增大, 生成一个逐渐变大的负的尾翼攻角值。起初, 这将在尾翼产生一个巨大的向下的力, 飞行器抬升; 随着飞行器接近着陆点时, 攻角进一步减小, 阻力增加, 速度减小, 飞行器低头。图 8.18 直观地对比了相同推重比的固定结构飞行器和变体飞行器, 并在航迹的几个点上指明了飞行航迹中的飞行器方向。显然, 变体极大地提高了飞行器的机

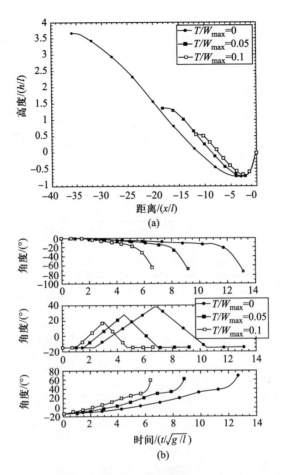

图 8.17 多种最大推重比的全部航迹(a)、这些航迹的变体角度时间关系曲线图: 机翼迎角 (上图)、尾桁角 (中图) 和尾翼迎角 (下图) (b)

动性能, 从而使其能在更短距离内完成栖息。

最后, 研究飞行器在栖息机动过程中的可操控性。特别要讨论升降舵的效能, 因为仅在纵向面上仿真飞行器操控性, 且俯仰的动力学方程对于优化飞行航迹问题至关重要。图 8.19 描述了升降舵向上偏转和向下偏转导致的沿飞行路径中额定俯仰力矩系数的最大变化。因此, 该图展示了机动全过程可用的额外俯仰控制机制, 如有利于抗扰动。图 8.19 比较了变体飞行器和固定结构飞行器在最大推重比为 0.1, 质心位于中立点下的情况。因为这两种机动持续时间不同, 时间设定为 0~1, 分别代表机动的开始和结束。总体上讲, 在机动的整个过程中, 变体飞行器

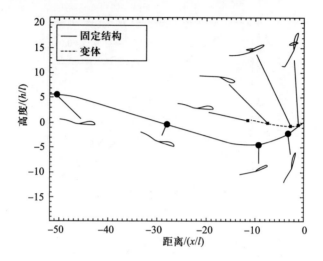

图 8.18 当 $T/W = 0.1$ 时, 固定结构飞行器和变体飞行器栖息机动航迹的对比

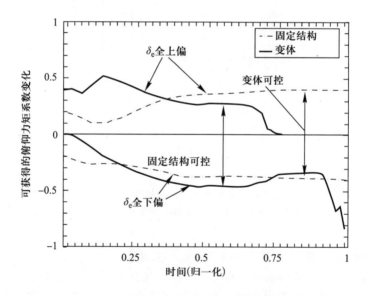

图 8.19 $T/W = 0.1$ 时, 固定结构飞行器和变体飞行器栖息线路的对比

在两个方向 (也就是爬升和俯冲) 上保持了高控制力。在机动的开始和结束部分, 固定结构飞行器只在一个方向上有控制力, 为了沿最佳飞行航迹飞行, 升降舵已经完全偏转。变体飞行器在机动中的控制将下降15%, 因为为使飞行器向下俯仰, 尾桁暂时将升降舵偏转为失速状态; 这

个问题可通过分解可控性为成本函数简化。如果将特定水平的操控性作为约束之一，那么为了进一步优化飞行航迹，并保持适当的抗扰动能力，升降舵时间关系曲线图将随着变形自由度的提高而优化。确实，这种灵活性是给机体增加额外变体自由度后获得的特点之一。

8.7 结论

本章所讲的变体代表了飞行器的非传统结构改变，附加自由度为机翼迎角和尾翼操纵。我们对这些自由度所带来的变体改变进行了严格模拟，发现它们能为飞行器动力学带来重大改变。为了计算这些自由度，我们使用了一种新的升力线理论，并成功计算了超过 9500 种组合。已证实这些自由度能使飞行器在各种情况下，出于各种目的，通过高机动飞行航迹栖息于某个建筑物上。像在任何真实飞行器上一样，本研究利用控制面运动的速率来评估机动。另外，飞行器推重比和质心的改变也被考虑在内。研究表明，随着推重比的提高，栖息机动所需的空间减小。有趣的是，优化中也展示了仿生动力学的应用，包括在栖息降落前的最后骤降。本研究描述了飞行器做栖息机动的动作，并考虑了一系列在此系统的设计过程中至关重要的参数。

参考文献

[1] Atiqullah MM 2001 Tuned annealing for optimization. *Lect. Notes Comp. Sci.*, 2074, 669–679.

[2] Betts JT 2001 *Practical methods for optimal control using nonlinear programming*. Philadelphia, PA, SIAM.

[3] Bowman J, Sanders B and Weisshaar T 2002 *Evaluating the impact of morphing technologies on aircraft performance*. AIAA2002-1631.

[4] Bye DR and McClure P D 2007 *Design of a morphing vehicle*. AIAA-2007-1728.

[5] Crowther WJ 2000 Perched Landing and Takeoff for Fixed Wing UAVs. In *NATO symposium on unmanned vehicles for aerial, ground, and naval military operations Ankara*, Turkey.

[6] Dormand JR and Prince PJ 1980 A family of embedded Runge-Kutta formulae. *J. Comp. Appl. Math.*, 6: 19–26.

[7] Enright PJ and Conway BA 1992 Discrete approximations to optimal trajectories using direct transcription and nonlinear programming. *J. Guid. Contr. Dyn.*, 15(4), 994–1002.

[8] Flanagan JS, Strutzenberg RC, Myers RB and Rodrian JE 2007 Development and flight testing of a morphing aircraft, the NextGen MFX-1. AIAA2007-1707.

[9] Fritsch FN and Carlson RE 1980 Monotone piecewise cubic interpolation. *SIAM J. Num. Anal.*, 17(2), 238–246.

[10] Goman M and Khrabrov A 1994 State-space representation of aerodynamic characteristics of an aircraft at high angles of attack *J. Aircraft*, 31(5), 1109–1115.

[11] Hoak DE *et al.* 1978 The USAF stability and control datcom. TR-83-3048.

[12] Kudva JN 2004 Overview of the DARPA Smart Wing Program. *J. Intell. Materl Sys. Struc.*, 15(4), 261–267.

[13] Levine JS, Blaney DL, Connerney JEP, Greeley R, Head JW, Hoffman JH, Jakosky BM, McKay CP, Sotin C and Summers ME 2003 Science from a Mars airplane: The Aerial Regional-Scale Environmental Survey (ARES) of Mars. AIAA2003-6576.

[14] McGahan J 1973 Gliding flight of the Andean condor in nature. *J. Exp. Biol.*, 58, 225–237.

[15] McGranahan B and Selig M 2004 UIUC low-speed airfoil tests. URL: http://www.aae.uiuc.edu/m-selig/uiuc_lsat.html [cited 19 February 2004].

[16] Munk MM 1921 The minimum *induced drag of airfoils*. NACA Report 121.

[17] Phillips WF, Anderson EA, Jenkins JC, and Sunouchi S 2002 Estimating a low-speed downwash angle on an aft tail. *Aircraft*, 39(4), 600–608.

[18] Pistolesi E 1937 Considerations respecting the mutual influence of systems of airfoils. In *Collected lectures of the 1937 principal meeting of the lilienthal society*. Berlin.

[19] Powell MJD 1978 A Fast Algorithm for Nonlinearly Constrained Optimization Calculations. In GA Watson, ed., *Numerical Analysis* **630**, pp. 144–157. Springer Verlag.

[20] Raymer DP 1999 *Aircraft Design: Conceptual Approach*. Reston, VA, AIAA.

[21] Sanders B, Crowe R, and Garcia E 2004 Defense Advanced Research Projects Agency: Smart Materials and Structures Demonstration Program Overview. *J. Intell. Materl Sys. Struc.*, 15(4), 227–233.

[22] Sheldahl RE and Klimas PC 1981 *Aerodynamic characteristics of seven sym-metrical airfoil sections through 180-degree angle of attack for use in aerody-namic analysis of vertical axis wind turbines.* Sandia National Laboratories Report SAND80-2114.

[23] Stengel RF 1994 *Optimal control and estimation.* Mineola, NY, Dover.

[24] Weissinger J 1947 The lift distribution of swept-back wings. NACA TM-1120.

[25] Wickenheiser A and Garcia E 2006 Longitudinal dynamics of a perching aircraft. *J. Aircraft,* 43(6),1386–1392.

[26] Wickenheiser A and Garcia E 2006b Optimization of perching maneuvers through vehicle morphing. *J. Guid. Contr. Dyn.,* 31(4),815–823.

[27] Wickenheiser A and Garcia E 2007 Aerodynamic modeling of morphing wings using an extended lifting-line analysis. *J. Aircraft,* 44(1),10–16.

[28] Wickenheiser A and Garcia E 2007b Perching aerodynamics and trajectory optimization. In *Proc. SPIE,* 6525, 652500.

第三部分　智能材料与结构

第 9 章

应用强化学习方法的变体
智能材料驱动器控制

Kenton Kirkpatrick and John Valask
美国得克萨斯农工大学

9.1 智能材料介绍

随着人类对结构与控制工程领域研究的深入, 要求材料不仅能提供结构上的支撑, 还能跨工程学科门类地具有多种功能。从历史上看, 人们为了满足某些特定需求已研制开发出很多材料 (Lagoudas, 2008)。例如, 为了制造出能在空中乃至太空航行的飞行器, 人们研发了既坚固又轻便的材料。同样, 对航空航天设备的结构新需求要求人们研发新材料, 并开发出它们的多重功能。

智能材料是一类特种材料, 它们能扮演两种角色, 即驱动器和传感器。例如, 它们能使机械变形与温度、电流或磁场变化产生耦合。智能材料能够充当能量传输介质, 并发挥传感器作用, 将机械变形转化为非机械响应 (如热反应和电反应)。同样, 它们可以把非机械响应转化为机械变形, 发挥驱动器的作用。如果给智能材料施加一个非机械输入 (如电压), 它们便能产生机械变形, 即使负载再大也是如此。

人类目前已研发的智能材料种类繁多。本章主要研究那些对变体飞行器结构变形最具价值的材料。由于控制电流是使热驱动智能材料发生变形的最简单和质量最轻的方法。因此, 本章所述的智能材料都是仅用电流响应就可以驱动的类别。这些材料包含压电材料和形状记忆

合金 (SMA) 等。

9.1.1 压电材料

在能够产生电流和机械变形耦合的智能材料中, 压电材料最为人们广知。压电材料又分为多种, 每种都有自己的特性。压电陶瓷在被驱动时只产生小的变形和负载能力 (Lagoudas, 2008), 因此它们在航空航天结构变形上发挥的驱动器作用十分有限。压电聚合体有更高的驱动应变, 但应力响应能力较低 (Lagoudas, 2008)。压电体作为驱动器使用时, 通常要嵌入或粘合至某一结构的表面, 而采用大量小型驱动器比几个大驱动器同时作用, 获得的效果要好 (Crawley and de Luis, 1987)。这种方式虽然可以实现所要求的变体, 但数量过多的驱动器却会增加控制难度。同时在无人机装载过多独立电压供给电路是行不通的。因此, 压电体无法提供变体飞行器所需的大规模结构变形能力, 本章将不再讨论这种材料。

9.1.2 形状记忆合金

形状记忆合金 (SMA) 被认为是用于大尺度变体的一种很有前途的材料。较之其他智能材料, 它具有更高的驱动能量密度, 而且具备相对较高的驱动力与应变 (Lagoudas, 2008)。SMA 是一种具有记忆功能特性的金属合金 (Waram, 1993; sofla et al., 1991)。这种材料在压力作用下会发生变形 (这种变形通常被认为是可塑的), 经过高温加热后能完全恢复到原始形状。它能承受巨大应变 (8%~10%), 这使它适用于那些需要实现大规模变形的结构, 如变体飞行器 (Mavroudis et al., 1991)。在整个转化过程中若一直对 SMA 施加冷却作用, 它将经历相变, 由奥氏体相变为马氏体, 这种相变会让原子重新排列, 但加热后合金会回到最初的奥氏体, 从明显的塑性应变中恢复过来。

SMA 作为驱动器可应用于很多领域, (Mabe et al., 2005) 就成功设计并实现由记忆合金驱动的锯齿结构, 它们可根据高度变化改变形状以降低发动机噪声并提高发动机效率。同时 SMA 在医疗领域应用也很广泛, 如心血管支架、矫形器技术以及牙科技术 (Duerig et al., 2000; Mantovani, 2000)。到目前为止, 这种材料被认为是机翼变体方面的最佳材料, 因为通过控制系统调整材料的温度就可以使材料发挥主动受控驱动器的作用, 产生机械响应。而这只需要调节电压制热, 使用对流制冷就可以实现。这种方式使用 SMA 的好处在于一个驱动器可由一条具有电压 SMA 丝构成, 装置不至于太复杂, 质量也会大大减轻。

9.1.3　控制 SMA 的难点

SMA 驱动器在控制上有一个难点, 因为它在经历晶体相变时会出现高度非线性和迟滞反应。当一条载有拉伸负载的 SMA 丝发生相变时, 它的长度会发生变化。从马氏体到奥氏体的相变 (通过加热) 会引起长度缩减, 相反的相变使它长度增加至初始状态。从温度与应变的关系中可以看出发生了迟滞反应, 因为相变开始和结束时的温度不同 (从温度变化中可以看出) (Marroidis et al., 1991)。温度与应变的关系不仅仅是迟滞的, 而且还是高度非线性的。图 9.1 与图 9.2 揭示了这一点。在图 9.1 中, M_s 是马氏体的初始温度, M_f 是马氏体的终止温度, A_s 是奥氏体初始温度, A_f 是奥氏体终止温度。

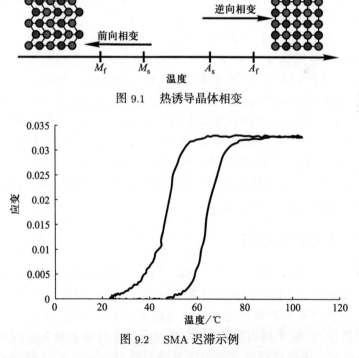

图 9.1　热诱导晶体相变

图 9.2　SMA 迟滞示例

SMA 在温度 – 应变中表现出来的迟滞性通常使用基于材料参数的本构模型或通过系统辨识来建模 (Lagoudas et al., 2001)。有些唯象模型 (Lagoudas et al., 1996; Bo and Laogudas, 1999; Malovrh and Gandhi,

2001)、微机械模型 (Patoor et al., 1987; Falk, 1989) 和基于系统辨识的经验模型 (Banks et al., 1987; Webb et al., 1998) 也能模拟这种迟滞。这些模型十分精确, 但有些只能针对特定的记忆合金类型, 且大多数需要复杂运算。还有很多模型不适合动态负载条件, 这样在变体中就不能使用。既然参数化模型不能用于实现控制策略, 那么寻找一个替代方法就尤为重要。早前的研究已证实的一种方法是将 SMA 控制作为强化学习问题 (Kirkpatrick, 2009)。

9.2 强化学习的介绍

机器学习是人工智能研究的一个特殊领域, 主要侧重于发展能够效仿人类学习能力的算法。目前, 机器学习仅发展出能够识别特殊模式或完成特定目标的算法。本章所讨论的机器学习主要指利用给定数据来学习达成用户设定目标的算法。尽管目前计算机的运算能力已远超人脑, 但仍无法达到人脑的复杂度; 机器仍不能自主决定问题或设定目标。

机器学习法使用了一系列手段, 它们在学习解决特定问题上各有所长。人工神经网络是机器学习算法的流行分支, 它通过模拟复杂的人类神经系统识别特定任务或模式 (Yenanarayana, 2006)。此外还有基于核函数的学习算法也得到广泛研究, 如支持向量机 (Cristianini and J. Shawe Taylor, 2000)。从决策树 (Quinlan, 1986) 到贝叶斯网络分类器 (Friedman, 1997), 从基于实例方法 (Aha et al., 1991) 到遗传算法 (Goldberg, 1989), 人们开发出许多方法用于满足自动学习模式和系统行动的需要。其中, 强化学习法是最有可能确定记忆合金驱动器的控制策略 (Kirkpatrick, 2009) 的方法。

9.2.1 强化学习法问题

有些流行方法, 如人工神经网络, 具有一定局限性, 即必须通过自身网络反复输入之前获取的训练数据来学习。而在多数情况下, 必须让这些方法在没有先验数据的帮助下也能学会如何工作。强化学习法类似于机器学习, 但无须训练数据, 它通过与特定环境的交互实现在线学习。强化学习法通过探索状态空间并确定恰当的状态 —— 行动映射获得最大的数值奖励 (Sutton and Barto, 1998) 的经验中进行学习。这种状态与行动空间的设计描绘了一种环境, 并通过 Agent 如何从中获得奖励的方式来达成适当的目标。

值函数是描述强化学习问题的基本元素。本质上来说, 它们是强化学习 Agent 的大脑: 能保留记忆。当智能体与其分配的环境交互时, 它利用获取的奖励更新值函数。这个值函数成为后面工作的向导, 使 Agent 知道过去哪种选择能带来最大奖励。状态 —— 值函数只与状态本身相关。考虑特定状态下的值, Agent 就会朝着能够获取最高累计奖励的状态发展。行动 - 值函数在空间上更为复杂, 但它为状态和行动分配值。如果要控制 SMA, 就要考虑行动 - 值函数。使用最优行动 - 值函数具有一定的优势: 对于每种状态, 它可以保存哪个行动是达到目的的必要记忆。

强化学习法的目的是学习能让值函数最大化的最优策略。强化学习是分场景进行的学习, 每一场景都是由程序设计者定义的学习过程中的一些重要时期。场景可以是基于时间长短、目标完成情况、所选行动数量或程序设计者所认为能解决问题的所有方式。解决强化学习问题的算法有很多, 动态规划法和蒙特卡罗法是其中的两类方法, 但最有效的方法是瞬时差分法 (Sutton and Barto, 1998)。

9.2.2　瞬时差分法

瞬时差分法是一类解决强化学习问题的特殊算法, 尤其适用于 Agent 对环境动态无先验知识的情况 (Sutton and Barto, 1998)。与其他算法相比, 时域差分算法最为通用。动态规划需要一个完美的环境模型来选取最优策略, 但瞬时差分法不需要。另一类方法蒙特卡罗法, 需要等到场景学习的最后才能学习新信息, 而瞬时差分法则能边进行边学习。

瞬时差分法有许多不同算法, 但大多数都源于 3 种基本算法, 分别是评估 —— 决策法、Sarsa 算法和 Q 学习算法。这 3 种基本算法都是按场景进行学习, 场景由学习经验的某些重要部分组成。用户可以自行设置场景, 间隔可重置, 也可以用特定结果加以描述。强化学习系统刚开始用于实践时, Acotr-Critic 算法被广泛使用, 但近年来 Sarsa 算法和 Q 学习算法受到更多重视。因此, 本章只讨论 Sarsa 算法和 Q 学习算法。如需了解这 3 种算法的更多细节, 可参考 (Sutton and Barton, 1998)。

1. Sarsa 算法

Sarsa 算法是瞬时差分法的一种在线策略的形式, 也就是说每个时间间隔时行动 - 值函数都会被评估和改进。Sarsa 算法通过使用当前状态、当前行动、未来奖励、未来状态以及未来行动表述一个状态/行动对向另一对转化的方式来更新行动价值函数 (Sutton and Barton, 1998)。这其实是 Sarsa 算法名字的由来 (state-action-reward-state-action)。在学习进行的过程中, 行动 – 值函数得到更新, 最终的最优行动价值函数可当作控制策略。Sarsa 算法中行动 – 值函数的更新规则为

$$Q_k(s,a) \leftarrow Q_k(s,a) + \alpha\delta_k \tag{9.1}$$

式中: s 为当前状态; a 为当前行动; Q 为行动 – 值函数; 下标 k 表示当前策略; α 是一个参数, 用于 "惩罚" 在场景中都重复自身的 RL 算法。δ_k 定义为

$$\delta_k = r_{k+1}(s',a') + \gamma Q_{k+1}(s',a') - Q_k(s,a) \tag{9.2}$$

式中: 项 s' 表示未来状态; a' 表示未来行动; $k+1$ 对应未来策略; γ 是一个常数, 用于优化通过加权未来策略得到的收敛率。

式 (9.1) 和式 (9.2) 合并构成具体的行动 – 值函数:

$$Q_k(s,a) \leftarrow Q_k(s,a) + \alpha\left[r_{k+1}(s',a') + \gamma Q_{k+1}(s',a') - Q_k(s,a)\right] \tag{9.3}$$

式中: r 表示每个状态/行动对的奖励, 对于每种情形该奖励都是一个用户定义的参数。例如用户可以用 +1 表示达到目标, −1 表示终止规则, 0 表示所有中性结果。该行动 – 值函数生成一个策略, 可用于学习由强化学习法获得的系统参数。Sarsa 算法利用式 (9.3) 提供的行动 – 值函数, 使用简单算法更新策略, 如算法 9.1 所示。

算法 9.1 Sarsa 算法 (Sutton and Barton, 1998)

初始化 $Q(s,a)$ 为任意值

　对于每个场景重复

　— 初始化 s

　— 用源于 $Q(s,a)$ 的策略 (例如 ε —— 贪婪算法) 从 s 中选取 a

　— 重复下列步骤

　　* 选取行动 a, 观察 r,a'

　　* 用 $Q(s,a)$ 导出的策略 (例如 e —— 贪婪算法) 从 s' 中选取 a'

　　* $Q(s,a) \leftarrow Q(s,a) + \alpha[r + yQ(s',a') - Q(s,a)]$

　　* $s \leftarrow s', a \leftarrow a'$

　— 直到 s 终止

---

2. Q-学习算法

时域差分算法中最常用的方法是 Q-学习法。它是瞬时差分法的离线策略形式, 使用行动 – 值函数更新规则, 这点与 Sarsa 算法非常类似。Q-学习算法与 Sarsa 算法差别不大, 对学习过程结果的影响却大相径庭。在每步迭代中 Q-学习法在更新一个值函数的同时跟随一个不同的值函数。这就是称之为 "离线" 的原因。在一个场景结束时, 策略追随的值函数被一个新近学习的值所替代, 这样两个值函数的初始值相同。行动 – 值函数的更迭规则与 Sarsa 算法相似, 定义如下:

$$Q_k(s,a) \leftarrow Q_k(s,a) + \alpha\delta_k \tag{9.4}$$

式中: s 为当前状态; a 为当前行动; Q 为行动价值函数; 下标 k 表示当前策略; 项 α 是个参数, 用于 "惩罚" 在场景中都重复自身的 RL 算法; 项 δ_k 与 Sarsa 算法定义不同, 为

$$\delta_k = r_{k+1}(s',a') + \gamma\max_a Q_{k+1}(s',a') - Q_k(s,a) \tag{9.5}$$

式中: 项 s' 表示未来状态; a' 是未来行动; $k+1$ 表示未来策略; γ 是一个常数, 用于优化通过加权未来策略得到的收敛率。

式 (9.4) 和式 (9.5) 合并构成具体的行动 – 值函数:

$$Q_k(s,a) \leftarrow Q_k(s,a) + \alpha\left[r_{k+1}(s',a') + \gamma\max_a Q_{k+1}(s',a') - Q_k(s,a)\right] \tag{9.6}$$

r 表示每组状态/行动对获得的奖励, 每种情形得到的奖励是一个用户定义参数。用户可以方便地对问题定义激励。例如, 用户可以用 +1 表示达到目标, −1 表示终止规则, 0 表示所有中性结果。该行动 – 值函数生

算法 9.2 Q-学习算法 (Sutton and Barton, 1998)

初始化 $Q(s,a)$, 给定任意值
对于每个场景重复
— 初始化 s
— 重复下列步骤
  ∗ 用源于 $Q(s,a)$ 的策略 (例如 ε – 贪婪算法) 从 s 中选取 a
  ∗ 选取行动 a, 观察 r, s'
  ∗ $Q(s,a) \leftarrow Q(s,a) + \alpha\left[r + \gamma\max_{a'} Q(s',a') - Q(s,a)\right]$
  ∗ $s \leftarrow s'$
— 直到 s 终止

成一个策略, 可用于学习由强化学习法获得的系统参数。Q-学习法利用式 (9.6) 提供的行动 – 值函数, 使用简单算法更新策略, 如算法 9.2 所示。

9.2.3 选取行动

在使用上述瞬时差分法时, 必须对每步中的行动选取方法做出合理选择。学习者使用的策略决定了基于当前状态的行动选取。可供选取的策略很多, 但所选择的方法对解决问题必须是最优的。

1. 探索方法

最简单的行动选择方式是纯探索方法。如果强化学习 Agent 通过编程, 被要求执行纯探索策略, 则行动 – 值函数可以不包含在纯探索内。有许多探索的方式可供选择: 一种是在每一个时间步随机选取一个行动; 另一种是保留所有被访问数据的历史, 选取当前状态下还没有尝试的行动。前者使用较为广泛, 因为它可以在不携带任何历史数据的情况下轻松获取。纯探索策略中的行动选择方式为

$$a \leftarrow \text{random} \tag{9.7}$$

使用纯探索策略有很大的局限性。由于它不能使用整个过程中获取的任何知识, 所以不管 Agent 学习了多少, 它都在盲目搜索。这就需要智能体经历更多的学习场景才能实现收敛。

2. 贪婪法

另一种广泛使用的行动选择策略是贪婪法。贪婪法选择当前行动 – 值函数中最好的形式, 并作为唯一选择。对于给定一个行动 – 值函数 $Q(s, a)$, 选定的行动对于每种状态 s 都是最大值。有时, 当多个状态——行动对有最大值时 (如在早期阶段), 可从中随机选择与最大值对应的合适行动。贪婪策略中的行动选择算法为

$$a \leftarrow \max_a Q(s, a) \tag{9.8}$$

利用即时获取的知识有利于更快地强化具有最高行动 – 值的路径, 但也会局限于只关注已建立的路径。一旦通向目标的路径建立起来, 学习者便会偏向于这条路径。当足够的场景完成, 一条从开始到目标的完整路径通过强化值挑选出来时, 贪婪系统不再允许开发其他任何路径。尽管贪婪系统允许学习一种可行策略, 但该策略不一定会最优。

3. ε-贪婪法

既然勘探和开采极端情况都有自己的局限性, 限制着学习过程, 那么采取一个折中的方法。ε-贪婪法恰好就能满足这项要求 (Sutton and Barto, 1998)。ε-贪婪法采用一种预先定义好的可能性 ε 来决定是探索或是采取新行动。它可以将两种手段的长处进行综合。当智能体在前期因缺乏知识而被迫进行勘探时, 后期的学习可以更高效。在开采行动中, 学会的知识得到强化, 同时为了防止当前的行动 – 值函数非最优, 勘探行动照常进行 (Whiteson et al., 2007)。这种方式可应用于先前提到的时域差分算法的行动选择部分, 如算法 9.3 所示。

算法 9.3 ε-贪婪行动选择算法

· 选择 $\varepsilon \in [0 \quad 1]$
· 重复每个行动选择
    — 生成随机值 $\beta \sim U(0, 1)$
    — 如果 $\beta \geqslant 1 - \varepsilon$
      * $a \leftarrow$ 随机
    — 如果 $\beta < 1 - \varepsilon$
      * $a \leftarrow \max\limits_{a} Q(s, a)$

ε 权值的选择会影响到收敛所需场景的数量, 它可以是常值也可以是可变参数。早期场景里最好选择概率较高的探索法, 并让 ε 的值随场景的增加而递减。随着场景完成数量的增加, ε 的递减, 占主导地位的算法也从前期场景里的勘探转为后期场景里的开采。但是为了发现更好的路径, 即便在后期学习中也不能完全取消勘探 (如 $\varepsilon = 0.05$)。

9.2.4　函数逼近

使用行动 – 值函数作为控制方法的一个关键不足在于, 很多情况下它无法遍历整个状态 – 空间。行动 – 值函数 $Q(s, a)$ 是一个离散值表, 各种状态和行动代表不同的行与列。如果状态空间是连续的, 则矩阵由于离散特性无法准确采集整个状态空间。就算所勘探的环境本身也是离散的, 但它的状态和行动会出现太多的可能性, 以至于无法逐一尝试。因此要求对行动 – 值函数赋予一些功能性特点。

逼近一种行动 – 价值函数具有多种可能性, 所以我们首先要决定解决 RL 问题的最佳逼近方法。某些情况下, 用户很容易找到合适的基函数并直接应用。但总体上来说, 基函数并不那么明显, 需要借助其他机器学习算法来学习一般行动。逼近行动 – 值函数 $Q(s, a)$ 中使用的 3 种机器学习方法将在下文中逐一进行讨论。

1. k 最近邻算法

k 最近邻算法也许是已知最简单的机器学习法。它是一种基于实例的方法，建立在假设所有实例在欧几里得空间中与其最相邻的点具有最高相似性之上 (Mitchell, 1997)。实例间的欧几里得距离就是在 n 维信息空间中的几何距离。这可以通过逼近位于 Q 矩阵的离散权值之间，与状态相关的值，来直接解决拥有连续状态的问题 (如变体参数)。这种方法相当于插值算法，在函数逼近中可以提供离散状态间的内插值。状态间的距离可由式 (9.9) 计算，并保持 k-最新状态 (Mitchell, 1997)，即

$$d(x_i, x_j) = \sqrt{\sum_{r=1}^{n} (s_r(x_i) - s_r(x_j))^2} \tag{9.9}$$

式中：d 为欧几里得距离；x_i, x_j 为相邻实例；r 为状态维度的索引；n 为状态空间的维数；s_r 是第 r 状态的值。

通过计算当前状态与 Q 表示的所有离散状态之间的欧几里得距离，当前状态下的行动值就能被 k 最近邻的平均值所逼近，这里 k 是用户定义的正整数。这种简单算法容易执行，几乎不需要调整，而且一般来说运行良好 (Russell and Norvig, 2003)。

2. 人工神经网络 (ANN)

如今最受欢迎的机器学习是人工神经网络，它通过模拟人脑神经的复杂交互来学习输入与输出之间隐藏的行动模式。它的基本单元称为感知器 (类似于神经)，如图 9.3 所示，其函数关系为

$$X = \sum_{i=0}^{n} w_i I_i \tag{9.10}$$

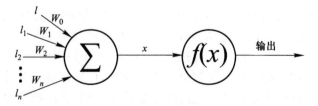

图 9.3 感知器

不同输入, $I_0 \sim I_n$ 通过加权和结合, 其中 $I_0 = 1$ 表示消除一个固有偏差。式 (9.10) 中的加权和是一个规范化函数的输入。这个函数通常是一个阶梯函数 (X 为正时输出为 $+1$, X 为负时输出为 -1, $X=0$ 时输出为 0), 但这里也可以使用很多其他的函数 (如 sigmoid)。有时甚至没有规范化函数, 输出就是加权和 X。这个函数的选择完全取决于用户。问题不同, 情况不同。

人工神经网络由至少两层的感知器网络组成, 通常层数可以很多。输入层是必不可少的, 在这里每个输入都被赋予一个独立节点。输出层与输入层相似, 每个输出也都有一个独立节点。中间层被称为 "隐藏层", 根据用户设计进行选择。网络结构一旦设定, 就可以通过如下方式进行训练: 向网络输入训练数据, 调整加权将输出误差最小化来获得最合适的关系。训练神经网络有几种不同算法可用, 最常用的是反向传播算法。这种算法首先将一个单独的训练案例输入网络, 然后利用训练数据输出和网络输出间的误差进行反向推导, 适时调整加权 (Mitchell 1997)。与其他复杂机器学习法相比, 人工神经网络速度快精确度高。

3. 遗传算法

遗传算法是一类机器学习算法, 旨在模拟隐藏在 "适者生存" 理论后的基因行为。其思想提供一个假设的 "种群" 逼近一个未知函数, 而最佳假设是初始未知。如何确定最佳假设取决于用户对适应度函数的定义。该适应度函数用于检测个体, 并通过评估其的适应度为其打分 (Mitchell, 1997)。

在第一阶段, 假设的种群通常随机生成。一个单一个体常用一个二进制的字符串表示, 不同位的组合代表不同函数。适应度函数用来检验个体与函数的接近度, 然后通过下面的算式生成一个概率:

$$p(h_i) = \frac{F(h_i)}{\sum_{j=1}^{n} F(h_j)} \tag{9.11}$$

式中: $p(h_i)$ 为选择 h_i 的概率; $F(h_i)$ 为评价 h_i 的适应度函数; n 为群体中的总个体数。

这个概率用来决定哪些个体可重新注入, 新注入的是执行交叉操作 (两种个体结合生成两种新个体), 还是发生突变 (一种个体只改变一位成为新的个体)。当新一代完成, 这个过程仍在继续直到发现一个适应度优于用户定义的个体。

与时域差分强化学习算法相结合,可用于逼近行动–价值函数的机器学习法有很多,上面这些只是其中一部分。理论上,任何基于实例法或模式学习法都可用于函数逼近。有关这些方法是如何用于函数逼近的例子可以在 (Kirkpatrick and Valasek, 2009; Poggio and Girosi, 1990; Lampton, 2009) 中找到。

9.3 作为强化学习问题的智能材料控制

把智能材料控制当作一个 RL 问题需要对状态、行动、奖励和目标进行恰当表示,这些完全取决于定位的水平以及执行的任务。在结构变体中,这些材料将发挥驱动器作用。

下面研究对象将是由 SMA 丝构成的驱动器。该概念很容易类推到由其他智能材料组成的相似驱动器。我们将讨论控制这些驱动器所遇到的困难,以及问题的每一部分如何转换。有一些要求必须满足,包括定义系统的参数,选择恰当的行动 —— 选择策略以及函数逼近的使用。

9.3.1 智能材料驱动器的状态空间和行动空间

要解决一个 RL 问题,首先必须合理定义状态空间和行动空间,这些空间中几乎有无限的维度可供考虑。一个维度可包括压力、应变、温度、质量密度、马氏体的体积分率或者吉布斯自由能等。用来确定问题的要素是既有关联又容易量测的参数。状态空间和行动空间越大,RL Agent 探索和与之交互的环境的复杂性越高,鉴于此,如何选择测量和考虑完成目标必须的状态和行动就至关重要了。

1. 状态

如果考虑的问题是一个基于 SMA 的驱动器的位置控制,第一个关键状态显然是长度。如果智能体要学习如何控制 SMA 丝的长度,它首先获得长度的量测。但是,长度是特定于驱动器尺寸的一个参数,如此一来,一个已学习的线长度控制策略对与学习时使用类似的,但长短不同的 SMA 丝则是无效的。因此,无量纲化并考虑拉伸应变而非长度会更有意义,这个拉伸应变很容易用下面的公式得出:

$$\varepsilon_t = \frac{L_M - L}{L_M} \tag{9.12}$$

式中: ε_t 为拉伸应变; L 为 SMA 丝先前长度; L_M 为 SMA 丝在马氏晶体相的长度 (如室内温度)。

在状态空间中另一个要计算的状态是 SMA 丝的温度。这种材料的驱动是通过马氏体与奥氏体间的热诱导晶体相变完成的, 所以将应变与温度进行耦合是控制应变的关键。

第三个要考虑的状态是拉伸应变。尽管理想状态是利用温度与应变的关系实现控制, 但 SMA 丝的拉伸应变对其寿命和最大应变都有重要影响。例如, 一个特定的 SMA 丝的样本在 120 MPa 的应力下会有最大 3.5% 的应变, 而同样样本在 150 MPa 的应力下应变可能达到最大 5%。在状态空间中引入应力取决于控制中如何对待这个拉伸应力。如果使用的复原力是个常数, 或许在使用静重的情况下, RL 智能体可以不考虑应力。但是, 如果应力可变, 那么就应该包含在状态空间里。

空间状态还可以包含许多其他对晶相变化起作用的参数, 这些参数有马氏体积分率, 质量密度和吉布斯自由能等 (Hartl, 2009)。尽管这些参数对确定 SMA 晶体变化行动的参数模型必不可少, 但并不容易测量。RL 智能体必须能在它与周围环境交互过程中实时接收状态空间参数。此外, 智能体的最终策略是一个黑匣子控制策略, 而不是一个参数策略, 因此不需要这些额外的材料参数。这使得用户必须在两种状态空间中做出选择, 而这取决于处理驱动器应力的方式: 如果可恢复的应力能保持不变, 就选择应变和温度二维空间状态; 如果应力变化, 就需要一个应变、温度和应力的三维状态空间。

2. 行动

接下来的一步是确定智能体的行动空间。行动是智能体用来与状态空间交互以及改变状态空间以实现目标的工具。但选择的行动仅限于那些以简单、真实、可控方式影响状态空间的行动。在这种情况下, 行动空间有两种选择, 即理想温度和电压。对导线施加一个电压差可使温度升高, 但是电压和温度的转化关系却并不简单, 它们的关系由基于材料参数的微分方程决定, 这些参数在晶体相变过程中是变化的。因此, 在进行数值仿真时对行动空间使用理想温度要简单得多, 但更简单的是在学习一个实际的 SMA 驱动器过程中考虑电压。无论在哪种情况下对于该 RL 问题来说行动空间都是一维的, 如何选取控制参数取决于驱动器是真实的还是模拟的。

3. 有限时间的逼近需求

使用 Q-learning 的主要局限是只有当 RL 智能体能无限次探索状态和行动的每种可能组合时，才能收敛 (Sutton and Barto, 1998)。同时测试仪器和施加电压的设备也很重要，因为如果测量或电压施加灵敏度不高，它可能无法精确地获得一个特定目标的应变。这些问题导致需要在环境中插入某些近似值，从而在有限时间内可以确定一个"足够好"的次优策略。由于所使用的硬件在测量精度和施加电压的敏感度方面存在不同，逼近程度对使用的硬件而言是唯一的。此外，还要考虑离散程度，并允许实现目标与既定目标有所偏差。若 RL 智能体试图达到的特定目标不可测或者施加电压实现不了，则永远无法学会如何接近该目标。实际中，在处理一个连续状态空间时，能观察到一个精确状态的概率比较低，这就需要允许有目标的容差，而容差的大小主要取决于使用的仪器，可以通过在 RL 中改变奖励的结构，对处于目标容差范围的给定正奖励来实现。

9.3.2　函数逼近选择

为行动 – 值函数选择一个合适的逼近很大程度上取决于该问题所涉及的状态空间。行动 – 值函数是值的离散表格，因此函数逼近对于因离散 Q 矩阵而不能完全采集到该问题全部状态空间和行动空间的 RL 问题是必须。但状态空间或行动空间连续时情况总是如此，而且在 SMA 驱动器控制问题上也的确存在连续的状态空间和行动空间。

在 9.2.4 节中讨论的任何方法都可以用来逼近行动 – 值函数 Q 并完成基于智能材料的驱动器控制。理论上任何一种机器学习方法都能使用，但是必须记住，在该应用中，状态空间和行动空间的维度与许多 n 维空间的 RL 应用相比低得多。当 RL 用于维度较高的问题中时，就必须使用复杂机器学习算法逼近行动 – 值函数。在我们所讨论的情况下，状态空间是二维或三维的，而行动空间是一维的，同时，由于每个状态空间和行动空间具有连续特性，因此可以准确地假设一个独立离散状态与其在欧几里得空间里的最相邻状态相似，因此利用 9.2.4 节讨论的 k-最近邻算法既方便又精确。

9.3.3 控制的开采行动－值函数

RL 智能体学习了一个合适的近优策略, 而且使用了恰当的函数逼近法, 得到的最终结果便是近优行动－值函数。RL 方法适用于该问题的一个主要原因是容易开发出用于控制的行动－值函数。获得的行动－值函数构建成一张离散值的表格, 类似于存储在大脑中的信息, 这些值本身需要进行转换以获得物理意义。要实现任何一个目标都需要一个独立的行动－值函数, 因此为了学习如何达成目标, 必须设计独立行动－值函数, 这样获得的 Q 矩阵 (状态 × 行动 × 目标) 才能合乎大小。当选定要达成的目标 g 后, 需要分析表示目标 g 的 Q 矩阵中的 (状态 × 行动) 片, 如图 9.4 所示, 这里 g^* 是选定的目标。通过选择与系统当前状态相对应的行 s, 找出行 s 中具有最高值的列, 可以确定实现目标 g 所需的行动。这就揭示了在状态 s 中当 SMA 合金丝试图到达状态 g 时哪种行动可以从过去的经验中带来最大的累积奖励。对系统进行设计, 让其在每次需要到达一个新的驱动器位置时自动执行上述行动, 行动－值函数就可以发挥驱动器控制策略的作用。该策略提供了系统当前状态与实现系统理想状态所需行动之间的一个直接输入/输出映射。

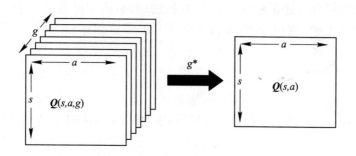

图 9.4 从 Q 矩阵中取出切片

9.4 示例

本节所探讨的是将确定 NiTi 形状记忆合金丝特性并控制它作为一个强化学习问题, 利用 Sarsa 算法找到一个近优解。我们举这个例子旨在说明使用这些方法能否为智能材料驱动器找到控制策略。关于这个问题的研究结果已经在 Kirkpatrick、Valasek、Haag

的著作中公开 (Kirkpatrick and Valasek, 2009; Kirkpatrick, 2009; Haag et al., 2005)。研究的目标是确定在学习完成后即可用于控制 NiTi SMA 丝的控制策略。为实现这一目标, 必须构建一个智能体, 它可以对 SMA 施加行动并敏感状态。该智能体还必须能接收其行动的奖励, 来确定鼓励或抑制行动。有两点需要考虑: 一是定义一个由拉伸应变和当前温度及所需温度的行动空间所组成的二维状态空间, 温度变化会改变 SMA 丝的长度, 所以温度本质上能用作控制; 二是可以利用一个由应变和具有一个电压活动－空间的温度组成的二维状态空间。由于金属丝的温度受电阻控制, 温度和电压之间的转换可以用该方法消除。这两种情况里, 实现目标应变时给于正奖励 (+1), 超出状态－空间界限时给与负奖励 (−1), 当达到系统其他状态时给与中性奖励 (+0)。

　　本节中将讨论这两种方法: 首先, 用数值模拟解决第一种方法构建的 RL 问题。由于温度和电压转换关系比较复杂, 对电压影响温度的方式进行仿真就有一定难度, 因此在仿真中用目标温度来构成这些行动。第二种方法将会用于试验中, 但会将应用电压作为行动, 这不仅同样会消除温度和电压转换, 并且在控制法则中更为直接有效。两种情况中遵循的行动选择策略都是 ε-贪婪法, 其中 ε 的值从 0.7 向 0.05 阶段性递减, 这为早期学习部分提供了极大的探索鼓励, 为后期的提供了开采的鼓励。两种情况当中使用的函数逼近是简单的 k-最近邻算法, 其中 k 等于 1。

9.4.1 仿真

　　对智能体在线学习 SMA 迟滞输入－输出特性能力进行的验证, 是在模拟的 SMA 丝上进行的。这里使用的 SMA 迟滞模型是建立在双曲正切函数上的, 该函数我们后面会介绍。智能体通过 24000 个随机选择的场景来学习和更新行动－值函数, 每个随机场景包括 10 个指定的目标状态, 在每个场景中目标保持常值, 直到 225 个行动尝试完, 然后智能体进入下个目标。对温度－应变行为学习的改进完成没有初始知识的控制策略和完成多重所需的应变状态。这里被仿真的 SMA 丝来源于具有试验特性的镍钛样品。

　　在本仿真中, 理想的应变轨迹包括多个随机生成的目标状态。状态空间 S 是二维离散笛卡儿空间, 有 $S = [10, 35]$; 其中, 列表示温度, 范围为 $30 \sim 130°C$, 增幅为 $10°C$; 行代表应变, 范围为 $0 \sim 3.5\%$, 增幅为 0.1%; 这样加上代表这些边界外的所有条件的一个状态, 共有 351 个状态。行动 – 空间 A 由 30 ~ 130°C, 增幅为 10°C 的所需温度构成, 这样每个状态就有 10 种可能行动。用于更新时刻 t 上的行动 – 值函数的奖励为: +1 表示移动到目标状态, 0 表示移动到其他许可状态, −1 表示移动到任何的限制状态。

1. 双曲正切模型

为了执行动态任务, SMA 必须经历引起周期变形的加热和冷却循环。该循环可以通过任何外加热形式来完成, 但多数情况下使用电阻加热的方法。由于材料随温度和压力变化产生马氏体和奥氏体之间的晶体相变, 产生形状记忆效应。这种在 SMA 晶体结构内发生的变化由于内摩擦和微结构缺陷导致的能量浪费会造成温度迟滞 (Mavroidis et al., 1999)。温度迟滞直接转换成温度 – 应变关系中的滞后。这种滞后行动对精确建模和开发 SMA 驱动器的控制策略带来了挑战。与电压 – 温度关系不同, 温度 – 应力关系受代数方程而非微分方程的支配。

这里的迟滞模型是在双曲正切函数的基础上建立起来的。需要特别注意的是, 该模型不用于设计控制律而用于模拟滞后行为, 因为它无法动态采集。温度 – 应变关系不仅存在一个主要的迟滞环, 而且当温度变化方向与主要迟滞环的最小温度到最大温度 (分别为 T_l, T_r) 方向相反时, 还会出现次要迟滞环。这种行为将在下面迟滞环建模的过程中进行详细的解释。

主要迟滞环用双曲正切函数 M_r 和 M_l 的结合进行模拟。当温度增加时系统遵循曲线 M_r, 温度降低时遵循曲线 M_l, 如图 9.5 所示。下标 l 指温度降低部分或曲线左边部分, r 指温度上升部分或曲线右边部分, M_l 和 M_r 为

$$M_l = \frac{H}{2}\tanh((T - ct_l)a) + s\left(T - \frac{ct_l + ct_r}{2}\right) + \frac{H}{2} + c_s \quad (9.13)$$

$$M_r = \frac{H}{2}\tanh((T - ct_r)a) + s\left(T - \frac{ct_l + ct_r}{2}\right) + \frac{H}{2} + c_s \quad (9.14)$$

在式 (9.13) 和式 (9.14) 中, H, ct_l, ct_r, a, s 和 C_s 是非参数常量, 支配主要迟滞环中决定形状的参数, 如宽、高、位置和线的斜率。只要恰当挑选这些常量让曲线与试验获得的数据匹配, 主要迟滞环模型就可以反映大范围的迟滞行为。要实现仿真, 只需利用简单的试错法获得与试验的 SMA 丝 "足够好" 的匹配即可。

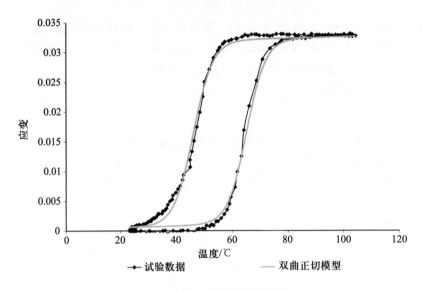

图 9.5　SMA 迟滞模型的验证

　　这里假设次要迟滞环和主要迟滞环的形状是相似的, 所以建模时, 次要迟滞环用的是同样的方程, 但是不同的高度常量 h。同时, 所有次要迟滞环与主要迟滞环在温度 T_l 和 T_r 之外会聚。上升的次要迟滞环方程为

$$m_r = \frac{h}{2} \tanh((T - ct_r)a) + s\left(T - \frac{ct_l + ct_r}{2}\right) + H - \frac{h}{2} + c_s \qquad (9.15)$$

　　这里 h 通过假设当前状态是先前的曲线和当前次要迟滞环的交叉来计算的, 所以

$$h = \frac{h_{\text{prev}}(\tanh((T - ct_l)a) + 1) - 2H}{\tanh((T - ct_r)a) - 1} \qquad (9.16)$$

h_{prev} 是先前曲线的高度参数 h。同样地, 下降的次要迟滞环的方程为

$$m_l = \frac{h}{2} \tanh((T - ct_l)a) + s\left(T - \frac{ct_l + ct_r}{2}\right) + \frac{h}{2} + c_s \qquad (9.17)$$

其中, h 计算如下:

$$h = \frac{h_{\text{prev}}(\tanh((T - ct_r)a) + 1) + 2H}{\tanh((T - ct_l)a) + 1} \qquad (9.18)$$

　　温度 - 应变关系的双曲正切模型使用常数 H、ct_l、ct_r、a、s 和 C_s, 这些参数均可通过人工调整形成代表任何在 SMA 行为域范围内存在的

迟滞环。本例中使用双曲正切模型来模拟一维的 NiTi SMA 丝的温度 –
应变行为。图 9.5 通过对比主迟滞环与试验确定的 NiTi SMA 丝的主要
迟滞行为, 验证了使用双曲正切模型进行仿真的有效性。SMA 样本的试
验数据是通过对 NiTi 线直接施加电流获得的, 不断增加电压直到达到温
度上限; 然后降低电压直到电线恢复到初始长度。注意, 图 9.5 虽只显
示了 SMA 丝的主要迟滞环, 但是基于假设次要迟滞环依赖于主要迟滞
环和每种晶体相的百分比 (这可以从应变和上限迟滞温度的上限中得
到), 次要迟滞环也近似可知。结果表明双曲正切 SMA 模型可用于逼近
试验用 SMA 丝的温度 – 应变关系, 进而验证温度 – 应变 SMA 行为。

2. 仿真结果

为演示 RL 智能体能收敛到一个近优策略的能力, 使用 9.4.1 节中
讨论的双曲正弦模型设计了一个仿真。这个仿真允许运行任意选取的
大数量场景 (24000), 并且仿真的每个场景定义了 10 个指定的目标状
态, 在 2250 s 总时间周期内均衡分布。图 9.6 说明了学习改进以及
Agent 关于迟滞行为知识随学习次数的演化过程。交互学习的次数取
决于行动 – 值函数 $Q(s, a)$ 的尺寸; 随着温度 – 应变空间网格增大时, 状
态和行动数量增加, 同时所需学习时间增加。在早期的学习场景中, 无
论输出如何, 智能体在每个状态中都经历了的绝大部分可能行动, 因此,
它也会经历几个无法到达目标的主迟滞环和次要迟滞环。随着次数的
增加, Agent 减少了勘探行动的次数, 而开采已所获取的知识。如图 9.6
所示的后期学习 (24000 个场景) 表明了智能体学会了如何找到目标, 所
跟随的路径与初始路径有很大的不同。当 Agent 完成 24000 个学习场
景后, 它已经学习了大多数温度 – 应变行为, 之后所有开采的行动中都
保持在可接受的应变范围内。

图 9.7 显示了经历 24000 个场景学习的全开采 RL 智能体的时间曲
线。行动是所需的温度, 状态是应变。对于每个目标应变的允许误差为
±0.002。由于迟滞, 某些状态仅靠一种行动是无法达到的, 它们需要一
个或两个额外行动才能达到目标。同样, 在目标范围会存在一些小的变
化, 这是由于在一定范围内所有状态对学习 Agent 的奖励是一样的。从
目标 4 到目标 5 的过渡显示了 Agent 刚开始离开了目标范围, 随后即
返回。这种行为是由于早期强化在经过 24000 个场景后没有被校正造
成的, 但这可以通过更多的场景学习后来克服。通过对比图 9.7 中第
一、二目标周围的行动与倒数第二、第一目标周围的行动, 可以看到智

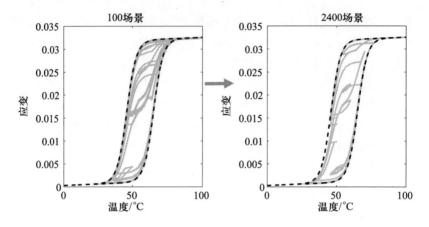

图 9.6 模拟 tanh SMA 模型的强化学习

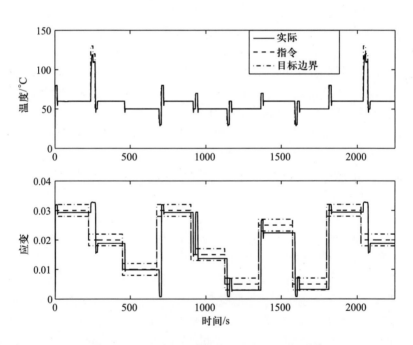

图 9.7 温度作用及应变状态响应的时间曲线

能体作出了相同选择。这说明当遇到的当前状态 —— 目标状态转换一致时,智能体选择相同的行动。总之,这些仿真结果表明智能体可以很快实现目标应变,并保持在指定的应变位置。

9.4.2 试验

我们希望仿真中使用的这些方法, 同样在试验当中有效。在本节中, Sarsa 算法用于学习一个在电压 – 应变空间中的试验过程的优化控制策略, 目的是演示 Sarsa 算法能用于学习一个 SMA 丝的优化控制策略的能力。

对于这个 SMA 样品选取的控制策略能够控制 NiTi SMA 丝的长度让其达到两个具体的应变目标, 误差范围在 ±0.005 内。±0.005 误差容限为整个运动范围的 15.2%, 这个值认为是可以接受的。用于试验的合金丝初始有效长度为 13 cm, 最大可能的应变为 3.3%, 因此合金丝整个运动的范围为 4.29 mm。由于学习的控制策略要能达到预定目标的 ±0.5%的范围内, 即允许的误差范围是 ±0.65 mm。

在这些具体条件下, RL Agent 学习了 100 个场景, 使用指定的 2.7% 和 0.1% 的目标应变, 每个应变目标提供 50 个场景。在这个试验中, 每个场景包含了一个 450 s 的寻找单个目标的持续时间, 其中 RL Agent 每 15 s 调用一次, 这样, 对于学习 Agent 每个场景提供了 30 种新的行动。

第一个目标是实现 2.7%的应变。之所以选择这一目标用于试验是因为它代表了一种部分驱动状态, 对于该应变, 3.3% 的最大应变超出了其 ±0.5% 的误差容限, 这意味着不能通过简单地施加最大电压来实现目标, 在这些条件下, 测试的最终控制策略和产生的应变时间曲线如图 9.8 所示。

图 9.8 显示了 RL Agent 获得的控制策略可以控制一根 SMA 丝从多个不同的初始状态达到预期目标状态。正是这种能力使得变体驱动器成为可能。图 9.8 中, 初始电压从时间曲线记录之前施加, 这样控制策略可以在不同的初始应变下进行测试。这里选择了 0.1%、3.2%、1.2% 和 2.7% 作为初始应变。无论使用哪种应变, 实际的控制策略都从 $t = 0$ s 开始作用, 两条水平线代表 2.7%±0.5%的目标应变范围。选择初始应变 0.1% 和 3.2%, 是因为这样可以测试全驱动输出状态和完全无驱动输出状态下对应的初始应变的控制策略。

选取 1.2% 的初始应变是因为其差不多是一个中间值。选取 2.7% 的目标应变作为初始应变值是为了测试 Agent 可以学习如何保持在样品初始状态附近的特定范围内。如图 9.8 所示, 控制策略在所有 4 个测试情况下都成功达到了 2.7%±0.5% 的目标。

这个例子表明, Sarsa 算法能够学会实现迟滞空间的内部位置, 因为

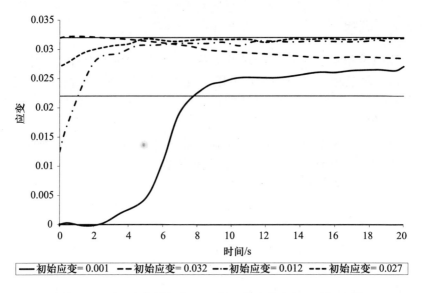

图 9.8 对于应变目标为 2.7% 学习策略的应变 – 时间过程

3.3% 的最大应变处于 2.7%±0.5% 的目标范围外。用 RL 来学习一个可获得位于转换曲线以内的应变的控制策略十分重要,因为它极大地扩大了 SMA 驱动器的功能范围。如果智能体学习的只是对应于最大和最小应变对应的值,则 SMA 驱动器将只局限于两个可能位置。学习这些内部目标也要比学习极值目标复杂得多,因为学习后者无非是每次施加最大或最小电压。

第二个选用于试验的目标是 0.1%,选择这个目标是因为它代表一个状态,虽然没有位于系统边界上,但由于下限包含在其容许范围内,实际上是位于系统的边界上。而且它可以通过施加 0V 电压实现目标,但是不受限于这个行动。图 9.9 显示了 0.1% 的目标应变控制策略的测试结果。

和前面的情况类似,初始电压用于达到初始应变条件,同时 $t = 0\,\mathrm{s}$ 时,控制策略开采开始。(图 9.9)

图 9.9 中,水平黑线代表容限范围的上限,而下限与 0 应变线一致。图 9.9 中选择的初始应变与图 9.8 选取的基本一致,分别为 0.1%、3.2%、1.5% 和 2.7%。选取 0.1% 应变是因为它可以验证系统保持在目标应变的能力,选择 3.2% 是因为这是系统的另一个边界,而选择其他应变是因为它们与之前测试中使用的初始应变几乎一致。图 9.9 说明,对于每个初始应变而言,控制策略可以达到它的指定目标,但此

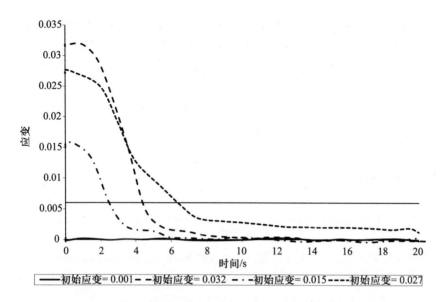

图 9.9 对于应变目标为 0.1% 学习策略的应变 – 时间过程

处目标应变为 0.1%±0.5%。

　　证明该方法在转换曲线内部有效控制 SMA 很重要, 同样揭示了控制策略并不局限于转换曲线内部也十分重要。演示表明控制策略能学习控制 SMA 丝回到初始状态, 同样证明了使用 RL 方法既可以学习极值位置又可以学习内部位置。从这些试验中可以看出, 使用 RL 法控制 SMA 驱动器用于开发变体飞行器具有较好的前景。

9.5　结论

　　基于智能材料的驱动器为变体或者变形飞行器部件开发提供了途径。在目前可应用的智能材料中, SMA 最有前途。随之而来的问题是如何控制这些驱动器, 因为 SMA 在热机械反应中有一种迟滞关系。需要精确动力学模型的常规控制方法很难应用, 因为构造形状记忆合金模型相当耗时, 且不能很好表示动力学特性。通过使用机器学习方法, 就有可能找出不需要动力学模型控制单个驱动器的方法。强化学习法提供了精确学习某个最优控制策略所需的工具, 这种工具无需预先了解 SMA 的任何动力学知识。

　　在这一章中, 我们设计了一种强化学习智能体确定能控制 SMA 丝的控制策略。首先在一个仿真背景进行测试,利用一个双曲切线模型来模拟 SMA 丝,结果表明智能体可以学会控制模拟 SMA 丝,因此随后在试验背景下对智能体进行了检测。试验证明,这种强化学习智能体有能力学会控制一个真正的 SMA 丝,且不局限在迟滞曲线的内部或边界上。通过使用强化学习法为 SMA 驱动器确定控制策略,使得这些驱动器应用于变体飞行器中成为可能。

参考文献

[1] Aha DW, Kibler D, and Albert MK 1991 Instance-based learning algorithms. *Machine Learning*, 6(1): 37–66.

[2] Banks H, Kurdila A, and Webb G 1997 Modeling and identification of hysteresis in active material actuators, part (ii): Convergent approximations. *Journal of Intelligent Material Systems and Structures*, 8(6).

[3] Bo Z and Lagoudas DC 1999 Thermomechanical modeling of polycrystalline SMAs under cyclic loading, part i–iv. *International Journal of Engineering Science*, 37.

[4] Crawley E F and de Luis J 1987 Use of piezoelectric actuators as elements of intelligent structures. *AIAA Journal*, 25(10): 1373–1385.

[5] Cristianini N and Shawe-Taylor J 2000 *An Introduction to Support Vector-Machines: and OtherKernel-Based Learning Methods*. Cambridge University Press, Cambridge.

[6] Duerig TW, Tolomeo DE, and Wholey M 2000 An overview of superelastic stent design. *Minimally Invasive Therapy and Allied Technologies*, 9: 235–246.

[7] Falk F 1989 Pseudoelastic stress strain curves of polycrystalline shape memory alloys calculated from single crystal data. *International Journal of Engineering Science*, 27: 277.

[8] Friedman N 1997 Bayesian network classifiers. *Machine Learning*, 29(2–3): 131–163.

[9] Goldberg DE 1998 *Genetic Algorithms in Search, Optimization, and Machine Learning*. Addison-Wesley, Reading, MA.

[10] Haag C, Tandale M, and Valasek J 2005 Characterization of shape memory alloy behavior and position control using reinforcement learning. In *AIAA Infotech@Aerospace Conference*, Arlington, VA, 26–29 September.

[11] Hartl D 2009 Modeling of shape memory alloys considering rate-independent and rate-dependent irrecoverable strains. PhD thesis, Texas A&M University.

[12] Kirkpatrick K 2009 Reinforcement learning for active length control and hysteresis characterization of shape memory alloys. Master's thesis, Texas A&M University.

[13] Kirkpatrick K and Valasek J 2009 Reinforcement learning for characterizing hysteresis behavior of shape memory alloys. *Journal of Aerospace Computing, Information, and Communication*, 6(3): 227–238.

[14] Lagoudas DC ed. 2008 *Shape Memory Alloys: Modeling and Engineering Applications*. Springer Science+Business Media, LLC, New York.

[15] Lagoudas D, Bo Z, and Qidwai MA 1996 A unified thermodynamic constitutive model for SMA and finite element analysis of active metal matrix composites. *Mechanics of Composite Materials and Structures*, 3(153).

[16] Lagoudas D, Mayes J, and Khan M 2001 Simplified shape memory alloy (SMA) material model for vibration isolation. In *Smart Structures and Materials Conference*, Newport Beach, CA, 5–8 March.

[17] Lampton A 2009 Discretization and approximation methods for reinforcement learning of highly reconfigurable systems. PhD thesis, Texas A&M University.

[18] Mabe JH, Cabell R, and Butler G 2005 Design and control of a morphing chevron for takeoff and cruise noise reduction. In *26th Annual AIAA Aeroacoustics Conference*, Monterey, CA, 2005.

[19] Malovrh B and Gandhi F 2001 Mechanism-based phenomenological models for the pseudoelastic hysteresis behavior of shape memory alloys. *Journal of Intelligent Material Systems and Structures*, 12: 21–30.

[20] Mantovani D 2000 Shape memory alloys: properties and biomedical applications. *Journal of Minerals, Metals, and Materials Society*, 52: 36–44.

[21] Mavroidis C, Pfeiffer C, and Mosley M 1999 Conventional actuators, shape memory alloys, and electrorheological fluids. *Automation, Miniature Robotics and Sensors for Non-Destructive Testing and Evaluation*, pp. 10–21, April.

[22] Mitchell TM 1997 *Machine Learning*. The McGraw-Hill Companies, Inc., Singapore.

[23] Patoor E, Eberhardt A, and Berveiller M 1987 Potential pseudoelastic et

plasticité de transformation martensitique dans les mono-et polycristaux métalliques. *Acta Metall*, 35(11): 2779.

[24] Poggio T and Girosi F 1990 Networks for approximation and learning. In *IEEE*, Cambridge, MA.

[25] Quinlan JR 1986 Induction of decision trees. *Machine Learning*, 1(1): 81–106.

[26] Russell S and Norvig P 2003 *Artificial Intelligence: A Modern Approach*. Pearson Education, Inc., Upper Saddle River, NJ.

[27] Sofla AYN, Elzey DM, and Wadley HNG 2008 Two-way antagonistic shape actuation based on the one-way shape memory effect. *Journal of Intelligent Material Systems and Structures,* 19: 1017–1027.

[28] Sutton R and Barto A 1998 *Reinforcement Learning: An Introduction*. The MIT Press, Cambridge, MA.

[29] Waram T 1993 *Actuator Design Using Shape Memory Alloys*. Hamilton, Ontario, T.C. Waram.

[30] Webb G, Kurdila A, and Lagoudas D 1998 Hysteresis modeling of SMA actuators for control applications. *Journal of Intelligent Material Systems and Structures*, 9(6): 432–447.

[31] Whiteson S, Taylor ME, and Stone P 2007 Empirical studies in action selection with reinforcement learning. *Adaptive Behavior*, 15: 33–50.

[32] Yegnanarayana B 2006 *Artificial Neural Networks*. Prentice-Hall of India, New Delhi.

第 10 章

SMA 驱动器嵌入变体飞行器构件

Justin R. Schick, Darren J. Hartl and Dimitris C. Lagoudas

美国得克萨斯农工大学

这种在工程合金系统中独特的机械 (形状) 记忆, 给设计工程师们提供了基于全新理念的设计条件。

—— (Jackson et al., 1972)

形状记忆合金 (SMA) 已成为许多新型变体飞行器构件设计开发中的关键技术。本章给出了 SMA 的基本介绍, 包括其独特工程特性, 特别是已经在航空航天应用中展现出良好应用前景的形状记忆效应和将热能转化为机械输出的能力。随后, 描述了当前一些将 SMA 嵌入活动结构的航空航天应用情况。一些应用中还讨论了 SMA 在变体翼、旋翼叶片、可展开航天构件中作驱动器的问题, 并给出了关于材料特性的试验方法。深入理解这些方法, 对于验证材料性能和校正用于 SMA 应用开发的分析工具都是必不可少的。最后, 本章讲述了基于 SMA 应用的建模分析工具的最新发展动向, 并提供了实例分析结果。

10.1 SMA 简介

SMA 是一类特殊的活性金属, 能够经受大幅度表观塑性形变, 加热后可大体恢复 (Otsuka and Wayman, 1999; Lagoudas, 2008)。

SMA 具有高应变 (有时达到 8%~10%), 而不会永久变形的能力, 是由于其两个主要相之间的非扩散型固态 – 固态相变 (Wang et al., 1965)。这两个相是高温下条件具有的奥氏体相和低温条件下具有的马氏体相,这两种相的原子结构不同; 例如, 最常用的合金 (镍钛), 奥氏体相 (或母相) 具有体心立方结构, 马氏体相具有单斜晶体结构 (Wang et al., 1965; Eckelmeyer, 1976)。这种各项原子结构的差异和原子从一种构形到另一种构形的重复运动, 解释了 SMA 经受大幅可逆形变的独特能力。

虽然一些对形状记忆行动的研究早就出现了 (Chang and Read, 1951); 但是引发对 SMA 特性持续研究的是 William J. Buehler 及其同事于 1962 年在 "海军武器实验室" 的发现 (Bueltier et al., 1963)。从那时起, SMA 的应用持续增长, 特别是医疗行业广泛应用 SMA, 包括支架、牙钻和眼镜框等 (Otsuka and Wayman, 1999; Duerig et al., 1990)。更近一些时期, 航空航天工业对于使用 SMA 实现飞机和空间飞行器结构表现出不断增长的关注度 (Hartl and Lagoudas, 2007b)。SMA 可以实现用固态驱动器替代液压驱动器, 从而降低某些飞行器部件的复杂性和故障风险。同时, 小型 SMA 驱动器展现了高能量密度, 因而可以完成大量工作, 并减小驱动器的重量和安装体积, 这在许多航空航天应用中具有优势。

本节主要介绍 SMA 的内在工作机理、独特工程效应和不同类型 SMA 材料的组成。10.2 节将讲述一些当前开发或已经在生产的基于 SMA 解决方案的航空航天应用产品。10.3 节中将介绍 SMA 特性的试验技术和预测其特性的建模技术。最后, 在 10.4 节中将对 SMA 当前存在的挑战和未来发展进行讨论。

10.1.1 内在工作机理

如上所述, 形状记忆合金许多独特功能的关键是非扩散相变, 即奥氏体相和马氏体相之间的固态 – 固态相变。这种从一种相到另一种相的可逆过程称作为马氏体相变。正向转换是奥氏体相 (母相) 转换为马氏体相的过程, 而逆变换描述奥氏体转换回马氏体的转换过程。

如图 10.1 所示, 无负载条件下, 有两个与正向和逆向转换相关的重要温度。正向转换开始的温度 (马氏体开始产生时) 为马氏体开始温度 (M_s); 转换完成的温度 (100% 的马氏体出现) 为马氏体结束温度。同样, 对于逆向转换, 奥氏体开始温度 (A_s) 表示马氏体开始向奥氏体转换的温度, 奥氏体结束温度 (A_f) 表示转换终止 (100% 的奥氏体) 的温度。

在正向转换中, 高对称性的奥氏体相 (如立方结构) 变为低对称马氏体相 (对最常见的 SMA, 镍钛合金, 单斜晶结构)。当正向变换发生在无应力条件下, 马氏体变化形成许多不同的晶体取向, 观测的宏观形变

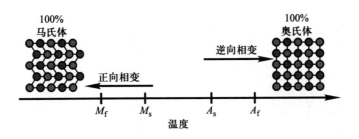

图 10.1　马氏体相变

可忽略不计。有这种混合变体的马氏体称作 "自适应"，有时或称为 "孪晶" 马氏体。然而，当一个足够大的偏置力施加到这种马氏体构形时，将发生 "再取向"，净外加应力有利于改变一些晶体取向，而互相抵消，其结果是材料结构形状上出现的可观测变化，这有时称为 "去孪晶"。即使外作用力完全移除后，只要它的温度保持低于 A_s，材料的形状变化将保持不变。一旦材料加热到高于 A_s，在原子尺度上将开始转换回奥氏体相晶体结构，从而在宏观上回到其原始的形状。当达到奥氏体结束温度 (A_f) 时，材料将完全恢复其原始无形变的形状，图 10.2 演示了这个过程。

　　SMA 设计的一个重要工具是相图，这个图形描述了对一个给定处理过程的 SMA，诱发/终止正向和逆向转换所需要的温度和外加应力状态。典型的相图如图 10.3 所示。一般地，SMA 外加应力 (压缩或拉伸) 的大小增加时，相应的转换温度也增加。

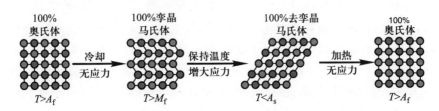

图 10.2　马氏体去孪晶

10.1.2　独特工程效应

　　图 10.3 的相图显示了工程应用特别关注的 3 个不同加载路径。先描述路径 1，这个路径是一个伪弹性循环。路径 2 和路径 3 是实现形状记忆效应的不同方法。许多形状记忆合金应用 (其中一些本章稍后将论述) 要么利用伪弹性，要么利用形状记忆效应。

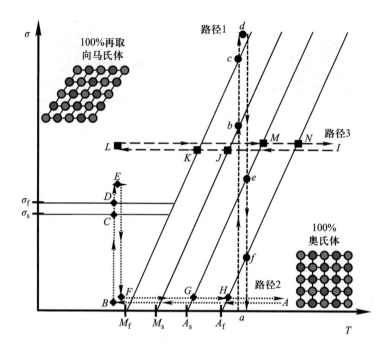

图 10.3 伪弹性加载路径 (路径 1) 和形状记忆效应加载路径 (路径 1、2) 相图

1. 伪弹性效应

SMA 在增加负载时产生大幅看似不可恢复的应变, 卸载后恢复其形状的能力, 称作超弹性效应, 也称伪弹性效应。典型的 SMA 伪弹性加载路径如图 10.3 路径 1 所示, 相应的被测试 SMA 应力 – 应变 ($\sigma - \varepsilon$) 响应如图 10.4 所示。需要注意的重要一点是: 只有 SMA 温度保持在 A_f 以上, 真正的完全恢复伪弹性循环是才是可能的, 否则卸载时材料构形将包括一定数量的再取向马氏体。如图 10.3 和图 10.4 所示, 在 a 点, SMA 完全是奥氏体; 随着应力的增加, SMA 响应呈弹性, 直到应力达到 b 点。该点对应奥氏体相开始转换成再取向马氏体相的应力水平 (对于给定的恒定温度)。点 b 和 c 之间, SMA 正向转换, 并产生大幅非弹性应变。一旦转换完成且应力超过 c 点 (σ^{M_f}), 随着应力增加到 d 点, 马氏体相几乎呈弹性响应。卸载时, 一直到点 e 前, SMA 呈弹性响应。在这一点, 应力已低至足以启动逆相变 (σ^{A_s}), SMA 恢复正向转换过程中产生的应变。在 f 点 (σ^{A_f}) 转换完成。随着应力减小到 0, SMA 呈弹性响应。理想情况下, 完全卸载时, 材料将恢复加载过程中产生的所有形变, 包

括弹性的和非弹性的。

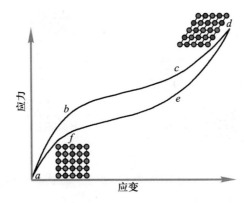

图 10.4　伪弹性效应: SMA 应力 – 应变响应试验

在高于 A_f 的不同温度 (例如 $A_f + 10°C$, $A_f + 20°C$) 重复该过程, 会产生不同的相变点 (σ^{M_s}, σ^{M_f}, σ^{A_s}, σ^{A_f}), 如图 10.3 给出的相图上的斜线所示。随着样品温度的增加, 在正向相变过程中增加的应力水平, 迫使奥氏体相转换成马氏体相。同样, 逆相变时, 较高的温度会导致要在更高的应力水平下产生奥氏体。这种材料转化特性称为克劳修斯 – 克拉珀龙关系 (Wollants et al., 1979)。

2. 形状记忆效应

形状记忆效应 (SME), 描述了已经呈现出明显不可恢复形变的 SMA, 在施加足够的热输入 (加热) 使温度高于 A_f 后, 恢复其奥氏体形状的性能。图 10.3 (加载路径) 给出了两个不同的加载路径产生的形状记忆效应。首先, 路径 2, 如图 10.5 的应变 – 应力 – 温度 ($\sigma - \varepsilon - T$) 空间所示。从点 A 开始, SMA 冷却到低于 M_f (点 B), 导致材料的结构由奥氏体变成自适应马氏体。

由于外加应力不足, 在许多不同的方向形成马氏体变体。这些形成过程的组合效应, 材料不产生净形变。接下来, SMA 受到一个越来越大的应力, 在应力作用下, SMA 呈弹性响应, 直至应力达到 σ_s (点 C), 这是足以启动马氏体再取向的应力。虽然有多个自适应变体, 相较其他变体 (与加载方向不对齐), 所施加的应力有利于一些变体 (与加载方向对齐) 的生长。例如, 应用单轴拉伸张力时产生的再取向, 相较其他所有变体, 应力的变体生长更快, SMA 沿加载路径方向拉长。在点 D, 再取向完成, 随着负载的增长, 直至点 E, SMA 再一次呈弹性响应。卸载至点

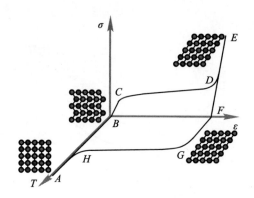

图 10.5　形状记忆效应: 应力 – 应变 – 温度响应 (路径 2)

F 的过程中, SMA 恢复一些弹性应变, 但保留了再取向过程中产生的非弹性应变。然后加热 SMA, 在点 $G(A_s)$, 逆相变开始, 到点 $H(A_f)$ 终止。随着 SMA 经过这种反向转换, SMA 恢复了再取向过程中产生的全部应变, 回复其原始形状 (点 A)。应该指出的是, 如果材料最初冷却至刚好低于 A_s 的温度, 然后加载、卸载、加热, 可以产生非常相似的路径。在这里, 非弹性应变产生的机理不是马氏体的再取向性, 而是应力诱发的由奥氏体到马氏体的正向相变。

产生形状记忆效应的另一个加载路径, 如图 10.3 中的路径 3 所示。此路径表示 SMA 作为驱动器的能力, 在真实加载作用下恢复其原始形状。这种响应的试验实例, 如图 10.6 的应变 – 温度空间所示。从点 I 开始, SMA 冷却, 直至点 $J(M_s^\sigma)$, 相变开始。第一步期间, 由于热收缩, 应变有一些变化, 但相对于随后的相变应变, 应变很小。因为相变过程中有应力作用到 SMA, 有利于产生马氏体变体, 从而避免形成完全自适应马氏体。SMA 应变将在所施加负载的方向继续发展, 直至点 $K(M_f^\sigma)$, 相变终止。温度低于 M_f 可观测到的应变的唯一改变是热收缩。在点 L, 温度逆转, SMA 相不变, 直到点 M, 逆相变开始, SMA 开始恢复其形状 (A_s^σ) 的 SMA 将继续恢复其形状, 直至点 $N(A_f^\sigma)$ 相变终止。

虽然, SMA 确实能恢复正相变过程中产生的绝大部分应变, 但仍有一些应变没有恢复。这些应力循环作用下发生的剩余未恢复应变是因为相变诱发塑性 (TRIP) 已经生成 (Bo and Lagoudas, 1999; Lagoudas and Entchev, 2004), 它可能很大程度上归因于循环积累而不参与相变的成形马氏体 (Favier and Liu, 2000; Kumar and Lagoudas, 2010)。如果 SMA 设

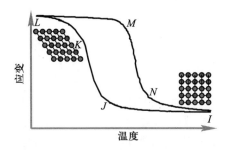

图 10.6   形状记忆效应: 形状记忆合金温度 – 应变响应试验 (路径 3)

计只要求一两个动作周期, 这种影响不会带来重大设计限制。然而, 对
设计用来反复循环的 SMA 驱动器, 需使 TRIP 最小化, 以便能实现始
终如一的动作。为了尽量减少 TRIP, 在工程设计实现前, 对 SMA 驱动
器进行训练, 有时称为 "调整" (Sun et al., 2008; Mertmann and Vergani,
2008)。训练形状记忆合金, 用于消除在初始循环中有时观测到的大的不
可恢复应变, 从而稳定用于驱动的材料。根据材料、施加应力和设计限
制, 大多数形状记忆合金, 可训练 100~1000 个热循环。训练可以在恒定
应力下进行热循环, 也可以进行伪弹性循环, 直到实现稳定的材料响应
(Morin and Trivero, 1995)。应当指出, 虽然通过训练可大大降低 TRIP, 但
大多数材料不能够完全消除, 这在任何 SMA 应用中都是应该考虑的。

训练还会导致双程形状记忆效应 (TWSME), 这在某些合金复合材
料充分稳定后可观察到。形状记忆效应 (或单程形状记忆效应) 描述的
是 SMA 在加热时恢复母相宏观形状的能力, 而双程效应合金无外加应
力冷却时也呈现出向再取向马氏体形状的回复。在训练过程中, 这种材
料产生一个内部应力场, 有利于某些马氏体变体生成 (相对于其他马氏
体变体) (Schroeder and Wayman, 1977)。其结果是, 当 SMA 无外加应力
进行热循环时, 将随相变而改变形状。

10.1.3   可选的形状记忆合金

有许多材料, 已被发现或设计出形状记忆属性。以下部分论述了一
些普遍研究的形状记忆合金, 相关文献提供了更多内容 (Otsuka and
Wayman, 1999; Funakubo, 1987; Lagoudas, 2008)。

目前所有 SMA 中, 等原子镍钛合金应用最广泛, 因而也最好理解。
镍钛合金呈伪弹性, 可提供比较大的形状记忆效应应变 (5%~8%), 双程

形状记忆效应, 经过适当的热处理, 在广泛应用中, 其相变温度可调整。由于镍钛合金的易加工性、耐腐蚀性和生物相容性, 使其在医疗行业实现了大量应用 (通常基于伪弹性响应), 产品分类从支架、牙钻, 直到柔韧的眼镜框 (Otsuka and Wayman, 1999; Duerig et al., 1999; Morgan, 2004)。最近, 汽车、能源、航空航天行业已经在探索使用镍钛合金热激发驱动器。

镍钛合金的性能, 可以通过改变这两个组成元素的平衡来改变。一般来说, 增加钛, 导致相变温度增加 (Otsuka and Wayman, 1999)。增加材料中的镍含量, 将导致富镍沉淀产生, 稳定热机械循环的行动过程更快, 减少相变诱发塑性, 这是以减弱相变应变为代价的 (Mabe et al., 2006)。镍钛合金铌 (Nb) 的添加, 已被观测到可以扩大回滞, 并使 M_s 和 A_s 温度之差最大化。另一方面, NiTi 系统铜 (Cu) 的添加, 可以减少 SMA 回滞的大小 (Proft et al., 1989)。尽管这使得 NiTiCu 有利于驱动器应用, 但相比 NiTi 合金, 铜的添加稍稍减少了这些合金的最大驱动应变。

此外, NiTi 系统某些元素的添加, 结果可以得到相变温度超过 100°C 的高温形状记忆合金 (HTSMA)。NiTi 合金钯 (Pd) 或铂 (Pt) 的添加, 发现可以使相变温度高达 400~1000°C (Golberg et al., 1995; Tian and Wu, 2003; Rios et al., 2005)。最近研究发现, NiTi 合金铪 (Hf) 的添加可以提供相当的高温特性, 但材料成本比钯或铂低 (Meng et al., 2000; Firstov et al., 2004; Meng et al., 2008)。然而, NiTiHf 相变温度不像富 Pd 或富 Pt 镍钛合金那么高 (200~400°C) (Lagoudas, 2008)。

此外, 还存其他值得注意的非镍钛基形状记忆合金。例如, 铜基形状记忆合金和铁基 SMA。铜基 SMA (如 CuAlBe), 有与镍钛基 SMA 相似的性能特征。相比镍钛 SMA, 这些合金还改善了导电性、导热性和延展性 (Otsuka and Wayman, 1999)。然而, 在更高应力水平, 这些合金具有有限的驱动能力, 其相变温度对组成高度敏感。对于一些铜基 SMA, 要保证一致的相变温度, 组成公差必须保持在 10^{-3}%~10^{-4}% (原子百分比) (Lagoudas, 2008)。这些合金的实例包括 CuZnAl (铜锌铝)、CuAlNi (铜铝镍) 和 CuAlMn (铜铝锰) (Morin and Trivero, 1995; Contardo and Guenin, 1990; Cingolani et al., 1998; Sutou et al., 2003; Guerioune et al., 2007)。铁基 SMA, 也展示出作为镍钛形状记忆合金廉价替代品的可能性。经过训练, FeMnSi (铁锰硅) 可以实现 2.5%~4.5% 的相变应变, FeNiCoTi (铁镍钴钛) 呈现出 150°C 的热回滞宽度 (Lagoudas, 2008)。虽然铁基形状记忆合金也显示出这种可能性, 但仍处于开发阶段, 还没用被纳入到任何现有应用当中。

10.2 形状记忆合金的航空航天应用

随着对 SMA 认识的深入, 工程师可以设计充分发挥 SMA 特性的应用。10.3 节将介绍当前一些 SMA 航空航天变形应用的成功实例。

变形结构应用到飞机并不是新思路。事实上, 第一架有动力起飞的飞机 —— 莱特飞行器, 就是基于平滑变形或变体的机翼设计。机翼用云杉木框架和布制蒙皮制作。在飞行过程中通过控制连接到外侧机翼后缘的线, 偏转这种相对柔性结构, 提供滚转控制。随着飞机性能的提升, 需要更强的材料以支持不断增长的性能要求, 包括更重、更强劲的发动机。这些材料 (例如铝及其他轻质高强合金) 过于刚硬不允许弯曲, 使得变形机翼迅速被带铰链控制面的刚性翼所取代。

在近几十年, 材料的发展, 使得设计坚固的变体航空航天结构再次可行。应用形状记忆合金作为固态驱动器, 已成为许多变形应用研发中的关键技术。本节将介绍一些固定翼飞机、旋翼机、航天器的变体设计。

10.2.1 固定翼飞机

在致力于提高现代飞机效能的过程中, SMA 是实现新应用和替代传统设备的备选方案, 该方案更紧凑、更强大, 更简单。虽然一些设计集中于整个气动结构 (如机翼) 的变体, 但有一些设计已采取一种更有针对性的, 解决局部偏转的方案。这些局部驱动应用也能改善飞机的性能, 且在短期更容易实现。局部驱动的实例包括调整片、襟翼和发动机进气道/尾喷管。在这些位置, SMA 部件可以摒弃用于传统装置的铰链, 或者容许驱动器装置安装在尺寸过小的空间当中。固定翼飞机通用的变体飞行器结构实例如下:

SMA 驱动器能量密度大 (富镍镍钛合金为 40~70 J/kg (Gravatt et al., 2010)), 因此是提供驱动的理想方式, 可同时节省空间和重量。这些都是飞机设计中重要的理念 (Song and Ma, 2007; Hutapea et al., 2008)。为此目的, 研究了 SMA 驱动襟翼, 在一些设计中已包含了形状记忆合金弹簧和 SMA 丝。虽然一些驱动器系统需要一个复位弹簧, 以消除形状记忆效应, 使驱动器回复变形位置, 但这些设计可通过安装正、反向 SMA 驱动器双向拉动襟翼, 取消了对这种弹簧的需要。在这类安装的设计中, 形状记忆合金的驱动用于通过迫使它返回变形位置来 "重置" 非驱动的 SMA。相关的原型如图 10.7 所示。

虽然包含 SMA 驱动器的传统铰链控制方式有利于减少空间和质量, 但是这种控制解决方案仍会导致翼面不连续。为了提高飞机机翼的性能, 应该摒弃分离控制面和相关的铰接线。图 10.8 通过连续和不连续机翼表面的气流流动模型说明了这一点。比较这两个模型的仿真结果, 很显然, 有铰链襟翼的机翼, 在表面不连续的地方引起气流分离, 而连续表面机翼延缓或防止了气流分离 (Roh et al., 2009)

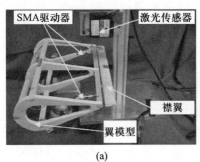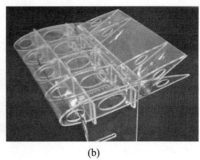

(a)　　　　　　　　　　(b)

图 10.7　　SMA 控制襟翼的先进机翼原型

(a) SMA 丝形式驱动器; (b) SMA 弹簧形式驱动器。

(a) 转载自图 10.3(a),《SMA 丝驱动襟翼的鲁棒控制》(G. Song 和 N. Ma, 版权所有, 2007, IOP 出版社和 G. Son 复制许可); (b) 转载自《智能机翼发展》, 版权所有, 2008 年, P. Hutapea, J. Kim, A. Guion, C. Hanna. 和 N. Heulitt, Temple 大学 Parsaoran Hutapea 复制许可。

具有变几何形状的连续翼面的实例之一是变体翼。创建基于 SMA 驱动的完整变体翼的第一次有证据的尝试, 也许是美国国防部高级研究计划局的智能翼项目。该项目的目标是创建一个连续翼面的机翼, 能够实现在不同飞行状态下优化翼型的可变扭转 (Kudva et al., 1997)。在这种应用中使用传统的驱动器需要复杂的多部件支持系统 (如液压系统中的泵和储液器), 传统驱动器的使用, 会导致明显的质量和平衡问题。与传统的驱动系统相比, 形状记忆合金能量密度高, 非常紧凑的结构即可提供扭转机翼的力。如图 10.9 所示, 在智能翼研究中, 等原子镍钛合金扭矩管用扭转 1∶16 的 F-18 机翼。由于驱动器的响应时间比连续飞行中调整所需的时间慢, 扭转机翼的驱动器, 其作用仅限于起飞和着陆, 并可在起飞和着陆时提高机翼性能 (Kudva et al., 1999; Jardine et al., 1999)。另一种控制连续机翼形状的途径是利用分布式 SMA 活动组件构建基底内部结构。

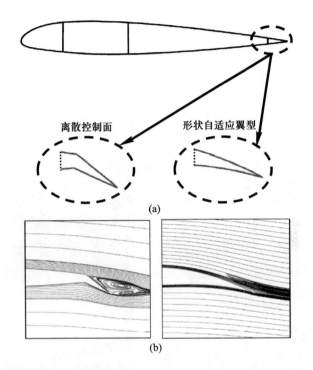

离散控制面　　　　　形状自适应翼型

(a)

(b)

图 10.8　预测气流通过带襟翼的机翼 (a) 和一个连续的翼面 (b) (Roh et al., 2009)
转载自《SMA 驱动形状自适应机翼及其空气动力特性》，J. Roh, K. Kim 和 I. Lee。版权所有，
2009。I. Lee 复制许可。

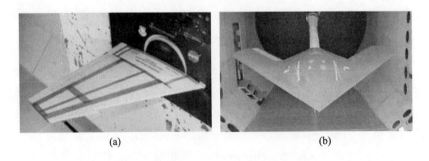

(a)　　　　　　　　　　　(b)

图 10.9　美国国防部高级研究计划局智能翼风洞模型 (Sanders et al., 2004)

(a) 相 1; (b) 相 2。

　　这样的应用就是仿生, 模仿复杂的脊椎结构 (Elzey et al., 2003)。如图 10.10 所示, 该设计背后的思想是, 制作一个内部结构, 该结构在被动情况下质量小且呈现刚性, 在作为驱动的情况下则呈现柔性。通过安装

在特定位置的 SMA 薄板对脊椎结构施加适当的力矩, 实现改变机翼拱度或弯曲机翼。机翼拱度变形和翼展灵活扭转, 如图 10.10 所示。通过恰当控制加热和冷却相对安装的 SMA 部件, 这种机翼可以实现很多气动构型。

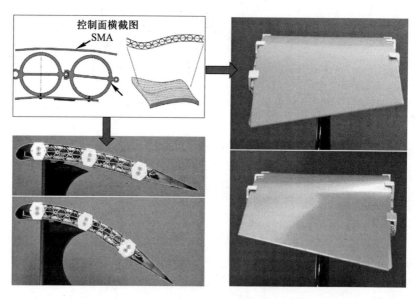

图 10.10 带 SMA 驱动器的内部仿脊椎结构, 可完成机翼弯曲和偏转且不形成不连续表面

(转载自《仿生, 高可靠形状变形结构》, D. Elzey, A. Sofla, H. Wadley, 版权所有, 2003, 国际光学工程学会和 Dana M. Elzey 复制许可)

通过利用伪弹性效应提供的大幅可恢复偏转, SMA 可以用作变形机翼结构的非能动元件。由梁和缆索组成的柔性蜂窝桁架, 使用传统的驱动器拉长或缩短相应的缆索, 也可以改变形状。NASA 开发的超椭圆展向变拱度 (HECS) 翼, 嵌入了一个可以在膨胀、压缩、剪切方向改变形状的八面体单元 (Ramrakhyani et al., 2005)。然而, 弹性梁部件弯曲或扭曲能力有限, 限制了单元体各方向上的位移。为了增加偏转能力, 在单元体最大局部变形处, 安置伪弹性 SMA 连杆。其结果减少整体超椭圆展向弯扭翼结构所需的桁架单元器件, 减轻了重量。

飞行过程中平滑地改变整个机翼的翼型极具价值, 机翼几何形状的较小变化同样有价值。跨声速时这一点特别明显, 机翼激波的积累会增加阻力。激波转移到机翼更靠后的位置, 可以减少这种阻力。对机翼上表面附面层的操控, 可以迫使激波位置改变, 使相关阻力减小。有两个项目研究了用 SMA 驱动器在机翼上表面建立一个 "脊" 的作用, 这已被证明是一种有效的附面层控制方法 (Barbarino et al., 2009; Dong et al., 2008)。第一个装置, 安装 SMA 弹簧驱动器抬升机翼上表面, 样机如图 10.11(a) 所示 (Dong et al., 2008), 第二个, 如图 10.11(b) 所示, 使用 SMA 扁带两端的铰链, 迫使机翼表面弯曲。形状记忆合金加热时, 收缩拉动铰链, 在机翼表面产生力矩 (Barbarino et al., 2009)。两个设计的试验台样机都已建好并成功进行了测试。SMA 驱动器也嵌入到改变机翼厚度的类似设计当中, 通过改变机翼厚度来实现低马赫数 ($Ma = 0.2 \sim 0.35$) 飞行时机翼的优化 (Georges et al., 2009)。

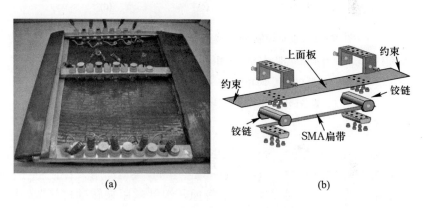

(a)　　　　　　　　　　　　　(b)

图 10.11　机翼上表面附面层控制样机

(a) SMA 弹簧装置 (Dong et al., 2008); (b) SMA 扁带和铰链装置 (Barbarino et al., 2009)。

另一种控制附面层的方法, 考虑采用涡流发生器, 可以用于起飞和着陆时延缓机翼附面层分离。目前的设计考虑采用 SMA 控制涡流发生器, 延缓机翼附面层分离。这些装置中的 SMA 在低层大气中 (起飞着陆时) 较高的温度下被激活。然后, 在巡航高度 (约 9100 m) 低温作用下, SMA 转变为马氏体, 而复位弹簧驱动其趋向扁平构型。这种被动控制 SMA 涡流发生器的设计如图 10.12 所示。

发动机相关的二级结构的变形和调整, 是 SMA 可以提高飞机性能的另一种方式。目前的发动机配置, 优化为适应一种飞行状态, 而对其他状态的性能进行了折中。例如, 发动机常常设计为以巡航阶段具有最佳效率, 但这付出了增加噪声和降低起飞着陆性能的代价。然而, 如果发动机结构设计使用 SMA, 则可以改善所有飞行状态的效能。智能飞

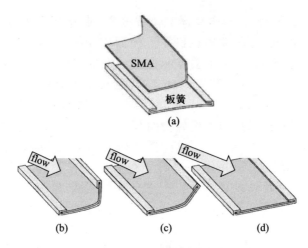

图 10.12 被动控制 SMA 涡流发生器 (Ikeda et al., 2007)

(转载自《通过改变环境温度和空气动力转换的小型涡流发生器》, T. Ikeda, S. Masuda, T.

Ueda, 版权所有. 2007, SPIE 和 Tadashige Ikeda 转载许可)

(a) 设备部件; (b) 起飞/着陆; (c) 上升/下降; (d) 巡航。

机和船舶系统项目示范 (SAMPSON) 计划, 就是首先尝试使用 SMA 改善发动机性能的项目之一 (Dunne et al., 1999)。SMA 用来控制 F-15 进气道整流罩的 3 个不同部件。一束等原子镍钛丝用来转动进气罩, 优化不同攻角条件下的进气道气流 (Pitt et al., 2002a)。SMA 丝也被用来优化进气道形状, 以适应亚声速和超声速飞行。在亚声速飞行条件下, 需要发动机进气量最大, 因此, 进气道下唇口呈流线形。然而, 在超声速的条件下, 进入发动机的空气需要减速以提高效能 (Pitt et al., 2001)。这可通过使用压电电动机主动弯曲进气道下唇口实现, 与此同时嵌入的SMA 起被动作用。由于当唇口被驱动时产生大的表面应变, 镍钛合金的伪弹性效应起主要作用, 呈现出大弹性应变, 形成了一个唇口盖。同时, 另一组 SMA 丝驱动进气道上表面斜板; 唇口和斜板的组合减缓并导引空气进入发动机, 提高超声速性能。这套 F-15 进气道系统, 如图 10.13 所示, 在 NASA 兰利研究中心进行了全面测试, 并成功表明, SMA 可以集成到现有的推进系统中 (Pitt et al., 2002b)。

SMA 也被考虑用来有效改变发动机喷出气流和发动机旁路气流。NASA 和波音公司分别设计、制造和测试 SMA 驱动的喷口后缘 V形板, 意图通过引导自由气流与发动机喷出气流混合, 降低发动机起飞

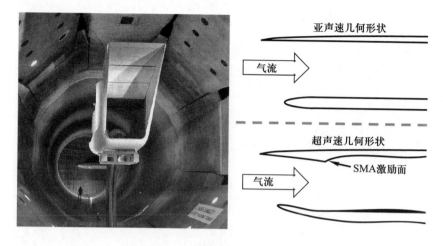

图 10.13　SAMPSON F-15 可调节进气道 (Pitt et al., 2002a)

和着陆时的噪声 (Turner et al., 2004; Mabe et al., 2006)。气流的混合, 是通过加热 SMA 元件偏转 V 形板伸入气流来实现的。然而, 气流混合产生的阻力降低了飞机巡航性能。为减小阻力, 使 SMA 冷却, 从而释放并使得底层 V 形板结构变直, 不再影响发动机旁路气流。波音公司对这种 V 形系统进行了飞行测试, 证明在起飞和着陆时可减少发动机噪声 $3 \sim 5$ dB。

　　更近一些时期, 这种 V 形板已经被推广和扩展到整个后缘壁板的变形 (而不仅是三角 V 形), 主动调整发动机排气区域。波音公司提出了一种可变截面喷管, 截面积最多可改变 20% (Mabe, 2008)。这种主动喷管给喷气发动机带来两个优点, 变化的喷管截面可以提高发动机在不同飞行状态的工作性能, 增大喷口面积以降低喷出气流速度已被证明可降低发动机噪声。在波音公司实现 SMA 驱动器直接置于喷管结构中时, 提出了具体的设计, 通过远程安装的 SMA 丝用来控制分离装置来改变喷管面积 (Song et al., 2007)。这种设计, 将 SMA 从高温区移开, 放宽了基于相变温度的 SMA 选择限制。图 10.14 给出了两个这种 SMA 驱动发动机排气口设计。

10.2.2　旋翼机

　　SMA 的航空航天应用不局限于固定翼飞机, 有些也用于旋翼机的开发。大多数旋翼机变形结构研究集中在改善提供升力和推力的旋翼

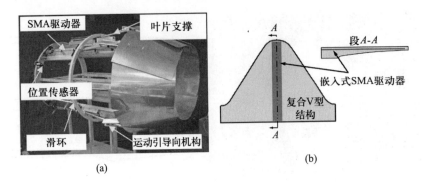

图 10.14　SMA 的发动机喷管变形应用

(a) SMA 控制可变尾喷管 (Song et al., 2007); (b) NASA SMA 驱动自适应 V 形结构 (Turner et al., 2004)。

叶片性能。已经证实飞行中主动控制旋翼叶片扭转可以减少振动和噪声 (Straub et al., 2004)。考虑到这些结构有限安装空间的特点, 高能量密度的 SMA 是这种应用的理想驱动器。而且, 形状记忆组件坚固耐用的固态性质, 即使在径向大过载作用下, 仍能可靠运行。

　　特别令人感兴趣的应用还包括: SMA 驱动调整片和 SMA 扭转旋翼叶片。虽然它们都采用精密自动化生产流程制造, 但飞行中每个旋翼叶片工作状态不同, 叶片之间的这些差异会产生较大振动 (Epps and Chopra, 1999)。目前, 限制这些振动的方法是在飞行中手动调节每个旋翼叶片的桨距连接和后缘调整片, 这种费时的方法确保了每一个旋翼叶片保持在共同平面上, 则称为跟踪法。做出这种调整, 减弱了振动, 延长了旋翼叶片疲劳寿命, 改善了旋翼机整体性能 (Singh et al., 2003)。然而, 这种手动调整后缘调整片可以通过嵌入 SMA 变成主动调整; 进一步通过增加控制系统, 可在飞行中进行持续跟踪调整, 这消除了高代价的地面调整需要, 并且在飞行中连续保持旋翼叶片性能。如前面所述的襟翼设计, 这些调整片系统, 通过两个 SMA 丝或扭矩管驱动器双向控制。SMA 丝驱动主动调整片系统的实例, 如图 10.15 所示。

　　对于旋翼机, 悬停模式和向前飞行需要采用不同的旋翼叶片扭曲, 以获得最佳性能, 特别是倾转旋翼的配置, 如 V-22 "鱼鹰" (Mabe et al., 2004)。扭矩管形式的 SMA, 可以提供扭转刚性旋翼叶片所需的扭矩 (Bushnell et al., 2008; Mabe et al., 2004; Prahlad and Chopra, 2007)。早期设计考虑使用单扭矩管以平滑、连续的方式改变叶片扭转。最近的设

图 10.15　SMA 旋翼机应用实例

(全尺寸驱动跟踪调整片 (Epps and Chopra, 1999), 转载自《采用 SMA 驱动器的飞行跟踪直升

机旋翼叶片》图 10.13, Epps、I. Chopra, 版权所有, 1999, IOP 和 I. Chopra 复制许可)

计已经认识到, 完全、直接驱动叶片从一个离散的扭角 (如在盘旋) 到另一个离散的扭角 (例如在巡航), 可提供更稳定坚固的解决方案 (Mabe et al., 2004)。在波音公司的设计中, 使用两个 SMA 扭矩管驱动双稳态弹簧/齿轮装置向叶片结构施加扭矩 (Bushnell et al., 2008)。两管彼此相对安装, 驱动这个双稳态装置从一种扭转状态到另一种扭转状态。因此, 可以选择最优的悬停或巡航叶片扭转状态。

10.2.3　航天器

SMA 也非常适合尺寸和质量因素关乎任务成功的航天器应用 (Godard et al., 2003)。一个著名的例子是, 早期火星探测车任务中的 SMA 控制除尘器 (Fernandez et al., 2007)。在其他行星和月球的表面, 灰尘可能会降低太阳能电池板的工作效率, 减小光学传感器的有效性。此外, 细微颗粒也对传统机电伺服系统构成威胁。轻巧、简洁、强大的除尘设备是必需的, SMA 非常适合这种应用。

包含 SMA 的可展开结构应用也有考虑, 也是被考虑的一种应用形式。例如, 太阳能电池阵列, 已经设计出电池板之间的 SMA 铰链, 利用形状记忆效应展开电池板 (Carpenter and Lyons, 2001; Beidleman et al., 2007)。发射之前, 太阳能电池板被收压成紧凑结构, 迫使 SMA 铰链转入变形 (马氏体) 组态。航天器一入轨, 连接太阳能电池板的 SMA 铰链受热, 返回原始 (奥氏体) 状态, 展开太阳能电池板。

SMA 太阳能阵列实例如图 10.16 所示。同样, 也开发了可展开天线, 由组装成紧凑结构的 SMA 桁架单元组成, 受热时展开 (Hassan et al., 2008; Peng et al., 2008; Sofla, 2009)。SMA, 也可以用作变形膨胀结构。这种结构由于发射质量小, 展开可用体积大, 呈现出明显的优势 (Lee et al., 2006; Tian et al., 2009)。

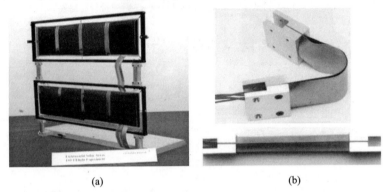

(a)　　　　　　　　　　　　　　(b)

图 10.16　SMA 展开太阳能阵列 (Carpenter and Lyons, 2001)

(a) 太阳能阵列组装; (b) 收起 (上图) 和展开 (下图) 的 SMA 铰链。

已经提出的另一个独特的应用是基于 SMA 的太阳能转换热机 (Bombardelli and Menon, 2008)。在这一设计中, SMA 驱动器面板 (线阵列) 绑缚到一个中心点, 当暴露于太阳辐射和阴影时循环收缩和扩展。由此产生的形状变化, 使面元旋转, 从而为航天器产生机械能。SMA 也可用来制造空间应用的非爆炸性释放装置 (Johnson et al., 2008; Zhang et al., 2010)。常规炸药释放装置, 如果过早引爆, 会对航天器造成损害, 即使工作正常, 也会产生较大的冲击负荷。SMA 设备为安装该设备的航天器, 在零重力环境下提供了一个有效、安全、平稳、无破坏的释放方法。

10.3　SMA 驱动器特性与系统分析

本节给出了关于理解 SMA 材料及其成分的试验过程和分析方法的简介, 两者都是工程师设计基于 SMA 变体航空航天应用的关键工具。

10.3.1　试验技巧与注意事项

无论最终目标是分析模型的精确标定, 预测成分反应, 或加深对材料性能的了解, 细致的形状记忆合金材料特性试验, 是任何研究和开发工作的重要组成部分。SMA 的标准试验方法已经建立, 但细心的研究人员还必须考虑一些重要细节, 包括材料预处理和衍生反应的重复性和可靠性。

1. 试验方法

我们已经讨论了 SMA 的如下特性:

(1) 这些材料是结构合金, 从一种相转换到另一种相, 每种相都表现出一定的热负荷条件下的弹性响应。

(2) 相变的关键可以通过一系列材料的应力和和温度条件进行描述 (图 10.3)。

(3) 在正向变换 (奥氏体向马氏体) 过程中, 发生一定幅度的非弹性应变, 而在反向变换 (马氏体向奥氏体) 过程中, 这种应变恢复。

随后, 将用一个完整的 SMA 特性试验来说明和量化这些反应。下面的实验要达到以下目标。

(1) 无应力条件下完成全正向和反向转变的近似临界温度 (分别是 M_f 和 A_f)。

(2) 给定该信息, 获取纯马氏体 (低于 M_f) 和纯奥氏体的热弹性响应 (在远高于 M_f 的温度下)。

(3) 在不同热条件下, 诱发多个全相变循环、监测两个相变 (正向和反向) 的开始和结束条件以及在转换过程中产生的变形和恢复条件。

这种形状记忆合金特性系统分析法非常适合形状记忆合金变体应用的开发, 下面将会更详细地描述每个步骤。

为了提供基线测量的零负载相变温度, 使用差示扫描量热法 (DSC)。在预设的恒定温度变化速率条件下, DSC 通过监测加热或冷却样品所需的热量流进行。形状记忆合金正向和反向相变分别是放热和吸热。相应地, 量测热流量峰谷值可以获得求出零负载相变温度。NiTi SMA 的典型 DSC 响应如图 10.17 所示[①]。

形成纯马氏体和纯奥氏体所需的临界温度一旦确定, 标准等温机械加载可用于确定每个相的表观弹性响应和各相的塑性屈服极限。描述两个相的特征很重要, 每一个都可以表现出不同的表观弹性性能。多晶 SMA 材料弹性各向同性, 因此标准拉伸或压缩试验均适用 (例如, 见美

---

①SMA 医疗应用团体建立了 ASTM F-2004 标准, 用于对 SMA 材料差示扫描量热法测试 (ASTM2005)。但针对 SMA 驱动应用的特性分析材料, 该标准中所描述的退火步骤并不适用。

国材料试验协会 ASTM 标准 E-8 和 E-9, 分别是 (ASTM 2004, 2000))。传统的热膨胀特性测试同样也可以应用于每个纯相。

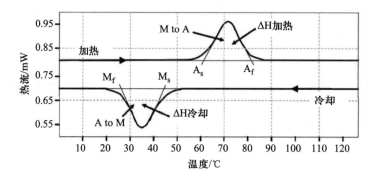

图 10.17 传统 SMA 差示扫描量热法结果显示所有 4 个无应力相变温度示例图

对给定 SMA 的全相变响应, 必须仔细评估热弹性特征。虽然 DSC 测试提供了一些无应力相变温度信息, 但用于进一步确定压力对相变温度影响以及可恢复非弹性变形 (相变应变) 大小评估的特性试验十分必要。在应力温度空间绘制相变温度时, 观察到的关系近似线性 (图 10.3 中看到的示意图), 这些线的斜率称为应力速率 (Duerig et al., 1990) 和应力影响系数 (Qidwai and Lagoudas, 2000; Lagoudas et al., 1996)。如图 10.18 所示, 在 NiTi 合金相图中, 可以看到相变温度对外加应力的依赖关系。可恢复相变应变也依赖于所施加的应力水平。因此, 通过监测不同应力和温度加载条件下发生的相变, 可以作出相图, 并能评估最大应变幅度的应力依赖性。两个试验加载路径中之一, 通常用来评估非零应力水平相变行动。

(1) 伪弹性测试。这种响应已在 10.1.2 节讨论过。机械测试通常在高于 A_f 的恒定温度下进行。应力施加在样品上, 直到引起马氏体相变, 并逐渐增加直到相变完成。然后卸载应力, 卸载过程中, 样品将开始变回到奥氏体, 并随着卸载过程最终完成转换。类似的应力诱发相变循环, 在高于 A_f 的不同给定温度进行。对于给定的高于 A_f 温度下完成的每个循环, 记录临界相变应力 σ^{M_s}、σ^{M_f}、σ^{A_f} 和 σ^{A_s}, 并绘制在应力 - 温度空间图上。形状记忆合金医疗设备领域, 制定了形状记忆合金材料伪弹性测试 ASTM F-2516 标准 (ASTM2006)。

(2) 等压测试。这种响应也已在 10.1.2 节中讨论过。在这个测试中, 施加的应力保持恒定, 而样品经受热循环。例如, 样品在奥氏体相时, 施加一些压力。冷却时发生正相变, 直到马氏体相完全形成。然后再加热样品, 逆向相变启动, 并持续加热到相变完成。这种测试在多个恒定应力水平下进行。在每个施加的应力 (σ) 循环中, 记录临界相变温度 (M_s^σ、M_f^σ、A_s^σ 和 A_f^σ), 并绘制在应力 – 温度空间图上。针对变体或其他驱动应用, 这是获取材料特性最好的方法。

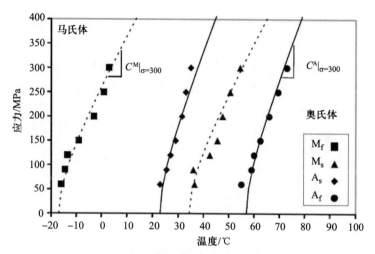

图 10.18　采用等压变换方法确定的实验相图, (Hartl et al., 2010a)

(转载自《使用 Ni60Ti 形状记忆合金在现役喷气发动机 V 形喷口中的应用, 第二部分: 实验验证数值分析》, D. Hartl, J. Mooney, D. Lagoudas, F. Calkins 和 J.Mabe, 图 10.5。版权所有, 2010, IOP 和 D. Hartl 复制许可)

总而言之, 上述方法介绍了一个 SMA 材料样品特征获取的一个直接而集中的试验过程。所获得的响应曲线提供了弹性和相变行动的重要信息。为概括这些作为表征 "材料响应" 的特性, 并进一步运用材料响应来对应用部件进行分析预测及设计。当然, 关于样品和元件预处理的特殊考虑, 必须加以说明。

2. 特殊的试验事项

除了知道 SMA 的成分, 掌握用于任何计划设计中的 SMA 完整的处理过程, 是非常重要的。使用相同原料的样品和元件, 由于经历了不同的处理过程, 其行动特性不同。决定特性的底层机理十分复杂, SMA 材料对热处理 (如退火、析出硬化等) 和大形变 (例如热加工和冷加工) 特别敏感。具有不同处理工艺的样品, 不能期望它们表现出一样的特性。

同样地, 从一个给定样品获得的试验数据, 用于预测相同原料但经过不同处理的主动结构部件的特性, 并没有实际用处。然而, 原料成分相同、处理过程相同的 SMA 样品和组件, 特性相似, 虽然可能会观测到一些随机变异 (Mabe et al., 2004)。因此, 当以应用设计为目的时, 预期使用的 SMA 部件要与样品成分相同、处理过程相同, 才能表现出一致特性。

此外, 响应重复性和材料稳定性问题必须解决。如前面讨论的 (10.1.2 节), 大多数淬火 (原始) 状态的 SMA 组成成分, 在循环过程中将产生一些不可恢复的应变, 这种情况在初始循环中最明显, 然后随循环次数的增加而递减。使样品或部件消除不可恢复应变达到可重复响应的热机械循环过程称为稳定化或训练过程。如图 10.19 所示, 在等压循环条件下, 可以观察到这种效应。对驱动器的设计, 可以将部件/样品放置在较高恒定应力水平下 (与应用相关), 直接进行等压训练, 实施 100~500 热驱动循环。

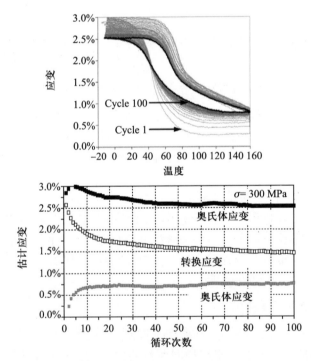

图 10.19　采用等压变换方法确定的试验相图 (Hartl et al., 2010b)

转载自《使用 Ni60Ti SMA 在现役喷气发动机 V 形喷口中的应用, 第二部分: 试验验证数值分析》, D. Hartl, J. Mooney, D. Lagoudas, F. Calkins 和 J. Mabe, 图 10.5。版权所有, 2010, IOP 和 D. Hartl 复制许可)

然而, 稳定化 SMA 样品或部件, 并不总是必需的。单功能和多功能的形状记忆合金应用已经提出并实现。对于单功能装置, (图 10.16) 活动部件可能由处理过但未经训练的材料制成。考虑前面的论述, 在这种应用中使用的 SMA 特性, 应该与未经训练的样品相同。

相反, 如果形状记忆合金用于重复使用, 并且需要和可预见的响应 (如变形飞机结构, 如图 10.14 所示), 主动 SMA 部件, 必须在安装之前稳定化。因此, 选作这种多功能应用的材料, 必定表现出其稳定样品的特性 (Hartl et al., 2010b)。

按照上述准则, 用作应用开发和预测模型校准, 都可确保特征数据准确性和适用性。下面我们研究当前流行的应用于 SMA 设计的分析工具。

10.3.2　构建分析工具

开发下一代 SMA 航空航天应用的工作仍在继续, 加强和实现构造模型, 以及可辅助设计过程的分析工具的研究也正在进行。在传统的 SMA 部件, 以及包含它们的系统设计当中没有利用这样的分析工具, 代之的是在设计 – 制造 – 测试周期中, 为这种智能结构开发所付出的大量脑力劳动。这归因于设计人员不熟悉形状记忆合金构造模型和缺乏源自传统结构分析规范的建模工具。近年来, 这两个问题已经解决。

作为一种广大工程师可使用的强大构造模型的构建方法, 一些研究人员已经致力于开发一维 (1D) 形式的模型。这对于考虑 SMA 体求解领域 (应力、应变等) 随位置变化不明显和可以调整为单轴拉伸/压缩或剪切的应用 (分别例如线变形器和细转矩管)。一维的 Brinson 模型 (Brinson, 1993) 部分基于早期的开发 (Tanaka, 1986; Liang and Rouers, 1990), 在关于 SMA 的文献引用最多, 并且由于考虑了马氏体相变和再取向性以及相对直接的实现性, 而十分有用。这种模型成功地综合和简化了此前文献立体形式, 并且完全是基于现象的, 易于用上述常用的 SMA 特性试验修正。另一种值得一提的一维模型, 使用和实现方法更加独特, 提供了可以达到同样效果的能力。Seelecke 及其同事提出的模型 (Seelecke and Muller, 2004) 使用统计力学来考虑马氏体相变和再取向的 “能源图景”, 以及产生这些现象的相应概率 (及在什么方向上发生)。由此产生的数学关系可以写成一组常微分方程, 并可据此求解。虽然这两个模型比较常用, 但还有许多其他值得注意的一维 SMA 模型。更全面的模型清单可在其他地方找到 (Lagoudas, 2008)。随着 SMA 应用复杂性的增加和性能的提升, 简化一维模型的有效性开始受到限制。对于复杂的 SMA 的形状和相关的负载, 全三维 (3D) 构造模型是必需的, 而这些仅是能够作为它们实现方式的框架。虽然不广为人知, 但首次公布的 3D 模型, 是 Bertram 基于有限应变塑性建模提出的 (Bertram, 1982)。其中最普遍引用的, 并在鲁棒的有限元分析环境中有效实现了的 3D 模型, 是由 Boyd 和 Lagoudas 提出的。该模型基于热力学概念, 假设了一个极小的应变设想 (对几乎所有的 SMA 应用都是满足的, 因为局部应变很少超过 5% 的), 并且在结构上类似于常规的塑性模型。由于后面两个原因, 它可以使用在小应变塑性分析中流行的方法实现 (Qidwai and Lagoudas, 2000)。但是, 它没有考虑马氏体再取向性的影响, 因为这种特性很少用于重复使用的应用当中。

Brinson 模型的三维扩展 (Panico and Brinson, 2007) 和 Boyd-Lagoudas 模型的扩展形式 (Popov and Lagoudas, 2007) 是两个类似模型的例子, 它考虑了马氏体的再取向, 但在简化的问题上付出了代价。其他几个特性令人关注的三维模型也值得一提, Turner 的模型 (Turner, 2000) 代表了一类基于全经验的模型, 该模型中使用了一个 "有效热膨胀系数" 来描述可非弹性热诱导效应和可恢复相变应变。Auricchio 及其同事的模型 (Auricchio and Taylor, 1997; Petrini et al., 2003), 早期版本假定一个有限应变形式, 该模型仅限于获取伪弹性效应。在最近几年, 这些模型已扩展至热转换, 其实现包含在完全安装的 ABAQUS 软件的统一有限元分析套件中。图 10.20 表明了这种传统的三维 SMA 构造模型的功能, 演示了弯曲和扭转中的热诱导驱动。图 10.20(a) 进行了 SMA 工字梁承受两个不同弯曲负载的分析, 结果表明, 分析工具的温度 – 力 – 偏转预测, 与试验测试数据紧密吻合 (Gravatt et al., 2010)。

实现模型还提供了驱动期间可恢复相变应力分布信息。图 10.20(b) 简要说明了分布式加热系统激励的 SMA 扭矩管热力耦合分析。加热器安放位置和功率的选择, 可以看出, 对扭矩管驱动特性有影响, 在扭矩管端部使用高功率, 对减轻假设的附加被动结构的 "散热器" 效应是必要的。

最后, 讨论近年来一些更先进的模型。就传统的 SMA 行动而言, Christ 和 Reese 的模型 (Christ and Reese, 2009) 也许是最先进的。该模型获取马氏体再方取向性和相变, 使用有限应力表达, 并考虑全热力耦合, 包括热能量平衡相变的潜热效应; 其他 SMA 效应也考虑到了, 包括塑性 (Hartl et al., 2008) 和黏塑性 (Hartl et al., 2010c) 形变的生成和演化。对于工程师们开发新材料, 将 SMA 设计推向新的温度和负载状态,

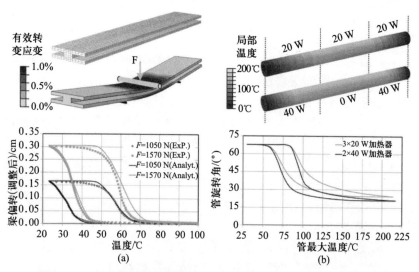

图 10.20　航空航天应用热激励 SMA 部件与常规相变特性数值分析

(a) 外加负载对 SMA 工字梁三点弯曲响应的影响 (Gravatt et al., 2010); (b) 安装的加热器配置对 SMA 扭矩管的影响。

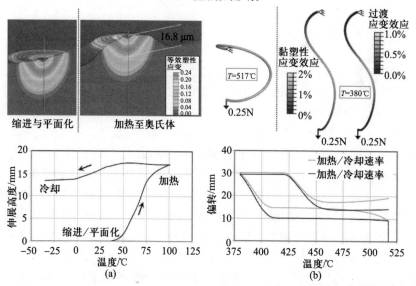

图 10.21　热驱动 SMA 部件呈现可恢复和不可恢复形变的高等数值分析

(a) 主动表面粗糙度修正的塑性预变形部位的热诱导 "伸展" (Nolan et al., 2010); (b) 加热/冷却速度对 HTSMA 弹簧段驱动和黏塑性响应的影响 (Hartl et al., 2010c)。

并考虑极端操作条件下部件特性的临界概念, 这些模型极为必要。SMA
部件经历塑性和黏塑性形变的举例分析如图 10.21 所示。具体而言, 图
10.21(a) 总结了使用 SMA 的进行微观尺度表面粗糙度自适应调整的分
析, 该方法具有附面层修正的潜在应用价值。展现这种三维特性的表面
形成, 是通过将一个马氏体 SMA 基板压制到产生局部塑性应变的点,
形成不可恢复变形, 然后将表面研磨 "平整", 消除残余压痕, 但保留塑
性应变区域; 随后加热到形成成奥氏体, 产生部分可恢复的 "扩展" 形成
(Nolan et al., 2010)。塑性变形的分布和热输入的表面特征响应如图
12.21 所示。图 10.21(b) 简要给出了高温 SMA (HTSMA) 弹簧驱动器的
分析, 由这些材料制作的部件, 能够表现出温度驱动能力, 还可能诱发
不可恢复黏塑性应变 (如 400~500°C)。一段线材直径 0.5 mm 的弹簧部
件, 在承受小的恒定负载和热循环, 温度高于 475°C 时, 可以观察到大
量的 (速率相关的) 黏塑性应变, 特别是缓慢加热/冷却时 (Hartl et al.,
2010c)。通过分析获取了冷却结束时弹簧黏塑性应变分布 (轮廓图) 以
及加热结束时观察到不可恢复偏转 (温度 – 偏转曲线)。

10.4　结论

　　SMA 是具有重要工程特性的独特材料, 自 20 世纪 60 年代初首次
广泛宣传以来, 研究团队一直在不断研究, 以更好地了解这些特性。最
初, 大多数研究集中在认识和应用其超弹性响应, 但在过去的 20 年间,
热诱变驱动应用研究迅速增长。工程师们在航空航天工业领域, 主要应
用这种材料通过马氏体相变将热能转换为机械能的性能, 展示了形状
记忆效应, 这使得 SMA 材料特别适用于做固态驱动器。凭借其高能量
密度, 形状记忆合金材料, 适于纳入空间受限、质量要求严格的航空航
天变形应用。这种应用的实例包括 SMA 驱动襟翼、旋翼叶片、机翼和
太阳能电池阵列展开机构。围绕这些材料和由这些材料加工成型的部
件的响应, 研究仍在继续, 现已推导出越来越精确的构造模型。一旦正
确实施, 这些模型, 使得设计师避开了过去的设计 – 试验 – 测试周期,
而依靠计算机分析, 支持甚至取代了早期的原型开发, 减少了开发时间
和成本。关于模型校准和预测验证的精确热机械试验, 是必不可少的。
在图 10.22 中, 图示说明了精确试验的综合功能和实用 (权威) 模型, 简
要说明了许多当前世界范围内完成的研究进展。随着我们对这种材料

渐增的了解和特性预测能力的提高，包含 SMA 材料的应用数量和范围未来将不断扩展。

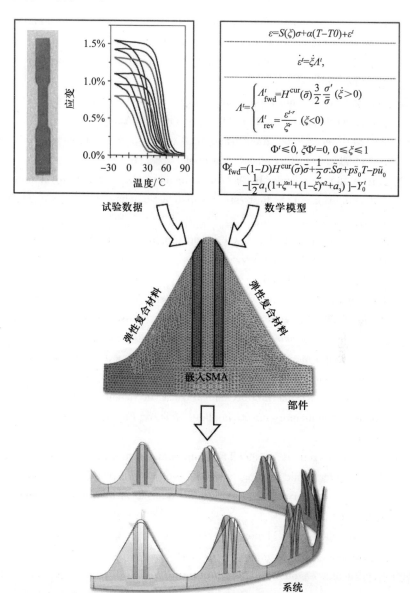

$$\varepsilon=S(\xi)\sigma+\alpha(T-T0)+\varepsilon^t$$

$$\dot{\varepsilon^t}=\dot{\xi}\Lambda^t,$$

$$\Lambda^t=\begin{cases}\Lambda^t_{\text{fwd}}=H^{\text{cur}}(\bar{\sigma})\dfrac{3}{2}\dfrac{\sigma'}{\bar{\sigma}}\ (\dot{\xi}>0)\\[2mm]\Lambda^t_{\text{rev}}=\dfrac{\varepsilon^{t-r}}{\xi^r}\ (\dot{\xi}<0)\end{cases}$$

$$\Phi^t\le\dot{0},\ \xi\Phi^t=0,\ 0\le\xi\le1$$

$$\Phi^t_{\text{fwd}}=(1-D)H^{\text{cur}}(\bar{\sigma})\bar{\sigma}+\frac{1}{2}\sigma{:}\tilde{S}\sigma+p\tilde{s}_0T-p\tilde{u}_0 -[\frac{1}{2}a_1(1+\xi^{n1}+(1-\xi)^{n2}+a_3)]-Y^t_0$$

试验数据   数学模型

弹性复合材料   弹性复合材料

嵌入SMA

部件

系统

图 10.22　基于 SMA 的混合航空结构设计方法: 描述、分析, 集成 (模型取自 Hartl et al., 2010a)

参考文献

[1] ASTM International 2000 Standard Test Methods of Compression Testing of Metallic Materials at Room Temperature.

[2] ASTM International 2004 Standard Test Method for Tension Testing of Metallic Materials.

[3] ASTM International 2005 Standard Test Method for Transformation Temperature of Nickel-Titanium Alloys by Thermal Analysis.

[4] ASTM International 2006 Standard Test Method for Tension Testing of Nickel-Titanium Superelastic Materials.

[5] Auricchio F and Taylor R 1997 Shape-memory alloys: modelling and numerical simulations of the finite-strain superelastic behavior. *Computer Methods in Applied Mechanics and Engineering*, 143: 175–194.

[6] Barbarino S, Ameduri S, Lecce L and Concilio A 2009 Wing shape control through an SMA-based device. *Journal of Intelligent Material Systems and Structures*, 20: 283–296.

[7] Beidleman N, Freebury G, Francis W, Lake M, Barrett R, Keller P and Taylor R 2007 Large-Scale Deployable Solar Array. US Patent 0262204.

[8] Bertacchini O, Lagoudas D and Patoor E 2003 Fatigue life characterization of shape memory alloys undergoing thermomechanical cyclic loading. *Proceedings of SPIE*, 5053: 612–624.

[9] Bertram A 1982 Thermo-mechanical constitutive equations for the description of shape memory effects in alloys. *Nuclear Engineering and Design*, 74: 173–182.

[10] Bo Z and Lagoudas D 1999 Thermomechanical modeling of polycrystalline SMAs under cyclic loading, part III: evolution of plastic strains and two-way shape memory effect. *International Journal of Engineering Science*, 37: 1175–1203.

[11] Bombardelli C and Menon C 2008 Space power generation with a tether heat engine. *Acta Astronautica*, 63: 348–356.

[12] Boyd J and Lagoudas D 1996 A thermodynamical constitutive model for shape memory materials. Part I: the monolithic shape memory alloy. *International Journal of Plasticity*, 12(6): 805–842.

[13] Brinson L 1993 One-dimensional constitutive behavior of shape memory alloys: thermomechanical derivation with non-constant material functions

and redefined martensite internal variable. *Journal of Intelligent Material Systems and Structures*, 4: 229–242.

[14] Buehler W, Gilfrich J and Wiley R 1963 Effect of low-temperature phase changes on the mechanical properties of alloys near composition TiNi. *Journal of Applied Physics*, 34(5): 1475–1477.

[15] Bushnell G, Arbogast D and Ruggeri R 2008 Shape control of a morphing structure (rotor blade) using a shape memory alloy actuator system. *Proceedings of SPIE*, 6928: 1–11.

[16] Carpenter B and Lyons J 2001 *EO-1 Technology Validation Report: Lightweight Flexible Solar Array Experiment*, Technical report, NASA Godard Space Flight Center, Greenbelt, MD, pp. 1199–1204.

[17] Chang L and Read T 1951 Plastic deformation and diffusionless phase change in metals. the gold-cadmium beta phase. *Trans. AIME*, 189: 47–52.

[18] Christ D and Reese S 2009 A finite element model for shape memory alloys considering thermomechanical couplings at large strains. *International Journal of Solids and Structures*, 46: 3694–3709.

[19] Cingolani E, Van Humbeech J and Ahlers M 1998 Stabilization and two-way shape memory effect in Cu-Al-Ni single crystals. *Metallurgical and Materials Transactions*, 30A: 493–499.

[20] Contardo L and Guenin G 1990 Training and two way memory effect in Cu-Zn-Al alloy. *Acta Metallurgica Material*, 38(7): 1267–1272.

[21] Dong Y, Boming Z and Jun L 2008 A changeable aerofoil actuated by shape memory alloy springs. *Materials Science and Engineering*, A485: 243–250.

[22] Duerig T and Melton K 1989 Wide hysteresis NiTiNb alloys: In E Hornbogen and N Jost, eds. *The Martensitic Transformation in Science and Technology*, NDC, Fremont, CA, pp. 191–198.

[23] Duerig T, Melton K, Stockel D and Waymen C 1990 *Engineering Aspects of Shape Memory Alloys*. Butterworth-Heinemann, Oxford.

[24] Duerig T, Pelton A and Stockel D 1999 An overview of NiTinol medical applications. *Materials Science and Engineering*, A273-275: 149–160.

[25] Dunne J, Hopkins M, Baumann E, Pitt D and White E 1999 Overview of the SAMPSON smart inlet. *Proceedings of SPIE*, 3674: 380–390.

[26] Eckelmeyer K 1976 The effect of alloying on the shape memory phenomenon in NiTinol. *Scripta Metallurgica*, 10: 667–672.

[27] Elzey D, Sofla A and Wadley H 2003 A bio-inspired, high-authority actuator for shape morphing structures. *Proceedings of SPIE*, 5052: 1–8.

[28] Epps J and Chopra I 1999 In-flight tracking of helicopter rotor blades using shape memory alloy actuators. *Smart Materials Structures*, 10: 104–111.

[29] Favier D and Liu Y 2000 Restoration by rapid overheating of thermally stabilized martensite of NiTi shape memory alloys. *Journal of Alloys and Compounds*, 297(1 – 2): 114–121.

[30] Fernandez D, Cabas R and Moreno L 2007 Dust wipermechanism for operation in Mars. *Proceedings of the European Space Mechanisms and Tribology Symposium*, 2007: 1–5.

[31] Firstov G, Van Humbeeck J and Koval Y 2004 High-temperature shape memory alloys some recent developments. *Materials Science and Engineering*, A378: 2–10.

[32] Funakubo H 1987 *Shape Memory Alloys*. Gordon and Breach Science Publishers, New York.

[33] Georges T, Brailovski V, Morellon E, Coutu D and Terriault P 2009 Design of shape memory alloy actuators for morphing laminar wing with flexible extrados. *Journal of Mechanical Design*, 131: 1–9.

[34] Godard O, Lagoudas M and Lagoudas D 2003 Design of space systems using shape memory alloys. *Proceedings of SPIE*, 5056: 545–558.

[35] Golberg D, Xu Y, Murakami Y, Morito S, Otsuka K, Ueki T and Horikawa H 1995 Characteristics of Ti50Pd30Ni20 high-temperature shape memory alloy. *Intermetallics*, 3: 35–46.

[36] Gore J, Bowles A, Maylin M, Chandrasekaran L, Forsyth D and Buyers M 2008 High temperature shape memory alloy actuators through mechanical treatments for an oil and gas down-hole valve. *Proceedings of SPIE*, 6930.

[37] Gravatt L, Mabe J and Calkins F, and Hartl D 2010 Characterization of varied geometry shape memory alloys beams. *Proceedings of SPIE*, 7645: 1–12.

[38] Guerioune M, Amiour Y, Bounour W, Guellati O, Benaldjia A, Amara A, Chakri N, Ali-Rachedi M and Vrel D 2007 SHS of shape memory CuZnAl alloys. *International Journal of Self-Propagating High-Temperature Synthesis*, 17(1): 41–48.

[39] Hartl D, Chatzigeorgiou G and Lagoudas D 2010a Three-dimensional modeling and numerical analysis of ratedependant irrecoverable deformation in

shape memory alloys. *International Journal of Plasticity*, 26: 1485–1507.

[40] Hartl D and Lagoudas D 2007a Aerospace applications of shape memory alloys. *Journal of Aerospace Engineering*, 221(4): 535–552.

[41] Hartl D and Lagoudas D 2007b Characterization and 3-D modeling of Ni60Ti SMA for actuation of a variable geometry jet engine chevron. *Proceedings of SPIE*, 6529: 1–12.

[42] Hartl D, Lagoudas D, Calkins F and Mabe J 2010b Use of a Ni60Ti shape memory alloy for active jet engine chevron application: I. thermomechanical characterization. *Smart Materials Structures*, 19: 1–14.

[43] Hartl D, Mooney J and Lagoudas D 2008 Numerically implemented constitutive model for SMA applications experiencing general loads resulting in plastic deformation and large rotations. *Adaptive Structures and Intelligent Systems Conference Proceedings*, 1: 421–429.

[44] Hartl D, Mooney J, Lagoudas D, Calkins F and Mabe J 2010c Use of a Ni60Ti shape memory alloy for active jet engine chevron application: II: experimentally validated numerical analysis. *Smart Materials and Structures*, 19: 1–18.

[45] Hassan M, Scarpa F, Ruzzene M and Mohammed N 2008 Smart shape memory alloy chiral honeycomb. *Materials Science and Engineering A*: 481–482: 654–657.

[46] Hutapea P, Kim J, Guion A, Hanna C and Heulitt N 2008 Development of a smart wing. *Aircraft Engineering and Aerospace Technology: An International Journal*, 80(4): 439–444.

[47] Ikeda T, Masuda S and Ueda T 2007 Smart vortex generator transformed by change in ambient temperature and aerodynamic force. *Proceedings of SPIE*, 6525: 1–12.

[48] Jackson C, Wagner H and Wasilewski R 1972 *55-Nitinol - The Alloy with a Memory: Its Physical Metallurgy, Properties, and Applications*. Special Report NASA-SP-5110, pp. 1–86.

[49] Jardine A, Bartley-Cho J and Flanagan J 1999 Improved design and performance of the SMA torque tube for the DARPA smart wing program. *Proceedings of SPIE*, 3674; 260–269.

[50] Johnson A, Bokaie M and Martynov V 2008 Non-explosive releasable coupling device. US Patent 7422403.

[51] Kudva J, Appa K, Jardine A andMartin C 1997 Overview of recent progress

on the DARPA/USAF Wright Laboratory "smart materials and structures development - smart wing" program. *Proceedings of SPIE*, 3044: 24–32.

[52] Kudva J, Martin C, Scherer L, Jardine A, McGowan A, Lake R, Sendeckyj G and Sanders B 1999 Overview of the DARPA/AFRL/NASA smart wing program. *Proceedings of SPIE*, 3674: 230–236.

[53] Kumar P and Lagoudas D 2010 Experimental andmicrostructural characterization of simultaneous creep, plasticity and phase transformation of Ti50Pd40Ni10 high-temperature shape memory alloy. *Acta Materialia*, 58(5): 1618–1628.

[54] Lagoudas D 2008 *Shape Memory Alloys*. Springer, New York.

[55] Lagoudas D, Bo Z and Qidwai M 1996 A unified thermodynamic constitutive model for SMA and finite element analysis of active metal matrix composites. *Mechanics of Composite Materials and Structures*, 3: 153–179.

[56] Lagoudas D and Entchev P 2004 Modeling of transformation-induced plasticity and its effect on the behavior of porous shape memory alloys. Part I: constitutive model for fully dense SMAs. *Mechanics of Materials*, 36: 865–892.

[57] Lagoudas D, Miller D, Rong L and Kumar P 2009 Thermomechanical fatigue of shape memory alloys. *Smart Materials Structures*, 18; 1–12.

[58] Lan X, Liu Y, Lv H, Wang X, Leng J and Du S 2009 Fiber reinforced shape-memory polymer composite and its application in a deployable hinge. *Smart Materials Structures*, 18: 1–6.

[59] Lee I, Roh J, Yoo E, Han J and Yang S 2006 Configuration control of aerospace structures with smart materials. *Journal of Advanced Science*, 18: 1–5.

[60] Liang C and Rogers C 1990 One-dimensional thermomechanical constitutive relations for shape memory materials. *Journal of Intelligent Material Systems and Structures*, 1: 207–234.

[61] Mabe J 2008 Variable area jet nozzle for noise reduction using shape memory alloy actuators. *Acoustics 08* Paris: 5487–5492.

[62] Mabe J and Ruggeri R 2006 Characterization of nickel-rich NiTinol alloys for actuator development. Paper presented at the International Conference of Shape Memory and Superelastic Technologies, May 7–11, Pacific Grove, CA.

[63] Mabe J, Calkins F and Butler G 2006 Boeing's variable geometry chevron,

morphing aerostructure for jet noise reduction. *American Institute of Aeronautics and Astronautics*, 2142: 1–19.

[64] Mabe J, Ruggeri R, Rosenzweig E and Yu C 2004 NiTinol performance characterization and rotary actuator design. *Proceedings of SPIE*, 5386: 95–109.

[65] Mani R, Lagoudas D and Rediniotis O 2008 Active skin for turbulent drag reduction. *Smart Material Structures*, 17.

[66] Meng X, Cai W, Fu Y, Li Q, Zhang J and Zhao L 2008 Shape-memory behaviors in an aged Ni-rich TiNiHf high temperature shape-memory alloy. *Intermetallics*, 16: 698–705.

[67] Meng X, Zheng Y,Wang Z and Zhao L 2000 Shape memory properties of the Ti36Ni49Hf15 high temperature shape memory alloy. *Material Letters*, 45: 128–132.

[68] Mertmann M and Vergani G 2008 Design and application of shape memory actuators. *The European Physical Journal Special Topics*, 158: 221–230.

[69] Miller D and Lagoudas D 2000 Thermomechanical characterization of NiTiCu and NiTi SMA actuators: influence of plastic strains. *Smart Materials Structures*, 9: 640–652.

[70] Morgan N 2004 Medical shape memory alloy applications: the market and its products. *Materials Science and Engineering*, A378: 16–23.

[71] Morin M and Trivero F 1995 Influence of thermal cycling on the reversible martensitic transformation in a Cu-Al-Ni shape memory alloy. *Materials Science and Engineering*, A196: 177–181.

[72] Nolan J, Hartl D and Lagoudas D 2010 3D finite element analysis of indentation recovery due to the shape memory effect. *Proceedings of SPIE*, 7644: 1–10.

[73] Otsuka K and Wayman C 1999 *Shape Memory Materials*. Cambridge University Press, Cambridge.

[74] Panico M and Brinson L 2007 A three-dimensional phenomenological model for martensite reorientation in shape memory alloys. *Journal of Mechanics and Physics of Solids*, 55: 2491–2511.

[75] Peng F, Jiang X, Hu Y and Ng A 2008 Actuation precision control of SMA actuators used for shape control of inflatable SAR antenna. *Acta Astronautica*, 63: 578–585.

[76] Petrini L, Migliavacca F, Dubini G and Auricchio F 2003 Numerical analysis

of vascular stents exploiting shapememory-alloy behavior. Paper presented at 16th AIMETA Congress of Theoretical and Applied Mechanics 2003.

[77] Pitt D, Dunne J and White E 2001 SAMPSON smart inlet SMA powered adaptive lip design and static test. *American Institute of Aeronautics and Astronautics*, 1359: 1–11.

[78] Pitt D, Dunne J and White E 2002a SAMPSON smart inlet design overview and wind tunnel test part I: design overview. *Proceedings of SPIE*, 4698: 13–23.

[79] Pitt D, Dunne J and White E 2002b SAMPSON smart inlet design overview and wind tunnel test part II: wind tunnel test. *Proceedings of SPIE*, 4698: 24–36.

[80] Popov P and Lagoudas D 2007 A 3-D constitutive model for shape memory alloys incorporating pseudoelasticity and detwinning of self-accommodated martensite. *International Journal of Plasticity*, 23: 1679–1720.

[81] Prahlad H and Chopra I 2007 Modeling and experimental characterization of SMA torsional actuators. *Journal of Intelligent Material Systems and Structures*, 18: 29–38.

[82] Proft J, Melton K and Duerig T 1989 Transformational cycling of Ni-Ti and Ni-Ti-Cu shape memory alloys. *Materials Research Society*, 9: 159–164.

[83] Qidwai M and Lagoudas D 2000 Numerical implementation of a shape memory alloy thermomechanical constitutive model using return mapping algorithms. *International Journal of Numerical Methods in Engineering*, 47: 1123–1168.

[84] Ramrakhyani D, Lesieutre G, Frecker M and Bharti S 2005 Aircraft structural morphing using tendon- actuated compliant cellular trusses. *Journal of Aircraft*, 42(6): 1615–1621.

[85] Rios O, Noebe R, Biles T, Garg A, Palczer A, Scheiman D, Seifert H and Kaufman M 2005 Characterization of ternary NiTiPt high-temperature shape memory alloys. *Proceedings of SPIE*, 5761: 376–387.

[86] Roh J, Kim K and Lee I 2009 Shape adaptive airfoil actuated by a shape memory alloy and its aerodynamic characteristics. *Mechanics of Advanced Materials and Structures*, 16: 260–274.

[87] Sanders B, Crowe R and Garcia E Defense advanced research projects agency: Smart materials and structures demonstration program overview. *Journal of Intelligent Material Systems and Structures*, 15: 227–233.

[88] Schroeder T and Wayman C 1977 The two-way shape memory effect and other "training" phenomena in Cu-Zn single crystals. *Scripta Metallurgica*, 11: 225–230.

[89] Seelecke S and Muller I 2004 Shape memory alloy actuators in smart structures: modeling and simulation. *Applied Mechanics Reviews*, 57(1): 23–46.

[90] Singh K, Sirohi J and Chopra I 2003 An improved shape memory alloy actuator for rotor blade tracking. *Journal of Intelligent Material Systems and Structures*, 14: 767–786.

[91] Sofla A, Elzey D and Wadley H 2009 Shape morphing hinged truss structures. *Smart Materials Structures*, 18: 1–8.

[92] Song G and Ma N 2007 Robust control of a shape memory alloy wire actuated flap. *Smart Materials Structures*, 16: N51–N57.

[93] Song G, Ma N, Lee H and Arnold S 2007 Design and control of a proof-of-concept variable area exhaust nozzle using shape-memory alloy actuators. *Smart Material Structures*, 16: 1342–1347.

[94] Straub F, Kennedy D, Domzalski D, Hassan A, Ngo H, Anand V and Birchette T 2004 Smart material- actuated rotor technology - SMART. *Journal of Intelligent Material Systems and Structures*, 15: 249–260.

[95] Sun H, Pathak A, Luntz J and Brei D 2008 Stabilizing shape memory alloy actuator performance through cyclic shakedown: an empirical study. *Proceedings of SPIE*, 6930: 1–11.

[96] Sutou Y, Omori T, Wang J, Kainuma R and Ishida K 2003 Characteristics of Cu-Al-Mn-based shape memory alloys and their applications. *Materials Science and Engineering*, A378: 278–282.

[97] Tanaka K 1986 A thermomechanical sketch of shape memory effect: One-dimensional tensile behavior. *Res Mechanica*, 18: 251–263.

[98] Tian Q and Wu J 2003 Characterization of mechanical properties of Ti50.6Ni19.4Pd30 alloy showing different phase transformation behaviors. *Proceedings of SPIE*, 5116: 710–717.

[99] Tian Z, Guo Z, Tan H and Wang C 2009 Wrinkling deformation control of inflatable boom by shape memory alloy. *Proceedings of SPIE*, 7493: 1–7.

[100] Turner T 2000 A new thermoelastic model for analysis of shape memory alloy hybrid composites. *Journal of Intelligent Material Systems and Structures*, 11: 382–394.

[101] Turner T, Buehrle R, Cano R and Fleming G 2004 Design, fabrication, and

testing of SMA enabled adaptive chevrons for jet noise reduction. *Proceedings of SPIE*, 5390: 36–47.

[102] Wang F, Buehler W and Pickart S 1965 Crystal structure and a unique "martensitic" "transition of TiNi. *Journal of Applied Physics*, 36(10): 3232–3239.

[103] Wollants P, Bonte M and Roos J 1979 A thermodynamic analysis of the stress induced martensitic transformation in a single crystal. *Z Metallkunde*, 70(2): 113–117.

[104] Zhang X, Yan X and Yang Q 2010 Design of a quick response SMA actuated segmented nut for space release applications. *Proceedings of SPIE*, 7647: 1–9.

第11章

分级控制与先进变体系统的规划

Mrinal Kumar[1] and Suman Chakravorty[2]

[1] 美国佛罗里达大学

[2] 美国得克萨斯农工大学

11.1 介绍

本章讨论一种集成的层次化方法, 该方法用于对变体动力学进行同时地规划和控制。对于变体结构领域的研究近来已经引起人们很大的兴趣, 尤其是智能结构的出现 (如形状记忆合金), 智能结构已经实现了可行的形状改变结构。此外, 使用单一结构实现多种任务目标的需求不断增长 (如一架可同时执行引导轰炸和侦察的飞机), 使得研究人员更为深入地研究变体结构 (Rodriguez, 2007; Grant et al., 2006; Hurtado, 2006; Wickenheiser and Garcia, 2004)。对变体动力学的研究通常不同于对物体本身的动力学研究, 但是两者可以是相互耦合的。例如, 传统上使用 12 维状态空间 (6 个平动和 6 个转动) 来描述飞机的飞行动力学。另一方面, 可以通过差分方程来描述同一个飞行器从一种形状 (操作模态) 到另一种形状的结构变体。这些方程可以包含用于建立可重构飞行器机翼的智能结构相关的动力学方程。于是, 变体控制的目标是找到沿着基于预定指标的一条最佳可行的路径将结构从一种形状变换到另一种形状的控制器。在大多数情况下, 因为潜在的复杂性, 控制变体的真实动力学方程是未知的。因此, 控制这种系统, 采用增强学习之类的的非模型方法 (Valasek et al., 2005; Lampton et al., 2007; Doebbler et al.,

2005) (如 Q-学习) 是十分普遍的。增强学习通过采集多个蒙特卡罗方法集的奖励和处罚的信息而来 "学习" 转变到目标形状的最佳可行路径。

在本章中, 描述用于变体动力学的基于模型的分级集成规划和控制方法。要实现的全部可能的变体状态都含在所谓的变体–性能包线中。目的是设计一个将系统从包线中的一个操作点转换到另一个操作点的控制规则。这种方法是一种集成规划和控制技术, 并且与系统时序组合方法及随机系统的分级增强学习方法密切相关 (Burridge et al., 1999; Conner, 2007; Conner et al., 2007)。在这些方法中, 通过把具有较小局部操作域的局部策略联系起来而设计全局控制策略 (用于稳定、跟踪等)。局部策略构成层次化策略的底层, 形成重叠在性能包线上的图形边缘, 并作为 "高速路系统" 用以穿越整个包线, 从而在图形上的当前点和期望点之间找到最佳路径, 获得较高层的策略。

11.1.1 分级控制原理

如上所述, 本章中描述的方法本质上是如图 11.1 所示的分级方法。出发点是一个性能图 (在图 11.1 的右上部分示出), 在性能图内希望将系统从一个操作点移动到另一个操作点。性能图内的每个点都描述一个变体平衡状态, 在这个状态中需要对结构进行操作以完成特定任务目标。这种图有可能包含一组连续或离散的平衡状态集。在任一情况下, 分级控制的目标都是设计多级的控制器以从当前状态达到所需的平衡状态。一般而言, 性能地图内变体的动力学本质上可以是混合型的, 即在图的不同区域内通过不同的动态方程进行规划 (图 11.1)。在本章中, 我们将考虑整个性能图具有相同动力学特性的特殊情况。

上述的问题, 是将系统在图上从其当前操作平衡状态转移到不同的变体平衡状态, 以实现不同的任务目标集。为了分解这个问题, 决策制定被划分成两级 (因此层次也是两级)。分级的结构的顶层构成一个叠加于性能图上的连通图。图形的作用就像高速路网络, 系统在该网络上移动以达到目标状态附近 (图 11.1)。换句话说, 通过沿着地图上被连接的图形的节点移动, 所提出的方法确保结构能从性能地图中的任何状态以某种最优的方式变体到任何其他的状态。在这个高速路网络上找到去往期望终点的最佳路径构成分级的顶层。通过局部控制器使图形上的节点实现双向相互连接 (它既可从节点 A 到节点 B, 也可从节点 B 回到 A)。这些局部控制器构成分级的底层。总之, 分级控制按下述方式

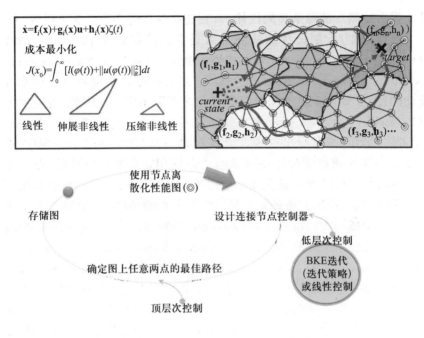

图 11.1　分级变体控制方法的示意图

工作: 首先底层的局部控制器将当前变体状态转移到所连接图形上最靠近的可用节点。此时, 顶层规划器接管并激活一系列底层控制器, 使其跟随图上一条成本最小的规划路径到达距目标状态最近的节点。底层控制器再次接管并将状态从达到的最后节点状态转移到最终期望的变体调整状态。对这种分级控制器的设计必须解决下面的 3 个问题:

(1) 如何产生包含局部策略的互连的高层次图形?

(2) 如何设计这些局部策略/控制器?

(3) 用于描述高层次规划器特性的高层次图形每条边的代价如何确定和评估?

目前, 尚无解决这 3 个问题的一般方法, 并且上述的大部分方法只提供对特定应用的解决方案。在本章中, 提供一种解决这类变体动态系统自动化集成规划/控制问题的方法。通过下列步骤解决上述关键问题: ① 通过调节最优线性控制器来设计本地策略, 最优线性控制器设计成在系统的某些节点/地标/平衡状态附近鲁棒操作; ② 通过一种新颖的递归算法使用这些节点在全局上自动构造图形, 使得变体空间中的每个点都是可到达的; ③ 使用从局部线性设计获得的最优成本来确定从步骤 2 得出的图形的每条边的代价, 以促进在较高的离散层次上的规划。

分级规划/控制设计的最终结果是混合控制系统 (Branicky, 1995, 1998), 确切地说, 这是一种开关线性系统 (Sun and Ge, 2005; Bemporad and Morari, 1999; Leonessa et al., 2001)。通常这种系统能够显示出非常复杂的行动, 即使系统的组件在本质上非常简单明了。因此, 对这种系统的控制是一个难题, 近年来大量研究专注于解决这个控制问题 (Sun and Ge, 2005)。本章提出这种混合控制的一个特例, 在这个特例中, 由于是在高层次离散图形的编码节点之间应用切换策略的缘故, 在一般混合系统上的稳定性问题在此不会出现。实质上, 由于在系统上增加了开关策略, 局部控制系统的稳定性可保证全局稳定性。还必须注意到线性参数变化 (LPV) (Leith and Leithend, 2000; Rugh and Shamma, 2000) 与基于对线性系统控制的状态相关 Ricatti 方程 (SDRE) (Cloutier, 1997; Hammett et al., 1998) 的关联。在这些方法中, 非线性设备被表达为依赖于外部参数 (如在 LPV 条件下) 或系统的状态 (如在 SDRE 条件下) 的线性形式。于是可以通过求解一族依赖于 LMI 的参数或一族依赖于 Riccati 方程的状态来获得稳定的控制器。然而, 在这些控制器中不涉及 "规划", 即, 它们并不告诉我们在变体问题的背景中下一步去往哪里。因此, 本文提出的方法与上述方法之间的差异是规划器/控制器的层次化, 特别是, 在使用标准 LQ 技术来设计底层控制器的同时, 在分级控制器中离散化较高决策器。

11.2 变体动力学和性能图

在本节中, 给出在本章中涉及概念的数学定义, 并且建立用于分级控制策略的架构。为了简化问题, 考虑变体动力学的确定性动态模型为

$$\dot{x} = f(x, u); \quad x \in \mathbf{R}^N; \quad u \in \mathbf{R}^M \tag{11.1}$$

式中: x 描述结构的变体状态。

如图 11.2(a) 所示例子, 构成了一个具有固定基部的三角形。另外两条边改变它们的长度并用弹簧阻尼器进行模拟。变体边的长度连同它们的时间导数 $(x_1, x_2, \dot{x}_1, \dot{x}_2)$ 一起构成该结构的式 (11.1) 中的变体状态。规定顶点在所示矩形区域内移动, 从而定义这个结构的性能图。因此, 用于这个结构的性能图定义在子空间 (x_1, x_2) 上。

一般地, 变体系统的性能图 $\mathcal{M}$, 以下列方式在变体的子空间上给出:

$$\mathcal{M} \equiv \{(x_1, x_2, \cdots, x_n) \subset \mathbf{R}^n\}; n \leqslant N \tag{11.2}$$

即

$$(x_1, x_2, \cdots, x_n) \in [a_1, b_1] \times [a_2, b_2] \times \cdots [a_n, b_n]$$

可以按照下列方式提出最佳变体控制的问题: 对于由式 (11.1) 给出的系统, 设计一个最优控制器, 该控制器将系统从最初的变体状态 x_{s}, 转移到目标变体状态 x_{t}, 并使下面的代价函数最小:

$$J = \int_0^\infty (\boldsymbol{x}^{\mathrm{T}} \boldsymbol{Q} \boldsymbol{x} + \boldsymbol{u}^{\mathrm{T}} \boldsymbol{R} \boldsymbol{u}) \mathrm{d}t \tag{11.3}$$

上述的问题可以通过在性能图 $\mathcal{M}$ 上构造一个在所有点间都有双向通道的连通图 $\mathcal{G}$, 以次优的方法求解。

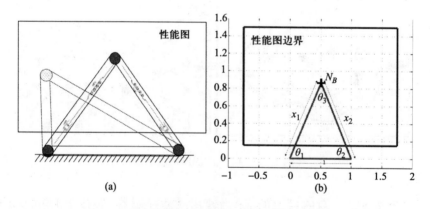

图 11.2   利用非线性振荡器建模的一种简单的变体结构

(a) 二维变体三角形; (b) 变体三角形的几何形状。

11.2.1   通过图论离散化性能图

分级方法的基础是置于变体结构的性能图之上的离散图形。通过该图形, 性能图上的所有点都可以到达其他任意一点。总的来说, 构造这个图形有许多方式。这里给出两种方法: 一种方法需要来自用户的相当多的手动输入; 另一种方法则可完全自动, 并可离散化高维性能图。

1. 图形构造方法 1

本节中主要讲述本章中要描述的两种图形构造技术中的第一种。基本思路是使用一个基本节点初始化图形, 然后通过构造可达到区域的一系列嵌套的包线向外扩展。这些包线用 Ω_i 表示 $i = 1, \cdots, Q$。最后构造的包线覆盖性能地图, 即, $\mathcal{M} \subset \Omega_Q$, 这使得几乎所有点都是可达到的 (图 11.3)。下面在图形上定义节点的影响区域 (ROI)。

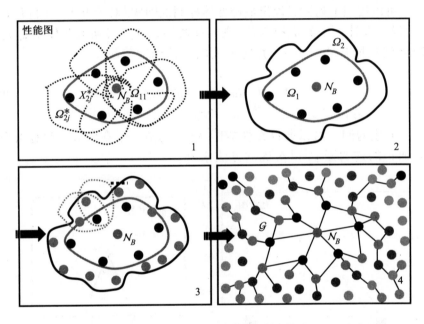

图 11.3　$\mathcal{M}$ 上的图形构造过程

定义 11.1　双向可达的点: 当使用线性控制器 (如基于 LQR 的设计) 可以由点 x 到达点 y, 反之亦然, 则称点 X 和点 Y 是双向可到达点。

定义 11.2　节点 x_{ij}^* 的影响区域: 在图形 $\mathcal{G}$ 上节点 x_{ij}^* 的影响区域被定义为 Ω_{ij}^* 集合, 该集合中所有的 $\{(x_{ij}^*, y), y \in \Omega_{ij}^*\}$ 对都是双向可达的。

图中节点的命名法, x_{ij}^*, 具体说明如下双下标 "ij" 含义如下: x_{ij}^* 是在地图上构造的第 i 个包线的第 j 节点。下面逐步给出图 $\mathcal{M}$ 上图形 $\mathcal{G}$ 的构造过程。但我们必须首先声明关于变体动态系统的下列假设:

A11.1　对于所有的 $x \in \mathbf{R}^N$, 都存在有限的稳定状态控制 $U^{\text{hold}}(x)$, 使得 $f(x, u^{\text{hold}}) = 0$。保持控制不存在的集合 (称为空集) 有测零。

A11.2 存在动力学的梯度, 如 $\dfrac{\partial f}{\partial x}$, 使得对于几乎所有的 $x \in \mathcal{M}$, 系统 1 都可以被线性化为 $(A(x), B(x))$。

A11.3 可达域, $\mathcal{R}(x)$ 对于任何点 $x \in \mathbf{R}^N|\varnothing$ 都是连通的, 此外, 存在开放集 $\vartheta \subset \mathbf{R}^N$, 使得 $\vartheta \subset \mathcal{R}(x)$。

集合 $\varnothing$ 表示在变体系统 1 不可达的点, 本章只关注这个集合具有为空集的系统, 因此不做分析。假设 11.1 条件在实际中可以放松, 只分析 $\mathcal{M}$ 内部的可达点。假设 11.2 将所描述方法的范围限制为性能图内的所有点 (除了空集的集合之外) 都可以找到线性化表示的那些系统。假设 11.3 对于所给出方法确定影响区域是必须的, 注意 $\mathcal{R}(x)$ 不同于 ROI(x)。从定义 11.2 可以清晰地看出 ROI$(x) \subset \mathcal{R}(x)$。可应用一种参数扫描方法来确定满足假设 11.3 系统的 ROI(x)。

假定以上的假设成立, 可以有以下结论。

定理 11.1 对于具有连续的性能图 $\mathcal{M}$ 变体系统 1, 给定假设 2.1、2.2 和 2.3, 则可以在 $\mathcal{M}$ 上利用有限数量的节点 $\{X_{ij}^*\} \left(\sum_{ij} = P\right)$ 来构造连通图 $\mathcal{G}$, 按照按给定的误差范围如 $\|x(t=\infty, y_s) - y_t\| \leqslant \varepsilon$, 使得所有节点 $y_t \subset \mathcal{M}$ 都可以从任何点 $y_s \subset \mathcal{M}$ 穿越连通图 $\mathcal{G}$ 到达。

下列步骤叙述了图形构造的过程, 并且还可用作对上述定理的构造性证明。如上所述, 基本想法是构造一些扩展包线, $\Omega_i, i = 1, \cdots, Q$, 其最终覆盖地图 $\mathcal{M}$, 即 $\mathcal{M} \in \Omega_Q$。图 11.3 示出以下过程:

(1) 图形构造开始于基本节点。这个节点表示变体动力学的最有可能的平衡状态, 用图 11.3 中的 $\mathcal{N}_B$ 表示。对于变体三角形, 为正三角形结构, (图 11.2(b)), 用 $x_{ij}^* = x_{11}^*$ 表示这个节点。

(2) 估计这个节点的影响区域。可以通过对性能图的边界执行参数扫描, 并确定每个参数集的双向可达的最远点来获取。(双向达到性见定义 11.1)。采用连接最远的双向可达点形成可达区域来获得参数表示方法。图 11.4(a) 给出了二维图的处理过程。在这个图中, 应用单参数 (θ) 扫描 6 个点来获得所示节点的大致影响区域, 对于每个参数扫描值, 对该节点双向可到达的最远点进行连接来获得影响区域。一般地, 一个 N 维性能图将需要 $N-1$ 个独立参数的参数集。对于参数集的每个给定值的最远点可以采用渐近 LQR 过程 (图 11.4(b)) 进行估计。在这个过程中, 不断选择渐近点 (在图 11.4(b) 中通过二分法) 直到获得双向达点。注意, 这个方法需要有效的假设 11.3, 以获得 ROI(x_{ij}^*) 的准确估计, 扫描过程形成了 ROI(x_{ij}^*) 的边界, 称为 Γ_{ij}^*。同样也要注意 ROI(x_{ij}^*) 指的也

是 Ω_{ij}^*。包线系列中的第一个, Ω_1, 就是基本节点的 ROI, 如 $\Omega_1 = \Omega_{ij}^*$。

(3) 通过如图 11.3 的方式放置节点来离散化 Γ_{ij}^*。这些节点形成构造下一个包线的基础, 记为 $x_{2j}^* j = 1, 2, \cdots, R$ (节点的数字用于离散化 Γ_1 的节点数)。

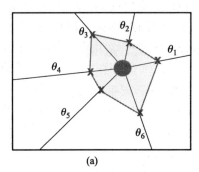
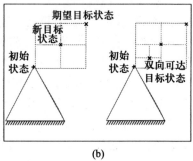

(a)　　　　　　　　　　　　　　(b)

图 11.4　为图形上的节点确定影响区域

(a) 在二维性能地图上的参数略扫; (b) 连续的 LQR 方法以确定可到达的对。

(4) 为 x_{2j}^* 确定 ROI, 即 Ω_{2j}^*。

(5) 确定新的包线为 $\Omega_2 = \bigcup\limits_{i=1}^{R} \Omega_{2j}^* \bigcup \Omega_1$。记边界 $(\Omega_2) = \Gamma_2$。注意图 11.3 中构造的结果形成了一系列嵌套的包线 $\Omega_2 \subset \Omega_1$。该过程不断重复, 直到产生 Q 包线, 也就是最后的包线覆盖性能图: $M \subset \Omega_Q$。在这个构造中整个节点集合构成的图形如图 11.3 所示。

上述的算法中的第 (3) 步可以是需要用户输入的手动方法, 但随着性能图维度的增加, 这种方法逐渐变得很困难。因此对于高维场合, 需要一种可代替技术, 这个技术是可以完全自动的。下节描述这种方法, 该方法是基于伪随机数的方法。

2. 图的构造方法 2: 伪随机图

本节描述一种基于伪随机数的图形构造的方法。上节描述的方法中性能图的维度可能成为一个严重的问题, 在三维和更高的维度中, 难以用人工设置节点的方法来离散化步骤 3 中的包线。作为替代, 伪随机采样可以高效地生成覆盖整个性能图的连通图, 且不需要人工输入, 为了实现数值积分的目的, 伪随机数广泛用于对实空间采样。伪随机数可以通过算法来实现, 特定的算法可以获得不同类型的伪随机数, 如 halton 伪随机数, Sobol 数, Fauvre 数等。即使是算法产生的伪随机序列, 也能在采样区域上获得均匀的随机分布 (所以称为 "伪" 随机)。对于一个真实的均匀分布的实际采样间隔, 通常使用一些差异的参数进行量化 (Niederreiter, 1992)。在当前内容中, 可以利用它们来使性能地图上的节点均匀分布, 这些节点可以被连到一起, 用于构造感兴趣的图形。二维或三维的伪随机分布 (Halton 序列) 的实例在图 11.5 中给出。同样重要的是, 要注意到如果某区域中密度低, 则局部采样伪随机点是非常容易的。此外, 产生高维伪随机数同样容易, 这使它们适用于高维性能图。下面步骤简要叙述图形构造过程:

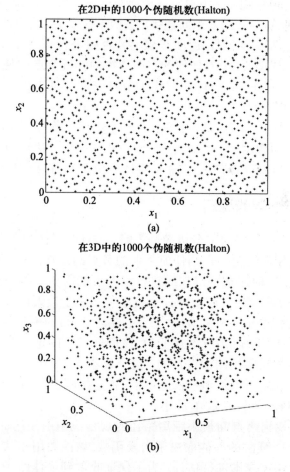

图 11.5　二维和三维空间中的伪随机数的实例

(a) 二维空间中伪随机数; (b) 三维空间中伪随机数。

(1) 令性能地图的维度为 n, 即 $\mathcal{M} \subset \mathbf{R}^n$。产生总数为 P_0 的 n 维伪随机数 $x_i \in \mathcal{M}, i = 1, \cdots, P_0$。数字 P_0 是对图形 $\mathcal{G}$ 中节点总数量的起始估计。节点 $x_i(i = 1, \cdots, P_0)$ 形成图形的初始估计 (目前未连接)。

(2) 对每个 $i = 1, 2, \cdots, P$, 完成下列工作:

(a) 设定一个 n 维的盒子 $\mathcal{M}_0 \subset \mathcal{M}$, 其体积是 $\mathcal{M}$ 体积的很小的一部分 (或许是 5%)。对盒子进行转换, 使得当前的节点 (x_i) 成为其质心。找到所有位于 $\mathcal{M}_0$ 内的节点, 并把它们标记为 $x_{ij}(j = 1, 2, \cdots, Q_i$, 它们是 x_i 的可能的邻近节点。

(b) 尝试设计一个控制器 (控制器的类型可由用户确定, 如 LQR), 把系统从 x_i 转移到 x_{ij}, 并从 x_{ij} 转移回到 x_i。换句话说, 也就是确定 x_{ij} 中的哪些节点与 x_i 是双向连接的。如果这个节点集不是空集, 则换到下一个点, 即 $i \to i + 1$, 返回步骤 (2), 否则进行下一步。

(c) (如果节点 x_i 没有任何的双向连接的邻近节点)。使用少量伪随机点对盒子 $\mathcal{M}_0$ 重新采样, 用以增加节点密度并且再进行步骤 (2)(b)。记录节点 x_i 的双向邻近节点。

若假设 11.1~ 假设 11.3 有效, 则上述步骤可确保 $\mathcal{M}_0$ 上构造的连通图, 其图内包含的所有点都是 $\mathcal{M}$ 中任意其他点可达到的。注意, 上述步骤的序列不需要任何人工输入并且适用于高维性能图。

11.2.2　变体图的规划

在本节中描述顶层的分级控制策略。一旦图形被构造, 就希望知道在图形上从任何给定节点到任何其他的节点的最佳路径。根据图形上节点的数量, 这种搜索可以在线执行或者可能需要离线执行并存储起来以便未来访问。在文献中有许多技术可以用于搜索图形上的最佳路径。这里, 我们给出一种二级 A^* 算法。要注意, 目的不是要找到一条最短 "距离" 的路径, 而是成本最低的, 该最低成本的定义是基于用于图上节点互连的底层控制器设计的。这个成本可能与时间、燃料消耗或其他的参数相关。因此问题在于找到一种连接图上的两个节点的路径, 沿着这个路径, 使特定成本最小。

在图上找到两点间最小距离路径的规划应用中使用标准 A^* 算法效果很好。A^* 算法的性能取决于启发函数, 该函数用于从当前节点到目标节点的路径成本进行估计。为了保证收敛到最佳路径, 需要 (虽然并非总是需要) 启发函数预估计从当前节点的路径成本。这种启发函数被认为是可接受的。对于致力于找到最短距离路径的问题, 很容易找到可接受的启发函数。例如被关注点之间的欧几里得距离。在当前的应用中, 需要基于式 (11.3) 中给出的度量 (或者任何其他基于局部底层控制器的限定) 找到一条优化路径。我们注意到, 为这种随机变化的成本函数找到一个可用的启发函数是极其困难的。下面描述的二级 A^* 搜索算法针对这一问题, 产生一个可行的启发函数的方法。这种函数确保了收敛性, 但对于优化路径不是必须的, 因为它并不总是提供对后续成本的偏低预估计。

1. 二级 A^*

问题描述: 给定图形 $\mathcal{G}$, 寻找从节点 $x_\circ$ 到 x_f 的最佳路径, 二级的算法如下

(1) 令 $\mathcal{OL}$ 为当前搜索的开放列表。开放列表是已经被访问但未展开 (研究) 的点集。

(2) 定义辅助的启发成本, $\tilde{h}(x) = \|x_f - x\|$, 这是标准算法中使用较好的欧几里得距离成本。

(3) 对于每个 $x_k \in \mathcal{OL}$, 使用辅助启发函数 $\tilde{h}(x)$, 运行 A^* 算法以确定从 x_k 到 x_f 的最佳路径。令用于 x_k 的所获得的路径为 $\mathcal{P}_k = \{x_k, x_{k1}, x_{k2}, \cdots, x_f\}$。

(4) 为节点 x_k 确定启发成本:

$$h(x_k) = \int_{p_k} (\boldsymbol{x}^\mathrm{T} \boldsymbol{Q} \boldsymbol{x} + \boldsymbol{u}^\mathrm{T} \boldsymbol{R} \boldsymbol{u}) \mathrm{d}t \tag{11.4}$$

(5) 使用 $h(x_k)$ 作为启发函数, 确定从公开 – 列表除去并且加到封闭列表的最低成本节点, $\mathcal{CL}$。

(6) 继续, 直到 $x_f \in \mathcal{CL}$。

上述算法产生使 $x_\circ$ 连接到 x_f 的一系列节点, 并将这种点对存储起来, 以备将来参考。

11.3 先进变体结构中的应用

在本节中, 将通过实例来演示上面描述的分级控制技术。第一实例是如图 11.2(a) 所示的具有固定基底的变体三角形。结构的几何形状在图 11.2(b) 中进一步详细说明, 三角形的基部是固定的, 但另外两条边通过弹簧减震组件改变长度。有二个控制器, 沿着三角形的两个变体边施加轴

向力。假设两条边都是无质量的，并且结构的整体质量, m, 认为集中在顶点处。用于这个模型的非线性变体动力学主要由两个耦接的二阶振荡器组成。考虑如图 11.6 所示的三角形的分解视图。使用惯性坐标系 ($\mathcal{I}$) 和二个主体框 ($\mathcal{B}_1, \mathcal{B}_2$)。对于点质量 m 的位置矢量有下列运动学方程:

$$\begin{cases} r = x_1\hat{p}_1, \\ \dot{r} = \dot{x}_1\hat{p}_1 + x_1\dot{\theta}_1\hat{q}_1 \\ \ddot{r} = (\ddot{x}_1 - x_1\dot{\theta}_1^2\hat{p}_1 + (\dot{x}_1\dot{\theta}_1 + x_1\ddot{\theta}_1)\hat{q}_1 \end{cases} \tag{11.5}$$

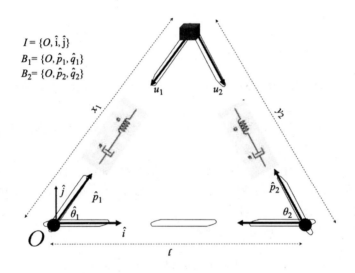

$I = \{O, \hat{i}, \hat{j}\}$
$B_1 = \{O, \hat{p}_1, \hat{q}_1\}$
$B_2 = \{O, \hat{p}_2, \hat{q}_2\}$

图 11.6　变体三角形的分解视图

弹簧/阻尼力及控制表示为

$$F = [\underbrace{k_1(x_1) + c_1(x_1, \dot{x}_1)}_{f_1} + u_1](-\hat{p}_1)$$
$$+ [\underbrace{k_2(x_2) + c_2(x_2, \dot{x}_2)}_{f_2} + u_2](-\cos\theta_3\hat{p}_1 - \sin\theta_3\hat{q}_1) \tag{11.6}$$

三角形结构的几何形状约束使得角速率 $\dot{\theta}_1$ 和 $\ddot{\theta}_1$ 与变体状态有下列关系:

$$\dot{\theta}_1 = \frac{1}{lx_1\sin\theta_1}(x_2\dot{x}_2 + l\dot{x}_1\cos\theta_1 - x_1\dot{x}_1)$$
$$\ddot{\theta}_1 = -\frac{1}{x_1}\left[x_1\dot{\theta}_1^2 - \frac{f_1 + u_1 + (f_2 + u_2)\cos\theta_3}{m}\right] \tag{11.7}$$

因此得到具有状态空间形式的变体动力学方程:

$$\begin{cases}
\dot{x}_1 = x_3 \\
\dot{x}_2 = x_4 \\
\dot{x}_3 = x_1\dot{\theta}_1^2 + \dfrac{1}{m}\left[f_1 + u_1 + (f_2 + u_2)\cos\theta_3\right] \\
\dot{x}_4 = \dfrac{1}{x_2}\Big[\dot{x}_1^2 - \dot{x}_2^2 + (x_1 - l\cos\theta_1)\dot{x}_3 + 2l\dot{x}_1\dot{\theta}_1\sin\theta_1 \\
\qquad\quad + lx_1\dot{\theta}_1^2\cos\theta_1 + lx_1\ddot{\theta}_1\sin\theta_1\Big]
\end{cases} \tag{11.8}$$

在式 (11.7) 和式 (11.8) 中出现的各种不同的三角函数能够容易地根据状态 x_1 和 x_2 获得。最后，非线性弹簧 – 减震力能用下列构造方程进行建模 (可以有很多的其他的构造规则):

$$\begin{cases}
f_1 = k_{1l}(x_1 - l) + k_{1nl}(x_1 - l)^3 + c_{1l}\dot{x}_1 + c_{1nl}\dot{x}_1\dot{\theta}_1 \\
f_2 = k_{2l}(x_2 - l) + k_{2nl}(x_2 - l)^3 + c_{2l}\dot{x}_2 + c_{2nl}\dot{x}_2\dot{\theta}_2
\end{cases} \tag{11.9}$$

为了实现渐近的 LQR 算法，需要线性化关于当前稳定状态情况 (平衡) 的动力学方程 (式 (11.8))。下列式子为关于一个平衡状态的变体三角形的运动的线性化方程, x_{ss} (所有下标 'ss' 都表示稳定状态情况)。

$$\begin{cases}
\delta\dot{x}_1 = \delta x_3 \\
\delta\dot{x}_2 = \delta x_4 \\
\delta\dot{x}_3 = -\dfrac{1}{m}\left[\delta f_1 + \delta u_1 + \cos\theta_{3\mathrm{ss}}(\delta f_2 + \delta u_2) - \sin\theta_{3\mathrm{ss}}(\delta f_{2\mathrm{ss}} + \delta u_{2\mathrm{ss}})\delta\theta_3\right] \\
\delta\dot{x}_4 = \dfrac{x_{1\mathrm{ss}} - l\cos\theta_{1\mathrm{ss}}}{x_{2\mathrm{ss}}}\delta\dot{x}_3 + l\dfrac{x_{1\mathrm{ss}}}{x_{2\mathrm{ss}}}\sin\theta_{1\mathrm{ss}}\delta\ddot{\theta}_1 \\
\delta\dot{x}_4 = \dfrac{x_{1\mathrm{ss}} - l\cos\theta_{1\mathrm{ss}}}{x_{2\mathrm{ss}}}\delta\dot{x}_3 + l\dfrac{x_{1\mathrm{ss}}}{x_{2\mathrm{ss}}}\sin\theta_{1\mathrm{ss}}\delta\ddot{\theta}_1
\end{cases} \tag{11.10}$$

式中: $\theta_3 = \pi - (\theta_1 + \theta_2)$。

上面使用的角度和角速率的线性化方程为

$$\begin{cases}
\delta\theta_1 = \dfrac{-1}{lx_{1\mathrm{ss}}\sin\theta_{1\mathrm{ss}}}\left[(x_{1\mathrm{ss}} - l\cos\theta_{1\mathrm{ss}})\delta x_1 - x_{2\mathrm{ss}}\delta x_2\right] \\
\delta\theta_2 = \dfrac{-1}{lx_{2\mathrm{ss}}\sin\theta_{2\mathrm{ss}}}\left[(x_{2\mathrm{ss}} - l\cos\theta_{2\mathrm{ss}})\delta x_2 - x_{1\mathrm{ss}}\delta x_1\right],\ \delta\theta_3 = -(\delta\theta_1 + \delta\theta_2) \\
\delta\dot{\theta}_1 = \dfrac{1}{lx_{1\mathrm{ss}}\sin\theta_{1\mathrm{ss}}}\left[x_{2\mathrm{ss}}\delta x_2 + (l\cos\theta_{1\mathrm{ss}} - x_{1\mathrm{ss}})\right]\delta x_3 \\
\delta\ddot{\theta}_1 = \dfrac{1}{mx_{1\mathrm{ss}}}\left[(f_{2\mathrm{ss}} + u_{2\mathrm{ss}})\cos\theta_{3\mathrm{ss}}\delta\theta_3 + \sin\theta_{3\mathrm{ss}}(\delta f_2 + \delta u_2)\right]
\end{cases} \tag{11.11}$$

根据式 (11.9) 中的变体状态, 很容易获得力的偏差值, 即 δf_1 和 δf_2 的偏离值。由于需要将变体状态从一个平衡状态转换成另一个平衡状态, 现在是一个非零设置点调节问题, 其中, 期望为偏离状态获得一个非零稳定状态值。我们现在关注这个问题。上述线性化方程可以组合成形式为 $\delta \dot{x} = A\delta x + B\delta u$ 的线性状态空间形式。令偏离运动的期望稳定状态值为 δx^*。然后可以得到下列坐标变换:

$$\begin{cases} \delta \tilde{x} \equiv \delta x - \delta x^* \\ \delta \tilde{u} \equiv \delta u - \delta u^* \end{cases} \tag{11.12}$$

稳定状态条件要求: $A\delta x^* + B\delta u^* = 0$。于是变换后的方程简化为

$$\delta \dot{\tilde{x}} = A\delta x + B\delta u - A\delta x^* - B\delta u^* = A\delta \tilde{x} + B\delta \tilde{u} \tag{11.13}$$

注意, 上述变换将问题变成了标准调节器问题, 标准调节器期望获得 $\lim\limits_{t \to \infty} \delta \tilde{x} = 0$。对这个问题的标准 LQP 解由 $\delta \tilde{u} = -K\delta \tilde{x}$ 给出。因此仍需要找到 δu^*。为此, 利用稳定状态条件, 并注意到:

$$\delta x^* = \begin{Bmatrix} \delta x_1^* \\ \delta x_2^* \\ 0 \\ 0 \end{Bmatrix}; \ \delta u^* = \begin{Bmatrix} \delta u_1^* \\ \delta u_2^* \end{Bmatrix}; \ A = \begin{bmatrix} 0 & 0 & 1 & 0 \\ 0 & 0 & 0 & 1 \\ \times & \times & \times & \times \\ \times & \times & \times & \times \end{bmatrix}; \ B = \begin{bmatrix} 0 & 0 \\ 0 & 0 \\ 0 & \times \\ 0 & \times \end{bmatrix};$$

故

$$A\delta x^* + B\delta u^* = 0 \rightarrow \begin{Bmatrix} 0 \\ 0 \\ c_1 \\ c_2 \end{Bmatrix} + \begin{Bmatrix} 0 \\ 0 \\ \begin{bmatrix} b_1 & b_2 \\ b_3 & b_4 \end{bmatrix} \begin{Bmatrix} \delta u_1^* \\ \delta u_2^* \end{Bmatrix} \end{Bmatrix} = \begin{Bmatrix} 0 \\ 0 \\ 0 \\ 0 \end{Bmatrix} \tag{11.14}$$

从上述方程可以很容易获得稳定状态控制 δu^* 的解。

11.3.1 变体图形的构造

变体三角形图的构造从图 11.2(b) 所示的代表等边三角形的基本节点开始。如上述算法给出的概要, 从基本节点开始构造一个向外扩展的图, 最终覆盖由顶点运动约束确定的性能图。图 11.7(a) 描绘出这个过程, 图中示出基本节点的影响域。通过构造, 这个区域内的所有点都是从基

本节点可达到的, 反之亦然; 即基本节点与这个区域内的所有点都是双向可达的。按照算法中的命名法, 所描绘的区域是 $\Omega_{11}^* = \Omega_1$。所示出的边界是 $\Gamma_{11}^* = \Gamma_1$。图 11.7(a) 演示了使用 34 点 ($= x_{2j}^*$) 离散化 Γ_1。这些节点 ($= \Omega_{2j}^*$) 的影响域在图 11.7(b) 中示出。图 11.7(c) 说明了继续这个过程会产生一组扩展的嵌套包线, 其最终覆盖 $\mathcal{M}(\mathcal{M} \subset \Omega]_{11})$。图 11.7(d) 示出了 $\mathcal{M}$ 上的构成 $\mathcal{G}$ 的所有节点。在这个图上还给出了在已解决的两个节点之间找到最优路径的问题。二级 A^* 算法用于找到这个路径。

图 11.7(d) 中给出上述算法的一个实例解决方案在。注意到在式 (11.4) 中为 x_k 评估在最短路径 $\mathcal{P}$ 上的启发成本估计, 并不一定低估了

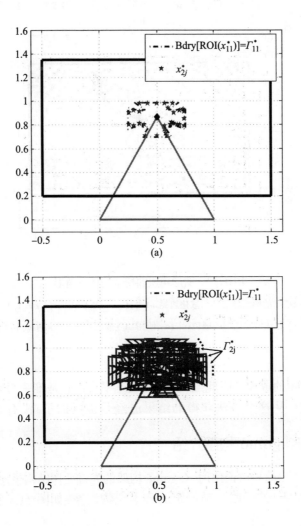

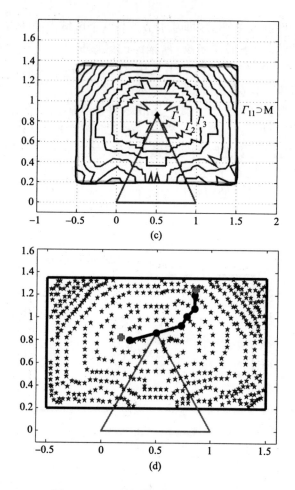

图 11.7 图形构造和搜索变体三角形

(a) 基本节点 (Q_{11}^*) 的影响域及其离散化边界 $(\Gamma_{11}^*)\Gamma_1 = \Gamma_{11}^*$; (b) $x_{2j}^*, j = 1, 2, \cdots, 34$ 的影响域; (c) 包住性能地图的嵌包线; (d) 使用 A^* 搜索算法获得最小成本路径。

从 x_k 的实际的成本。因此, $h(x)$ 不是可容许的, 而是唯一可行的。在作者的经验中, 从这个方法获得的结果已经是极好的了, 没有收敛问题。

11.3.2 Kagomé 构架介绍

在本节中, 简短讨论使用 Kagomé 构架的先进变体结构概念。Kagomé, 照字面理解是 "篮子眼", 是传统的日本织物图案, 如图 11.8 所示。从图

11.8(a) 中突出标注的节点注意到, 对于格子上的任何节点, 都有 4 个附近的节点。

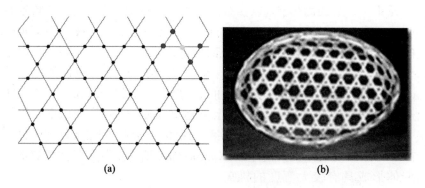

(a)　　　　　　　　　　(b)

图 11.8　　Kagomé格子

(a) Kagomé 格子图案; (b) Kagomé (来源: Wikipedia)。

针对这个问题的第一篇论文是 1951 年由日本物理学者 Itiro Syozi 发表的。关于 Kagomé 格子、特别是结构一致性已经有了很多论文。当需要以极低质量承载较大的荷载时, 这种结构的优势就显露出了 (Hutchinson et al., 2003; dos Santos e Lucato et al., 2004)。相关的 Kagomé 构架在航空航天领域中尚未得到充分研究, 但作者相信 Kagomé 构架的超级负荷承载能力在航空航天工程中应用有极大的优势。在本节中, 分析 (dos Santos e Lucato et al., 2004) 提出的基于 Kagomé构架的

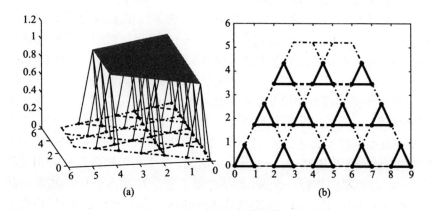

(a)　　　　　　　　　　(b)

图 11.9　　Kagomé架构的细节

(a)基于Kagomé 架构的变体结构; (b) 执行器在完全变体 Kagomé 构架中的位置。

变体结构,并演示分级控制方法。图 11.9(a) 给出了一个安装在 Kagomé 构架上的变体结构, Kagomé 构架 (以虚线标记) 构成结构的基础并作为变体元素。一个四面体核 (以实线示出) 安装在基部的顶端上, 构成由非变体元素。换句话说, 四面体核的腿长度是固定的。面板 (在四面体核的顶上阴影部分), 在四面体的顶部处被连接到核上, 它形成变体结构的外表面。即可以视为机翼的外表面。这种结构可以通过独立改变 Kagomé 构架 (在基部) 来获得期望的面板形状。改变 Kagomé 构架边的长度可以引起不同四面体顶点的上下运动, 从而使面板变成期望的形状。这种结构提供了很大的灵活性和大范围的形状变化能力。图 11.10 给出了可能实现变体机翼使用的 Kagomé 构架结构, 图中对称机翼的表面变体形成具有较大弯度的机翼。

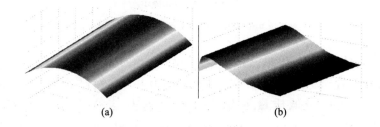

(a)   (b)

图 11.10　使用在 Kagomé 构架组件的顶上的面板的机翼变体

(a) 对称机翼的顶部表面; (b) 弯度机翼的顶部表面。

使用 Kagomé 构架进行面板变形的一个重要的优势在于其最根本变体控制问题是一个二维的结构 (Kagorme 构架)。我们要做的仅仅是找到不同顶点的四面体顶点的高度与 Kagomé 构架元素长度之间的函数关系。图 11.11 给出这种变换的具体细节。考虑图 11.11(a) 中 Kagomé 基座的一个独立单元。将四面体核的所有元素都假设为具有相同长度。希望顶点变低的四面体用钻石型标记。图 11.11(a) 中同时给出了顶视图和侧视图。问题变成为要使顶点位于所需位置, 三角形边的长度应该为多少? 其结果并不是唯一解 (图 11.11(b))。解的轨迹是由四面体的一个腿在 Kagomé 构架的平面上所画的一个圆。由于三条腿假设具有相同长度, 所以它们都描述同一个圆, 该圆的圆心是所需顶点位置在基本平面上的投影。于是求解过程就是简单地把基本三角形的顶点移动到圆上的一点上, 如图 11.11(b) 所示, 解的非唯一性来自于用户可以把基本三角形的顶点自由移动到圆上任何一点。一个可行的策略是将顶点移到最靠近解圆上的一点。这样变体问题等价于变成了获得预定顶点位置的问题。注意,在四面体的腿具有不同长度的情况下,解变成了 3 个半径不同的同心圆。并且需要将三角形的 3 个顶点移动到适当的圆上。

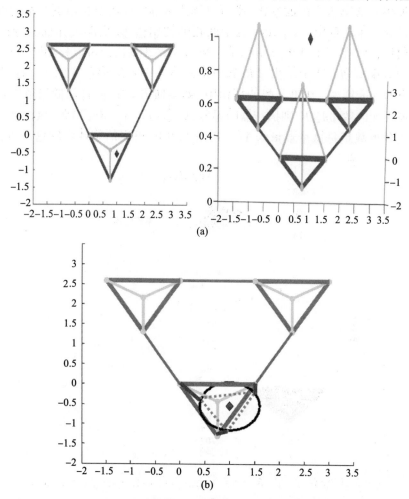

图 11.11 用于基本三角形的结构的四面体 – 顶点位置的变换问题

(a) 所需的四面体的顶点的位置; (b) 变换问题的非唯一解。

11.3.3 Kagomé 构架变体实例

在本节中,主要描述了使用 Kagomé 构架结构的变体实例。首先这里包含了一个限制结构,在该结构中 Kagomé 基部的变体元素与图 11.6

所示的变体三角形一样具有固定基座。图 11.12 为提取出的一个 Kagomé
单元, 其 3 个三角形可以独立进行变形。期望的面板形状如图 11.12(b)
所示。在图中只显示包括各独立三角形的最终形状的最后结果。如果三
角形单元的每条边都能变化, 则可以利用 Kagomé 构架获得更复杂的变
体形状。在本章中, 只给出了这个问题的初始描述, 更深入详细的分析,
目前还在研究。图 11.9(b) 给出了三角形元素 3 条边都可以移动时, 执行
器的装配位置。图中给出了最低通道具有 4 个六边形单元的 "三通道"
上 Kagomé 构架。在更一般的结构中, 如果通道数为 c, 且最低通道中六
角形单元的数量是 h, 则执行器的总数是: $\frac{3}{2}c(2h-c+3)$。当然, 执行动作
的三角形数量是这个数量的 1/3, 在图 11.9(b) 可以清楚地看到这一点。

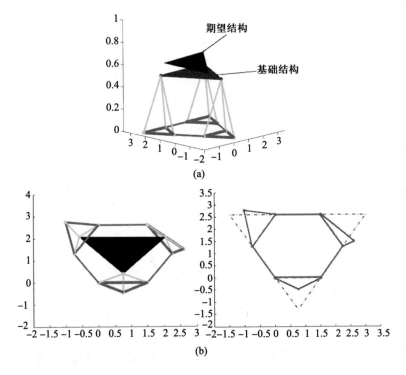

图 11.12　使用 Kagomé 构架的一个实例变体问题

(a) 面板的当前形状和所需形状; (b) 为面板的所需形状最终获得的 Kagomé 基本架构的结构。

这种结构的动态建模十分复杂, 因为它涉及到 Kagomé 基座的所有
六边形单元一起移动。最终结果是非常高维度的 (可能是数百) 变体状
态空间, 相应等价于一个高维性能图。如果假设任意时刻只有一个六边

形单元变形, 并锁定其他的 Kagomé 基座, 直到激活的单元达到它的目标形状, 则问题将得到极大的简化。基于这个假设, 变体状态的维度将变成 6, 仍然是一个相当大的值, 但使用 11.2.1 节中描述的伪随机图形构造技术可以很容易处理。

　　图 11.13 中给出了一个完全变体 kagomé 构架的实例。基本配置是一个平的面板, 具有由 $7(=c)$ 个通道六边形 kagomé 单元, 最低通道具有 $8(=h)$ 个六边形单元的最低通道 kagomé 基座。总计有 126 个执行器 (非常大的数字!)。变体问题是将平的面板转换成图 11.13(d) 所示的二次形状。图 11.13(c) 为 Kagomé 基座的变体结果。图中还显示了虚线标记的平的面板结构的构架的对比。注意, 此图形仅仅表示了使用上节和图 11.11 中描述的可逆变换规则对所描述问题的几何解。对这类结构基于分级方法的动态方程和相关控制律目前还在研究之中, 并且将成为以后研究的主题。

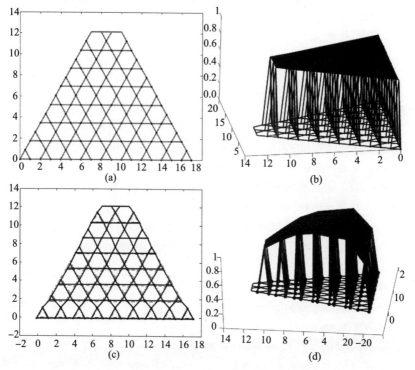

图 11.13　使用 Kagomé 构架的一个实例变体问题

(a) 面板的当前形状和所需形状; (b) 面板的所需形状最终获得的 Kagomé 基本架构的结构; (c) 面板的当前形状和所需形状; (d) 面板的所需形状最终获得的 Kagomé 基本架构的结构。

总之, 作者相信以上描述的基于 Kagomé 构架的变体结构将为未来
飞行器的变体结构设计带来很大的希望。尽管还有很多工作需要做, 但
目前的工作已经看到了曙光; 主要的挑战包括: Kagomé 基座变体元素
的精确建模; 确定四面体核的密度, 以及应用于机翼等场合下的结构动
态分析和气动弹性分析。

11.4 结论

在本章中, 提出了一种应用于变体动力学最优控制的基于模型的分
级控制方法。这种方法显示在变体结构的性能图上可以叠加一个连通图,
使得图上所有点都可以通过图形到达每一个其他点。并提出了构造连
通图的两种技术, 一种需要相当多的人工输入, 另一种是适用于高维应
用的伪随机序列方法。低层次控制器的控制律采用非零点集的 LQR 进
行设计。给出了基于有固定基座的变形三角形的实例, 对使用 Kagomé
构架的变体问题进行了初步描述。值得指出的, 基于 Kagomé 构架的变
体结构在航空航天领域中的变体飞行器设计中具有很大的优势。

参考文献

[1] Bemporad A and Morari M 1999 Control of systems integrating logic, dynamics and constraints. *Automatica*, 35(3): 407–427.

[2] Branicky MS 1995 Studies in hybrid systems: modeling, analysis and control, PhD thesis. Dept. of Electrical Engineering and Computer Science, MIT.

[3] Branicky MS 1998 Multiple Lyapunov functions and other analysis tools for switched and hybrid systems. *IEEE Transactions on Automatic Control*, 43(4): 475–482.5

[4] Burridge RR, Rizzi, AA and Koditschek D 1999 Sequential composition of dynamically dexterous robot behaviour. *International Journal of Robotic Research*, 18(6): 535–555.

[5] Cloutier JR 1997 State dependent Riccati equation techniques. In *Proceedings of the American Control Conference*, Albuquerque, NM, June, pp. 932–936.

[6] Conner DC 2007 Integrating planning and control for constrained dynamical systems, PhD thesis. Robotics Institute, Carnegie Mellon University,

Pittsburgh, PA.

[7] Conner DC, Kress-Gazit H, Choset H, Rizzi A, and Pappas GJ 2007 Valet parking without a valet. In *Proceedings of the 2007 IEEE/RSJ International Conference on Intelligent Robots and Systems*, San Diego, October.

[8] Doebbler J, Tandale M, Valasek J, andMeade A 2005 Improved adaptive-reinforcement learning control for morphing unmanned air vehicles. AIAA Paper 2005–7159. Arlington, TX, USA, 26–29 Sept.

[9] dos Santos e Lucato SL, Wang J, Maxwell P, McMeeking RM, and Evans AG 2004 Design and demonstration of a high authority shape morphing structure. *International Journal of Solids and Structures*, 41: 3521–3543.

[10] Grant DT, Abdulrahim M, and Lind R 2006 Flight dynamics of a morphing aircraft utilizing independent multiple-joint wing sweep. AIAA Paper 20066505. Keystone, CO, USA, 21–24 Aug.

[11] Hammett KD, Hall CD, and Ridgely DB 1998 Controllability issues in nonlinear state dependent Riccati equation control. *Journal of Guidance Control and Dynamics*, 21(5).

[12] Hurtado JE 2006 Dynamic shape control of a morphing airfoil using spatially distributed actuators. *AIAA Journal of Guidance Control and Dynamics*, 29(3): 612–616.

[13] Hutchinson RG, Wicks N, Evans AG, Fleck NA, and Hutchinson JW 2003 Kagome plate structure for actuation. *International Journal of Solids and Structures*, 40: 6969–6980.

[14] Kaelbling LP 1993 Hierarchical reinforcement learning: preliminary results. In *Proceedings of the Tenth International Conference on Machine Learning*.

[15] Lampton A, Niksch A, and Valasek J 2007 Reinforcement learning of morphing airfoils with aerodynamic and structural effects. AIAA Paper 2007–2805, Rohnert Part, CA, USA, 7 May.

[16] Leith DJ and Leithead WE 2000 Survey of gain-scheduling analysis and design. *International Journal of Control*, 73(11): 1001–1025.

[17] Leonessa A, Chellaboina V and Haddad W 2001 Nonlinear system stabilization via hierarchical switching control. *IEEE Transactions on Automatic Control*, 46, 2001.

[18] Niederreiter H 1992 Random number generation and quasi-Monte Carlo methods. *Society for Industrial and Applied Mathematics*, Philadelphia, PA.

[19] Parr R 1998 Hierarchical control and learning fromMarkov decision pro-

cesses, PhD Thesis. Berkeley, CA: University of California.

[20] Rodriguez AR 2007 Morphing aircraft technology survey. AIAA Paper 20071258. Reno, NV, USA, 8–11 Jan.

[21] Rugh WJ and Shamma JS 2000 Research on gain scheduling. *Automatica*, 36: 1401–1425.

[22] Sun Z and Ge SS 2005 Analysis and synthesis of switched linear systems. Automatica, 41.

[23] Sutton RS, Precup D, and Singh S 1999 Between MDPS and semi-MDPS: a framework for temporal abstraction in reinforcement learning. *Artificial Intelligence*, 112: 181–211.

[24] Valasek J, Tandale M, and Rong R 2005 A reinforcement learning-adaptive control architecture for morphing. *Journal of Aerospace Computing, Information and Communication*, 2(4): 1014–1020.

[25] Wickenheiser A and Garcia E 2004 *Evaluation of Bio-Inspired Morphing Concepts with Regard to Aircraft Dynamics and Performance.* SSL, George Washington University, Washington, DC, pp. 202–211.

第 12 章

综合评估

John Valasek

美国得克萨斯农工大学

12.1 环顾: 当前发展状况

12.1.1 仿生学

到目前为止, 研究人员已经获得令人印象深刻的试验结果, 这些结果使得对变体机制理解更为深刻。飞行动物的变体飞行比通常表现得要复杂得多, 这已经变得很清楚, 无论是昆虫控制飞行所使用相当微妙的扭转和弯度变化, 还是鸟类为适应不同飞行任务的飞行形态改变所使用的大范围的翼展、展弦比和翼部面积变化。毫无疑问, 进一步的研究将是仿生学方法、生物模拟方法, 或者是两者的结合方法之间的不断竞争。到目前为止, 还没有那种方法占据优势, 并且确定那种方法将最终占据优势还为时过早, 但是可以肯定的是, 经过更新、更详尽试验数据验证的物理建模技术对于推进当前发展更具希望。

12.1.2 空气动力学

这是一个有很多工作需要做的领域。当前, 即使不是全部, 也是绝大多数的变体空气动力学模型都是基于稳定的无黏性流体。这主要是由基于物理分析模型 (难以建立和验证)、计算流体力学 (CFD) 模型 (直接, 但是计算复杂) 和由风洞实验获得的经验模型 (昂贵并且耗时) 之间的折中产生。这些建模方法都值得进一步应用和研究,因为它们特别适合一些特定的分析和应用。但最终还需要对非稳定黏性流进行建模。

12.1.3 结构

可能没有其他领域比结构方面更可能产生创造性的变体解决方案。传统的硬壳式机身和半硬壳式机身子在变体方面没有什么优势,实际上这也是一种没有前景的方法。基于折纸方法原理的各种不同的机械铰接方法目前正被使用,并有一定的应用前景。正如本书所示,这些方法直观地应用于设计、分析和控制。Kagomé 格子的截半六边形镶嵌的方法是对机械铰接方法的变异和扩展,它提供了潜在的形状的多自由度,并可配置成多种非平面的几何形状。因为这些特征,它对自动控制提出挑战,但是在本书中给出的结果显示这些挑战不是不可逾越的。最后,流固耦合或气动弹性效应对于变体飞行器是显著的,并且需要加以解决。而这当然就依赖于气体力学和结构模型的质量和逼真度。

12.1.4 自动控制

变体研究的领域之一的自动控制技术方面呈现出研究进展顺利,并迅速成熟的局面。已经获得了良好结果的所有方法都具有一定的适应度,并且其中一些还具有学习特征。无论特定手段是否被使用,控制都是集中式的,而非分布式的,这是未来必须解决的。因为可实现大尺度形状变化将需要分布式感知和驱动。就目前的方法实现分布式感知和驱动将付出较大的重量代价。在出现重量轻、高强度的驱动器和稳健可靠的传感器之前,连续平滑形状变化的变体形式可能将仍旧难以实现。另一个关键方面是功率需求,变体飞行器期望是无人的,因此这样不需要为生命支持系统浪费能量,然而,形状改变动作所需的功率会很大。变体所需功率取决于随动力装置类型而变化 (往复式涡轮、燃气涡轮、太阳能) 的可用能量。在任何情况下,所用的控制策略都需要提供最小的驱动能耗的解决方案。

12.2 前瞻: 前进之路

尽管已经取得了很大的进步,但对变体飞行器仍需要进一步深入了解,同时获得成功的关键还在于材料和推进技术的新突破。下面将讨论变体飞行器面临的挑战和一些可具有前景的发展方向。

12.2.1 材料

应用于航空航天上的驱动器的复合主动材料必须满足 3 个相矛盾的标准：① 它们必须有足够的刚性承受飞行负载；② 它们必须能提供足够的挠性满足飞行器构形变化的要求；③ 它们必须足够轻以满足现实飞行构件的重量要求。正是这些原因，减轻基于形状记忆合金材料设计的重量或提高压电系统致动变形幅度，都代表了极有必要发展方向。进一步的，与主动材料相连接的被动材料区域的性质，也需要研究。特别是对于传统商用和军用飞行器所承受的飞行速度，形状记忆合金可制成与横向硬蒙皮相连接的相对高强度的杆、梁或万向轴管，实现飞行器的任务适应性；对于这种蒙皮的材料选择和构造设计是一个主要的挑战。在考虑到环境和疲劳的情况下，对于组件级别的小尺度偏转，当直接且适当地集成到层状复合板中时，形状记忆合金已经显示出令人满意的效果，并且这种设计还具有较好的推广应用前景。最后，虽然诸如压电材料的一些主动材料展现了其高频的变形能力，但如果将形状记忆合金等其他材料应用于诸如颤动控制、抗强风、抗涡流和振动控制等领域，还需要进一步提升它们的驱动频率。

12.2.2 推进技术

飞行器设计中长期以来众所周知的一点是推进传动技术的进步牵引着飞机设计的进步。在近来的变体空气飞行器概念的情况下却未必是这样，因为智能结构的进步既激发了设计又促进了设计。飞行器设计的另一个范式是只有当机身 – 推进结合问题已经得到解决的时候，才能实现成功的设计。这些范式解决的推进和设计之间的互相依赖性对于变体空气飞行器比传统飞行器更强。考虑一辆用往复式引擎动力装置供电的变体空气飞行器，由于被推进器"推洗"或推进器尾流，对控制面有影响，并因此对控制律有影响，产生启动效应不仅是显著的，而且是推进器的机身形状几何顺流的函数。由于在飞行期间这个几何形状将是随时间变化的，由此在动态响应上产生时变启动效果。现在考虑一种具有燃气涡轮动力装置的变体空气飞行器，这些动力装置比往复式引擎动力装置对变体空气飞行器带来了更大的问题，因为进气道气流状态影响推力，而进气道气流状态是进气道几何形状的函数；无论入口是否是平装式、机舱式或斗式进气道, 由于变体导致的局部表面几何形状的改变都将影响进气道的流体, 因而影响推力特性曲线。目前, 致力于用于变体飞行器的机身推进一体化的研究很少, 甚至没有, 这仍将是一个重要的障碍。

12.3 结论

航空学的变体技术在多个独立学科和跨学科技术领域中都有很多研究课题, 很多研究工作需要继续开展。同时就像变体本身一样, 最终会出现多种形式, 但可以确定的是航空先驱们变体飞行器之梦的实现近在咫尺。